网络编码研究基础

蒲保兴　秦波莲◎著

人 民 邮 电 出 版 社

北 京

图书在版编目（ＣＩＰ）数据

网络编码研究基础 / 蒲保兴，秦波莲著. -- 北京 ：
人民邮电出版社，2016.12
ISBN 978-7-115-43562-0

Ⅰ．①网… Ⅱ．①蒲… ②秦… Ⅲ．①计算机网络—
编码程序—程序设计 Ⅳ．①TP393

中国版本图书馆CIP数据核字(2016)第223044号

内 容 提 要

网络编码是一种新型的数据传输技术，现已成为网络信息论的一个重要的研究方向，对网络技术的发展具有深远的意义。

本书系统地阐述了网络编码的基本原理，在介绍有限域算术运算方法的基础上，详细地介绍了确定性网络编码构造方法和随机网络编码构造方法，并详细地描述了仿真实现过程。此外，本书还介绍了作者多年来对网络编码的研究成果。

本书可作为信息类专业研究生的参考书，也可作为从事网络编码研究的入门教材。

◆ 著　　　　蒲保兴　秦波莲

责任编辑　邢建春

执行编辑　吴彤云

责任印制　彭志环

◆ 人民邮电出版社出版发行　　北京市丰台区成寿寺路 11 号

邮编　100164　　电子邮件　315@ptpress.com.cn

网址　http://www.ptpress.com.cn

印张：15.5　　　　　　　　2016 年 12 月第 1 版

字数：303 千字　　　　　　2016 年 12 月河北第 1 次印刷

定价：88.00 元

读者服务热线：(010)81055488　印装质量热线：(010)81055316

反盗版热线：(010)81055315

前　言

　　网络编码是一种新型的数据传输技术，与传统的路由传输技术相比，中间节点不仅具有存储和转发数据的功能，还可以对接收到的信息进行编码后再进行传输。网络编码能提高网络的传输性能，在提升网络的吞吐率、实现网络的负载均衡、增加网络的顽健性与安全性等方面具有优势，但因节点需要编码或解码，数据传输过程中也增加了编码运算代价。

　　采用网络编码技术实现数据传输的关键是构造网络编码方案，编码方案不仅决定了宿点能否解码，还决定了网络的吞吐率和编码运算代价。显然，提高网络的吞吐率、降低编码运算代价对网络编码的实际应用具有重要的意义，是网络编码方案优化构造的两个重要目标。

　　笔者围绕这两个目标，对网络编码进行了潜心的研究，在多年研究的基础上撰写了本书。本书主要包括了以下几个方面的内容：（1）网络编码的基本原理；（2）在介绍了有限域算术运算方法的基础上，阐述了确定性网络编码和随机网络编码构造方法，并给出了仿真实验平台；（3）提出了网络编码导出与扩展技术；（4）讨论了未知网络拓扑环境下网络编码优化构造方法；（5）讨论了网络编码运算代价与环境参数（伽罗华域、多播率和数据块长）之间的关系；（6）对多源网络编码的优化构造进行了研究。

　　本书共分为10章，第1章为绪论，介绍了网络编码的基本概念、起源和发展；第2章阐述了阅读本书所需要的相关理论和技术，主要包括网络最大流的概念和算法、有限域的算术运算方法等；第3章阐述了线性网络编码的基本原理和技术，重点介绍了确定性网络编码和随机网络编码构造方法，并给出仿真实验平台；第4章运用了代数知识提出了线性网络编码的导出与扩展技术，它是第5章和第6章的基础；第5章给出了未知网络拓扑环境下确定性网络编码构造算法；第6章给出了网络编码优化构造方法，并给出了网络拓扑动态变化环境下的编码策略；第7章对网络编码的运算代价进行了估算与分析；第8章给出了一种分级网络编码构造方法；第9章给出基于随机网络编码的差错控制方法；第10章对多源网络编码进行了研究。附录给出了网络编码仿真实验平台的程序和使用说明。

本书得到了湖南省教育厅重点科研项目（11A111，12A068）的资助。由于水平有限，书中难免存在缺点和疏漏之处，敬请广大读者批评指正。

蒲保兴

2016 年 4 月

目　录

第 **1** 章
绪　　论

网络传输和处理能力的大幅提高使基于网络的应用越来越多，特别是音频和视频技术的发展和成熟，使网络音频、视频应用成为最重要的应用之一，诸如视频点播、视频会议、远程学习、计算机协同操作等多媒体应用也随之出现。这些多媒体应用和一般的网络应用相比，有数据量大、时延要求高、持续时间长等特点。要解决这些具有传输带宽大、实时性强、有多点接收等特征的问题，需要采用不同于单播与广播机制的转发技术。多播是一种点到多点（或多点到多点）的通信方式[1]，由源点发送数据到多个宿点，且源点只需发送同一报文。多播通信方式能够有效地利用网络的带宽，提高了网络资源的利用率。作为一种新型的网络通信方式，多播通信方式具有广阔的应用前景，典型地可应用在视频点播、网络会议、远程教育、网络电话、交互游戏、分布式多媒体数据库等大量新型的多媒体通信应用领域。为实现这一新型的通信方式，需要对多播通信的理论与应用进行深入广泛的研究。自从 20 世纪 90 年代以来，基于路由技术的多播通信研究已经得到了蓬勃的发展，研究人员提出了多个多播路由算法[2,3]。21 世纪初提出的网络编码技术[4~6]为网络理论与应用拓展了一个新的方向，相应地为多播通信方式提供了一个新的平台，面向多播通信的网络编码技术研究成为一个令人关注的热点，并得到了飞速地发展[7,8]。

网络编码是一种新型的数据传输技术，它与传统的路由技术相比，最大不同之处在于：在数据传输过程中，中间节点不仅能对接收到的消息直接转发，还可以把接收到的消息进行运算后再转发。

网络编码技术是通信网络中信息处理和传输理论研究上的重大突破[9]，它推广了传统的路由技术，其核心思想是既允许网络中间节点对传输的信息进行转发和复制，又可以进行信息编码，而路由本身则被认为是一种特殊的网络编码。与传统的路由技术相比，网络编码在提升网络的吞吐量、节省网络带宽的资源消耗、均衡网络负载、增加网络的顽健性和安全性等方面具有优势[9~12]。经过几年的发展，网络编码的理论研究已取得了可喜的进展，在应用基础和工程实践方面的研究已全方位地展开，网络编码已成为一项融合信息论、代数学、图论、网络流理论和优化理论等多门学科的交叉技术，且日益引起更多研究者的热切关注，为现有的网络体系结构、协议设计方法、信息交换方式和网络管理模式带来了革命性的变化[7,9]，国外多所著名大学和许多知名的 IT 研究机构都在积极开展网络编码的理论和应用研究[14~16]。

根据香农理论，在单源多播网络中，源点的最大传输速率是分离源点与所有宿点间的最小割值（最大流界）[17,18]。基于路由技术的多播连接是通过构造多播树实现的，传统的多播树如最小费用多播树，其构造过程一般是 NP 难问题[19]，并对于一般的网络拓扑难以达到其最大流界。这主要是因为人们普遍认为在传统的路由机制中，网络中传输的信息是不能叠加的，因此中间节点只需进行信息的转发或复制。2000 年，Ahlswede 等[4]首次提出了网络编码的思想：在网络信息传输过程中，允许中间节点转发的信息是其输入信息在有限域上的编码组合。该文并且证明：采用网络编码技术可以实现单源多播网络的"最大流界"，并举例说明了传统的路由技术在一般情况下难以达到这个极限，从而采用网络编码传输技术可以提升单源多播网络的吞吐量。2003 年，李硕彦等[5]提出了线性网络编码技术，并证明了采用线性网络编码技术完全可以实现单源多播网络的最大流界，该文获得了"2005 年美国电机与电子工程师学会（IEEE）信息论文学会论文奖"，该项奖是 30 多年来首次由亚洲研究人员所获。线性网络编码的核心思想是：网络节点输出信道传输的信息是该节点所接收信息的线性组合。因线性网络编码具有操作简单的特点，并可运用向量代数的理论来进行相应的证明[20]，从而其理论与应用得到了深入广泛地研究，如无特别说明，本书所述的网络编码均指线性网络编码。

1.1　蝴蝶网络

图 1-1（a）是典型的蝴蝶网络，在不少文献中用于描述网络编码的原理，它是一个有向无环单源多播网络，其中节点 S 是源点，T_1 和 T_2 是宿点，节点 2、3、4、5 为中间节点。设每条链路的信道容量均为 1，即每条链路在单位时间内最多只能传输一个字符，而源点 S 欲通过网络多播信息至两个宿点 T_1、T_2。若采用路由传输技术，因为节点 4 至节点 5 的信道是数据传输的瓶颈，在一个时间单元内，源点最多只能多播一个 1.5 个字符至两个宿点，若采用网络编码技术，则可以多播 2 个字符。

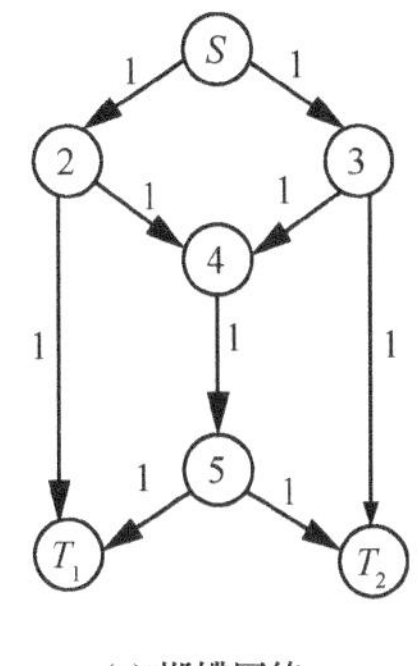
(a) 蝴蝶网络

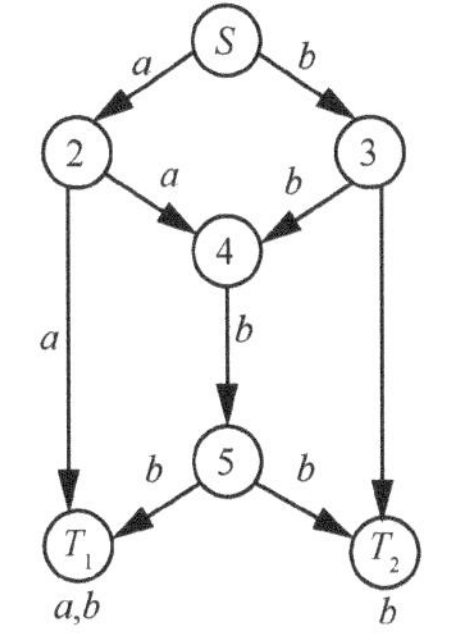
(b) 第1个时间单元的数据传输

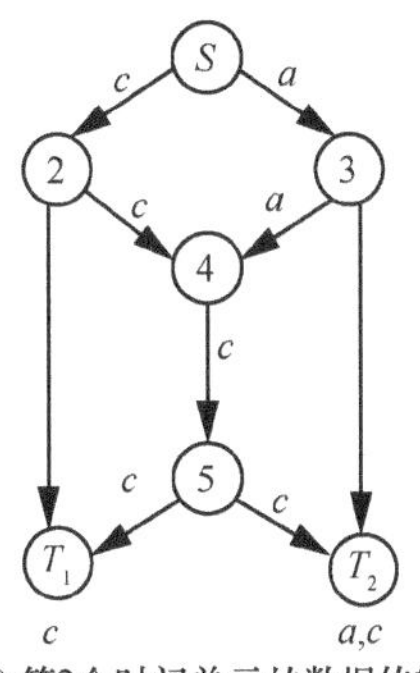
(c) 第2个时间单元的数据传输

图 1-1　蝴蝶网络及路由传输方式

采用路由传输方式，则数据传输方式如图 1-1（b）和图 1-1（c）所示。在第 1 个时间单元内，数据传输方式如下。

（1）S 把字符 a 传输至输出信道<S,2>，把字符 b 传输至输出信道<S,3>。

（2）节点 2 从信道<S,2>上接收到字符 a 后，把它分别转发至输出信道<2,T_1>和<2,4>；节点 3 从信道<S,3>上接收到字符 b 后，把它转发至输出信道<3,4>和<3,T_2>。

（3）节点 4 尽管收到了两个字符，它们分别来自于信道<2,4>和<3,4>，由于信道<4,5>是数据传输的瓶颈，它在一个时间单元内只能传输一个字符。不妨令节点 4 转发的字符为 b，由节点 5 接收，节点 5 把接收到的字符从其输出信道分别转发出去，从而 T_1 收到了字符 a 和 b，而 T_2 只收到字符 b。因此，以一个时间单元为传输周期，则源点只能成功地多播 1 个字符至每一个宿点，如图 1-1（b）所示。

若以两个时间单元为一个传输周期，第 1 个时间单元的传输情况如图 1-1（b）所示，而第 2 个时间单位的传输情况如图 1-1（c）所示，从而在 2 个时间单元内，源点成功地多播了 3 个字符（a,b,c）至每一个宿点，则平均每个时间单元实现了多播 1.5 个字符。

若采用网络编码，即中间节点允许把接收到的信息进行编码后再转发，则能在每个时间单元内实现多播 2 个字符。在一个时间单元内各信道的传输情况如图 1-2 所示，传输方式如下。

（1）S 把字符 a 传输至输出信道<S,2>，把字符 b 传输至输出信道<S,3>。

（2）节点 2 从信道<S,2>上接收到字符 a 后，把它分别转发至输出信道<2,T_1>和<2,4>；节点 3 从信道<S,3>上接收到字符 b 后，把它转发至输出信道<3,4>和<3,T_2>。

（3）节点 4 分别从信道<2,4>和<3,4>上接收字符 a 和字符 b 后，对接收到的信息进行编码，即做异或运算：$c = a \oplus b$，然后把编码运算的结果 c 传输至输出信道<4,5>。

（4）节点 5 从信道<4,5>收到信息 c 后，把它分别传输至信道<5,T_1>和<5,T_2>。

（5）宿点 T_1 分别从信道<2,T_1>和<5,T_1>上收到信息 a 和 c 后，做异或运算 $a \oplus c$，得到 b，从而宿点 T_1 接收到了源点播出的信息 a 和 b；同理，宿点 T_2 分别从信道<3,T_2>和<5,T_2>上收到信息 b 和 c 后，做异或运算 $b \oplus c$，得到 a，从而宿点 T_2 也接收到了源点播出的信息 a 和 b。

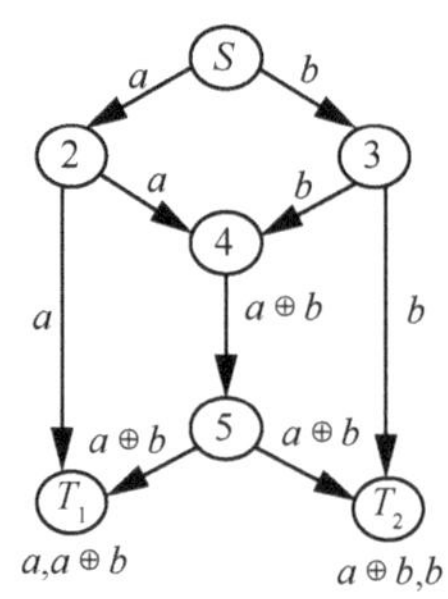

图 1-2　蝴蝶网络中采用网络编码数据传输方式

1.2　网络编码的优点

作为一种新型的数据传输技术，与传统的路由传输技术相比，网络编码具有下述优点：提升了网络的吞吐率；均衡了网络的流量负载；增加了网络的顽健性。

（1）提升网络的吞吐率

图 1-1 和图 1-2 的例子能够说明：在多播方式下，蝴蝶网络在路由传输方式下平均每个时间单元最多只能实现多播 1.5 个字符，而采用网络编码方式可达到 2 个字符。

（2）均衡网络的流量负载

图 1-3 描述了这一情形。图 1-3（a）表示网络拓扑，其中每条边的链路容量均为 1。如采用路由传输方式，如图 1-3（b）所示，单位时间内源点 S 只能多播一个字符至宿点 T_1 和 T_2，且网络的负载极不均匀，只有<S,2>和<S,3>等相应的链路传输了信息，而<S,4>等链路没有传输信息。若采用网络编码，如图 1-3（c）所示，则单位时间内源点能播出 2 个字符，且每条链路均传输了消息。

（3）增加网络的顽健性

如图 1-4 所示，图 1-4（a）给出了网络拓扑，图 1-4（b）和图 1-4（c）分别给出了路由传输方式，两者均利用于冗余信道。使用冗余信道的目的是当某些信道出现故障时宿点仍能正确地接收源点传送的信息。图 1-4（b）对字符 a 传输 2

次，而图 1-4（c）对字符 b 传输 2 次。图 1-4（d）采用网络编码传输方式，注意到在网络编码传输方式中，宿点 T 可以任意选取两条输入链路的消息（有可能需要解码）获得源点播出的消息 a 和 b，因此网络中任意一条链路出现故障，宿点仍然能够正确接收源点播出的消息。而对于路由传输方式，则不能满足这个条件，例如，在图 1-4（b）的传输方式中，若链路<S,3>或<3,T>中的某一条出现故障，则宿点必定不能接收到字符 b，同理在图 1-4（c）的传输方式中，若链路<S,2>或<2,T>中某一条出现故障，则宿点必定不能正确地接收字符 a。由此可见采用网络编码提高了网络的顽健性。

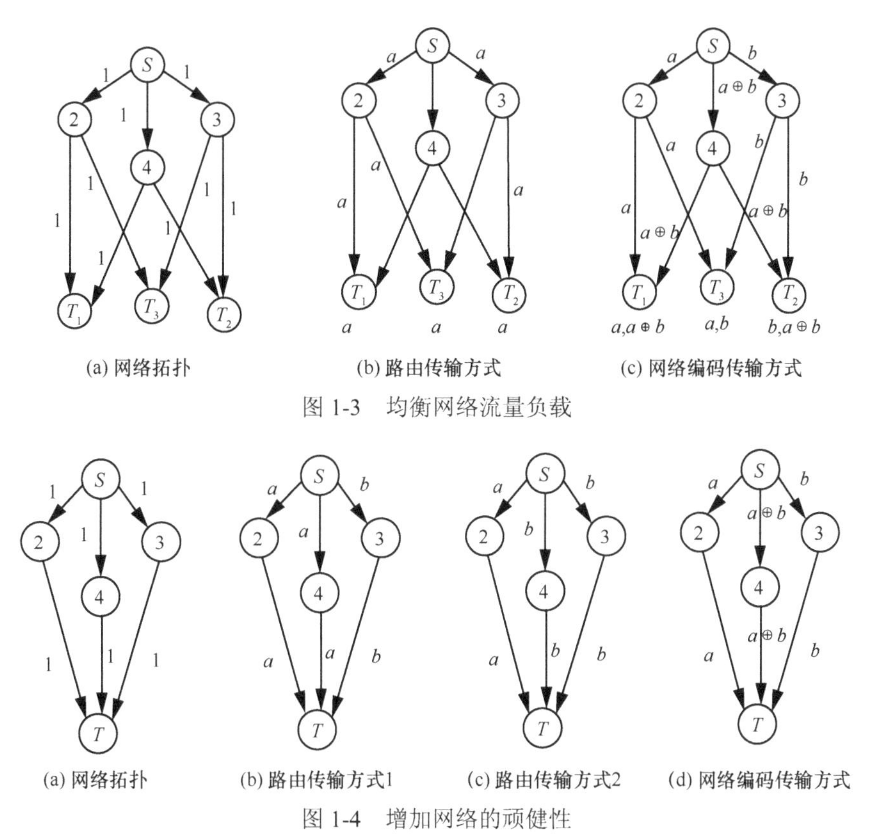

(a) 网络拓扑　　　　　(b) 路由传输方式　　　　　(c) 网络编码传输方式

图 1-3　均衡网络流量负载

(a) 网络拓扑　　(b) 路由传输方式1　　(c) 路由传输方式2　　(d) 网络编码传输方式

图 1-4　增加网络的顽健性

1.3　网络编码的缺点

与路由技术相比，网络编码存在如下不足之处：中间节点必须具有编码功能，宿点必须具有解码功能；中间节点增加了编码的运算代价，宿点增加了解码的运算代价；中间节点需获知编码的策略，宿点需获知解码的策略。

（1）中间节点必须具有编码功能，宿点必须具有解码的功能

网络编码的实质是中间节点接收到信息后可以对其进行运算（编码），因此，中间节点必须具有能对接收的信息进行编码运算的功能，在传统的路由技术中，路由器等中间节点是不需要具备这些功能的。因此，如要采用网络编码技术，现有的网络体系结构无论从硬件还是软件上均要进行改进。

（2）由于中间节点需要编码、宿点需要解码，导致了中间节点和宿点都增加了运算代价。

（3）中间节点需获知编码策略，宿点需获知解码策略。

中间节点如何进行编码，宿点如何通过接收到的信息进行解码，这就是编码策略和解码策略，这一点非常重要，它有一套具体的规则，只有符合这套规则，才能保证宿点正确地解码恢复出源点的消息，下面章节将讨论这个问题，称之为网络编码的构造方法，就线性网络编码而言，有确定性网络编码构造方法和随机网络编码构造方法。

1.4 网络编码的实质

网络编码的实质是允许中间节点通过对接收到的信息进行运算后再进行转发，从而提高了网络吞吐率，在整体上提高了网络的传输速度，但节点增加了运算开销，从而是通过节点的运算代价来换取网络的吞吐量。

网络编码不同于信源编码，也不同于信道编码，更不同于加密与解密运算。信源编码是为了实现信息的压缩，而信道编码是为了在不可靠信道上实现数据传输，加密与解密是为了在信息的传输过程中把明文转换成密文，从而隐藏信息，防止被人窃听。从参与网络通信的节点类型来看，无论是信源编码、信道编码还是加密与解密运算均只需考虑信源节点和信宿节点，而网络编码涉及网络的中间节点。

1.5 线性网络编码与非线性网络编码

网络编码的实质是中间节点可以把接收到的信息进行运算再进行转发。如果把运算当成一个函数，则中间节点接收到的信息为自变量，运算后的结果为函数值，编码规则为函数运算。在宿点处，再把接收到的信息进行解码后再恢复出源点产生的信息，因此必须保证运算的封闭性，即选定一个集合，对集合中的元素

进行运算，其运算的结果仍然是该集合的元素。

代数中的数域具有运算的封闭性。在线性网络编码中，一般选定一个有限域（即伽罗华域），编码与解码均是对有限域的元素进行操作。无论是源点产生的信息，还是中间节点接收到的信息均看成是有限域中的一个元素。当中间节点对接收到的信息进行运算后，其结果也为该有限域的元素。宿点接收到的信息也是该有限域上的元素，通过解码运算后，得到的结果仍为有限域中的元素。

目前研究的最多的是线性网络编码，线性网络编码具有运算简单、操作方便的特点，但也存在非线性网络编码。

线性网络编码的特点是编码与解码运算均是线性的，中间节点的编码运算结果是该节点接收到的信息的线性组合。

如图 1-5 所示，对于编码节点，它从 3 条输入链路上收到了 3 个消息 y_1、y_2、y_3，这 3 个消息看成同一集合上的 3 个元素，对这 3 个元素进行运算，把运算结果发送至输出链路上。

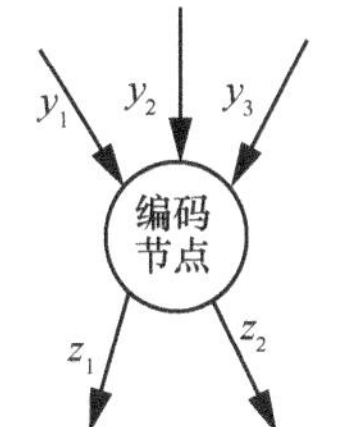

图 1-5　编码节点

$$\begin{cases} z_1 = f_1(y_1, y_2, y_3) \\ z_2 = f_2(y_1, y_2, y_3) \end{cases} \tag{1-1}$$

式（1-1）描述了中间节点的网络编码，节点输出信道上传输的信息是由该节点从输入信道接收到的信息通过运算所得的结果。

若 f_1 和 f_2 均为 y_1、y_2、y_3 的线性组合，则称为线性网络编码，否则称之为非线性网络编码。在式（1-2）中，系数 ξ_{ij}（$i=1,2$，$j=1,2,3$）为与信息字符 y_1、y_2、y_3 同属一个集合，属线性网络编码。

$$\begin{cases} z_1 = \xi_{11}y_1 + \xi_{12}y_2 + \xi_{13}y_3 \\ z_2 = \xi_{21}y_1 + \xi_{22}y_2 + \xi_{23}y_3 \end{cases} \tag{1-2}$$

$$\begin{cases} z_1 = y_1^2 + y_1 y_2 + y_2^2 \\ z_2 = y_1 + y_2 + y_1^2 \end{cases} \tag{1-3}$$

若编码如式（1-3）所示，则称为非线性网络编码。

关于非线性网络编码，作者认为可把分组加密算法的 Feistel 结构看成是由非线网络编码形成的。

文献[21]给出的 Feistel 结构如图 1-6 所示。Feistel 结构采用乘积密码结构，首先把明文（假设为 $2n$ 位二进制数）等分成两部分，左边部分的 n 位记为 L_0，右边 n 位记为 R_0，然后进行 r 轮加密变换，对于第 i 轮加密变换，其变换公式如式（1-4）所示。经过 r 轮变换后，得到 L_r 和 R_r 为密文。

$$L_i = R_{i-1}$$
$$R_i = L_{i-1} \oplus F(R_{i-1}, K_i) \tag{1-4}$$

以上操作可以看成是操作在一个有向无环网络上的从源点到宿点的网络编码运算，假设源点产生 $2n$ 位的信息，把信息划分成两部分，左 n 位和右 n 位，分别传输至后继节点，中间节点接收到信息后，进行编码运算再传输到下一节点，最后宿点接收到的信息就是密文。当 $r=4$ 时，其网络编码的模型如图 1-7 所示。

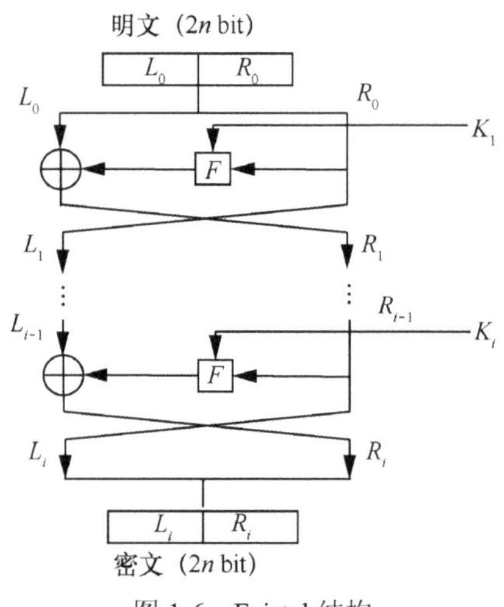

图 1-6　Feistel 结构

图 1-7 中有 10 个节点，其中源点 S 产生明文，宿点 T 得到密文。源点 S 分别通过其输出信道把 L_0 传输至节点 2，把 R_0 传输至节点 1，节点 1 接收到 R_0 后，一方面把 R_0 通过输出信道直接传输至节点 4，另一方面，节点 1 把 R_0 与节点本身产生的子密钥 K_1 进行运算，得到 $F(R_0, K_1)$ 并传输至节点 2；节点 2 从两条输入信道分别接收到信息是 L_0 与 $F(R_0, K_1)$，把两者进行异或运算后，把所得结果传输至节点 3，这样相当于进行了 Feistel 的第一轮加密运算；同理节点 3 和节点 4 把接收到的信息进行编码后再传输，相当于进行了 Feistel 的第二轮加密运算，以此类推，直至宿点 T 收到了 L_4 和 R_4 便形成了密文。假设 T 为宿点，宿点可以通过解码运算恢复出明文，相当于解码得到源点传输的消息。

从以上可以看出，非线性网络编码比线性网络编码更为复杂，其操作也没有什么规律。编码操作可以是在有限域上的操作，也可以不是在有限域上的操作。正因为如此，人们更青睐了线性网络编码，对线性网络编码进行了深入广泛的研究，得出了较为完善的理论和技术，而非线性网络编码的研究仍涉及得较少。目前关于非线性网络编码的文献较少，文献[22]介绍了一个非线性网络编码的实例，提出了非线性网络编码的多项式描述方式，并与线性网络编码进行了比较，给出了从线性网络编码构造一种非线性网络编码的方法；利用编码函数与拉丁矩阵之间的有趣联系，证明了另一类非线性网络编码的存在性。

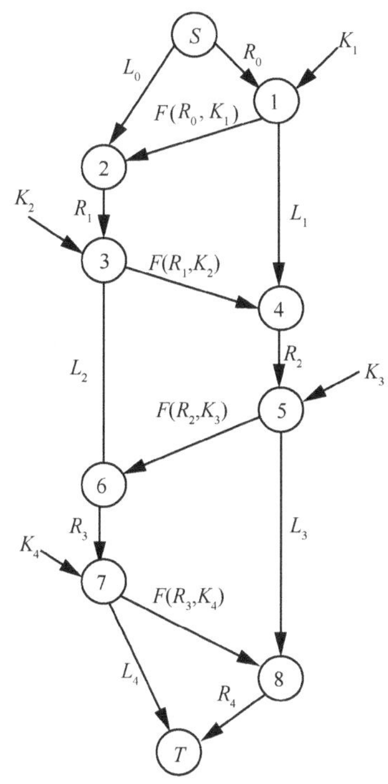

图 1-7　r=4 时 Feistel 结构对应的非线性网络编码模型

1.6　代内网络编码与代间网络编码

　　源点播出信息，中间节点进行编码和转发，宿点对接收到的消息进行解码，恢复出源点播出的消息，这一过程称之为一代（Generation）[15]。文献[9]指出分代具有 3 个目的。其一，减少编码与译码的复杂度；其二，减少编码与解码对内存的需求量；还有一个目的是能适应实时应用的需求。

　　分代网络编码又可分为代内（Intra-Generation）网络编码和代间（Inter-Generation）

网络编码。代内网络编码把需要传输的数据分为多个代，每代从源点传输确定量的数据，中间节点的编码只针对本代的数据，与先前代的数据无关，宿点在进行解码后也只能恢复出本代的数据。而代间网络编码同样把源点要传输的数据分成多个代，但每代的传输过程中，中间节点的编码不仅让本代的数据参与编码，还可能涉及前几代的数据，宿点的解码后，不仅会得到本代的数据，还能得到前几代的数据。

代内网络编码的特点是各代的编码与解码不存在关联，而代间网络编码让若干代的数据一起参与编码与解码，显然代内网络编码需要较少的内存容量，编码与解码的计算量也较小，而代间网络编码则要求各节点有较大的内存，且编码与编码的计算量较大。但代间网络编码的优势是：可能解决"断代"的问题，当某代的数据传输过程中，宿点解码不成功时，采用代内网络编码的数据传输则需要重传该代的所有信息，使宿点通过重传的信息重新解码恢复出源点的信息，而代间网络编码则可能只需要重传该代的部分信息，而中间节点可以把重传的信息与之前传输的信息相结合进行编码，宿点也会解码译出信息，采用这种方式减少了数据的传输量，节省了网络的带宽。

参 考 文 献

[1] 刘莹, 徐格. Internet 多播体系结构[M]. 北京: 科学出版社, 2008: 1-17.

[2] SAHASRABUDDHE L H, MUKHERJEE B. Multicast routing algorithms and protocols: a tutorial[J]. IEEE Network, 2000, 14(1): 90-102.

[3] SALAMA H F.Evalution of multicast routing algorithm for real-time communication on high-speed networks[J]. IEEE Journal on Selected Areas in Communication, 1997, 5(3): 32-345.

[4] AHLSWEDE R, CAI N, LI S R, et al. Network information flow[J]. IEEE Transactions on Information Theory, 2000, 46(4):1204-1216.

[5] LI S Y R, YEUNG R W, CAI N. Linear network coding[J]. IEEE Transactions on Information Theory, 2003, 49(2):371-381.

[6] FRAGOULI C, BOUDEC J Y L, WIDMER J. Network coding: an instant primer[J].ACM SIGCOMM Computer Communication Review, 2006, 36(1):63-68.

[7] 杨林, 郑刚, 胡晓惠. 网络编码研究进展[J]. 计算机研究与发展, 2008, 45(3):400-407.

[8] 陶少国, 黄佳庆, 杨宗凯, 等.网络编码研究综述[J]. 小型微型计算机系统, 2008, 29(4): 583-592.

[9] 黄佳庆, 李宗鹏. 网络编码原理[M]. 北京: 国防工业出版社, 2012:1-13.

[10] AGARWAL A, CHARIKAR M. On the advantage of network coding for improving network throughput[C]// IEEE Information Theory Workshop, 2004:247-249.

[11] WU Y, CHOU P A, JAIN K. A comparison of network coding and tree packing[C]//Information Theory, International Symposium. 2004.

[12] BAHRAMGIRI H，LAHOUTI F. Robust network coding using diversity through backup flows[C]. Network Coding, Theory and Applications. 2008:1-6.

[13] BHATTAD K, NAYAYANAN K R. Weakly secure network coding[C]//Proc First Workshop on Network Coding, Theory, and Applications (NetCod). 2005:281-285.

[14] HO T, LEONG B, KOTTER R, et al. Byzantine modification detection in multicast networks using randomized network coding[J]. Information Theory, Isit, Proceedings, International Symposinmon, 2004, 54(6):143.

[15] CHOU P A, WU Y N, JAIN K. Practical network coding[C]//The 41st Annual Allerton Conf on Communication, Control, and Computing. Monticello, IL, 2003.

[16] FRAGOULI C, SOLJIANIN E. Decentralized network coding[C]//IEEE Information Theory Workshop. San Antonio,Texas, 2004:310-314.

[17] ELIAS P, FEINSTEIN A, SHANNON C. A note on the maximum flow through a network[J]. IEEE Transactions on Information Theory, 1956, 2(4):117-119.

[18] 谢金星, 邢文训, 王振波. 网络优化[M]. 北京: 清华大学出版社, 2007:125-136.

[19] LEONID Z, SAMIR K. On directed steiner trees[C]//13th Annual ACM-SIAM Symposium on Discrete Algorithms. 2002:59-63.

[20] JAGGI S. Design and analysis of network codes[D]. California Institute of Technology Pasadena, California,2005.

[21] 宋震. 密码学[M]. 北京: 中国水利水电出版社, 2002:55-57.

[22] 李令雄, 龙冬阳. 非线性网络编码实例研究[J]. 计算机科学, 2009, 35(7): 67-69.

第 **2** 章
相关理论与技术

网络编码是一项融合信息论、代数学、图论、网络流理论及优化理论和技术等学科的交叉技术[1]，在网络编码的研究过程中必定要用到这些学科的相关知识和技术。为使本书的编写具有逻辑性，并方便后续各章节的编写，把后续各章中要用到的相关理论和技术提炼成一章，作为后续各章的基础。在后续各章的叙述过程中凡要用到本章所述的一些理论和技术时，则可以直接引用，不再详叙。本章主要介绍了多播通信方式、图和网络的基本概念、网络最大流概念及计算方法、优化理论和技术、有限域（伽罗华域）的基本概念、有限域的算术运算方法等内容，最后介绍了本书所采用的仿真测试模型。部分算法的实现由附录给出，为了照顾不同群体的读者，算法的实现由两种语言给出，C++语言和 Java 语言，读者需要时可参考附录。

2.1 多播通信、网络的最大流

计算机通信通常具有 3 种方式[2]：单播（Unicast）、广播（Broadcast）和多播（Multicast）。单播是指从信源到信宿沿一条路径转发信息的通信方式；广播是指在整个网络（或子网）内转发数据分组，子网内部的所有节点都能收到这些数据分组；多播介于单播和广播之间，通常指信源向一组宿点同时发送信息的通信方式。相对单播和广播而言，多播具有其独特性：适合于一对多或者多对多的通信业务，如视频点播、分布式控制；多播通信方式有利于网络资源的管理，能大大节省网络带宽。把源点同时传输数据至所有宿点称为一次多播联接（Multicast Connection）。基于路由方式的多播连接是通过建立一棵多播树来实现，而基于网络编码的多播连接要保证存在一个有向图（或有向子图），使在该有向图（或有向子图）中源点至任一宿点的最小割值不能低于多播率[3~5]。正如采用路由传输技术实现多播连接称之为路由多播一样，采用线性网络编码技术实现多播连接称为线性网络编码多播，简称网络编码多播。

研究网络编码多播需要运用图论与网络流的知识。图论是一门古老的数学分支，起源于著名的柯尼斯堡七桥问题。随着计算机技术和网络技术的发展，大大促进了图论理论研究内容的扩展。图论的内容主要包括图与网络的基本概念、图的存储结构、图的遍历算法、最短路径、最小生成树和拓扑排序等内容。网络是图的扩展，在网络中，从源点到宿点存在最大流，最大流是分离源点与宿点的最小割值，而寻求最大流算法是一个多项式时间算法[6,7]。

图是一种多对多的数据结构，其定义如下[6~8]。

定义 2.1　图。一个图用二元组 $G=(V, E)$ 表示，其中，$V=\{v_1,v_2,\cdots,v_n\}$ 称为图的节点集，两个节点的偶对称为一条边，若边是无方向的，记为 (u,v)，若边是有方向的，记为 $<u,v>$，所有节点偶对构成的集合称为边集，记为 $E=\{(v_i, v_j):v_i,v_j\in V\}$ 或 $E=\{<v_i, v_j>:v_i,v_j\in V\}$

一条边可以是有方向的，也可以是无方向的。若图的边是有方向的，则称为有向图；若图的边是无方向的，则称为无向图。

在有向图中，若两节点间存在同始点和同终点的多条边，则把这些条边称为平行边，含有平行边的有向图称为有向多重图。

定义 2.2　网络是图的扩展。若图中的每一条边分别被赋予一个相应的权，则称为网络，网络可以用三元组 $G=(V,E,W)$ 表示，其中 W 为所有边的权组成的集合。

与图类似，可以根据网络中的边是否具有方向，定义无向网络与有向网络。

若网络中没有环，则称为无环网络，若网络中有环，则称为有环网络。

定义 2.3　链路容量。通信网络中链路的容量表示链路允许的最大传输速度，即在单位时间内允许传输的最大比特数。

一个图或网络描述了一个通信网络的拓扑结构，网络中的节点对应于通信网络的节点，网络中的边对应于通信网络中连接两个节点的链路，边上的权对应于链路的容量。

本书与经典的网络编码文献[3~5]相似，仅研究有向无环网络的线性网络编码多播。即把所研究的多播网络（单源多播网络或多源多播网络）看成是一个有向无环网络，且链路容量是一个正整数。

定义 2.4　子图。子图是图 $G=(V,E)$ 的一个子集，可以表示为 $G_1=(V_1,E_1)$，其中 V_1 和 E_1 分别是图 G 中 V 和 E 的子集。

定义 2.5　子网络。子网络是网络 $G=(V,E,W)$ 的一个子集，可以表示为 $G_1=(V_1,E_1,W_1)$，其中 V_1 和 E_1 分别是原网络 G 中 V 和 E 的子集，而子图中每一条边的权不能超过该条边在网络 G 的权。

在有向网络 $G=(V,E,W)$ 中，对于任意一条有向边 $e\in E$，若始点为 $u\in V$，也把 u 称为 e 的尾节点，记为 $u=\mathrm{tail}(e)$；终点为 $v\in V$，把 v 称为 e 的头节点，记为 $v=\mathrm{head}(e)$，并记 $e=\langle u,v\rangle$。

设 $(v_{i_1},e_{i_1},v_{i_2},e_{i_2},\ldots,v_{i_{j-1}},e_{i_{j-1}},v_{i_j})$ 是 G 中的一个点边交错序列，则称从节点 v_{i_1} 至 v_{i_j} 存在一条路径，由于所考虑的网络是一个有向无环网络，显然在一条路径中不会存在两个相同的点或两条相同的边。对于一条路径中的所有边，因每一条边有一个权，把其最小的权称为这条路径的容量。显然，一条容量为 k(k 为整数)的链路，可以拆成 k 条单位容量的链路，且它们的边互不重叠，只在顶点处相交。

图或网络的遍历是指从某一顶点开始，访问图中每一个顶点，有深度优先遍历和广度优先遍历两种方法。图或者网络通常采用邻接矩阵或者邻接表来表示。

定义 2.6　单源多播网络。给一个有向网络 $G=(V,E,W)$，其顶点个数记为 $|V|$[注1]，在 V 中指定一点，称为源点（记为 s），V 中的一个子集 $T=\{r_1,r_2,\cdots,r_{|T|}\}$ 称为宿点集，$|T|$ 为宿点的个数，源点无输入链路，所有宿点无输出链路，所有宿点欲接收源点 s 播出的信息，称之为单源多播网络。

图 2-1 给出了一个单源多播网络的拓扑结构，其中 s 为源点，r_1、r_2、r_3、r_4、r_5 为宿点，源点欲多播信息至所有的宿点，所给的网络为一个有向无环网络，其中链路上标出的数字是链路的容量，代表链路的最大传输速度。

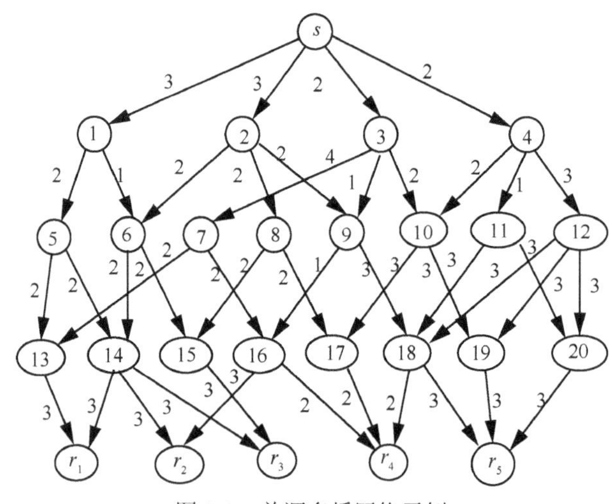

图 2-1　单源多播网络示例

在单源多播网络中，一般来说链路的容量为单位时间内能传输的最大比特数，

注1　在本书中，若 A 是一个集合或一个向量，记 $|A|$ 为该集合中的元素个数或向量中分量的个数。

其量纲的单位为单位时间传输 1 bit，事实上可以通过选取不同的单位时间和容量值使量纲的单位改变。同一条链路，根据选取的单位时间不同，可以改变其容量值和量纲的单位。例如，其量纲的单位可以为单位时间内传输的 1 bit，也可以把若干比特看成是字母表上的一个字符，选取量纲的单位可以是单位时间内的传输的 1 字符数。总可以选取合适的单位时间，使各链路的容量值均为整数。例如，取单位时间为 t，一条链路的容量为 8，其中量纲的单位为 1 比特/单位时间，假设字母表上的每个字符为 4 bit，现取时间单位为 $2t$，若取量纲的单位为 1 比特/时间单位，则链路的容量为 16，若取量纲的单位为 1 字母/时间单位，则链路的容量为 4，即单位时间（$2t$）内传输的 4 个字符。

定义 2.7　多源多播网络。若网络中有多个源点和多个宿点，则称为多源多播网络，若所有源点对应的宿点集相同，则称为多源多宿多播网络；若每一个源点对应的宿点集不相同，则称为一般的多源多播网络。

图 2-2 给出了一个多源多播网络，有 3 个源点 s_1、s_2、s_3，有 8 个宿点 r_1、r_2、$\cdots$、r_8，其中源点 s_1 欲多播数据至 $\{r_1,r_2,r_3\}$，源点 s_2 欲多播数据至 $\{r_4,r_5,r_6\}$，源点 s_3 欲多播数据至 $\{r_6,r_7,r_8\}$（注意到 t_1、t_2、t_3 为 3 个虚拟宿点，它们采用虚拟链路分别与 3 组宿点相连）。

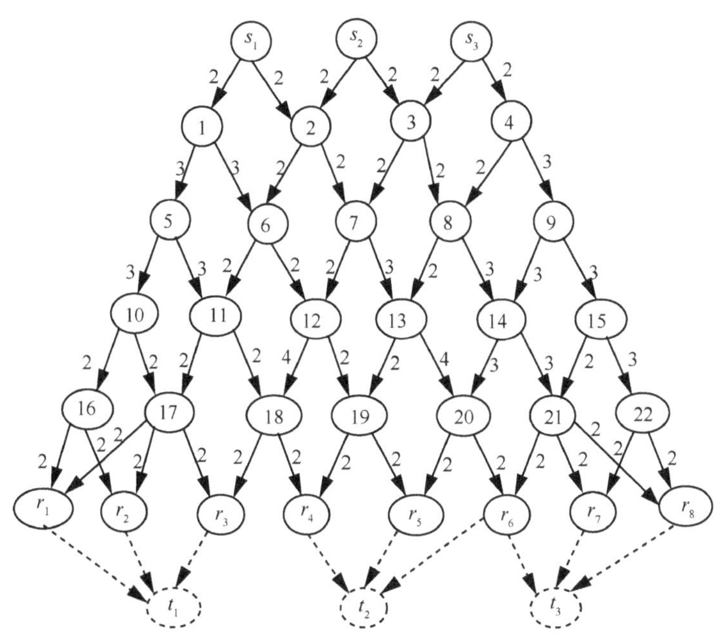

图 2-2　多源多播网络示例

3 个源点传输的信息共享同一个网络，它们可以竞争网络的资源。

在一个有向无环多播网络 $G=(V,E,W)$ 中，选定一个源点和一个宿点，记源点为 s，

宿点为 r，现在构造一个子网络 $G1=(V1,E1,W1)$，其构造方法为：初始时，$G1$ 为空，然后检测 E 中的每一条边 $e(e\in E)$，若 e 在连接 s 至 r 的一条路径上，则把 head(e)、tail(e)加入至 $V1$ 中，并把 e 加入到 $E1$ 中，且保留 e 的权值不变。这样构造的子网络必定是一个单源单宿网络（即只存在一个源点和一个宿点），如图 2-3 所示。

定义 2.8 割集与割值。给定单源单宿网络 $G=(V,E,W)$，其中，s 为源点，r 为宿点，若点集 V 被剖分为两个非空集合 V_s 和 $\overline{V_s}$（$\overline{V_s}$ 为 V_s 的补集，$\overline{V_s}=V-V_s$），其中，$s\in V_s$，$r\in\overline{V_s}$，则把所有尾节点在 V_s 中且头节点在 $\overline{V_s}$ 的边构成的集合称为分离 s 与 r 割集，记为$(V_s,\overline{V_s})$，而把割集$(V_s,\overline{V_s})$中所有边的容量之和称为这个割集的容量（简称割值），记为 cut$(V_s,\overline{V_s})$，如式（2-1）所示。

$$\mathrm{cut}(V_s,\overline{V_s})=\sum_{\mathrm{tail}(e)\in V_s,\mathrm{head}(e)=\overline{V_s}}|e| \tag{2-1}$$

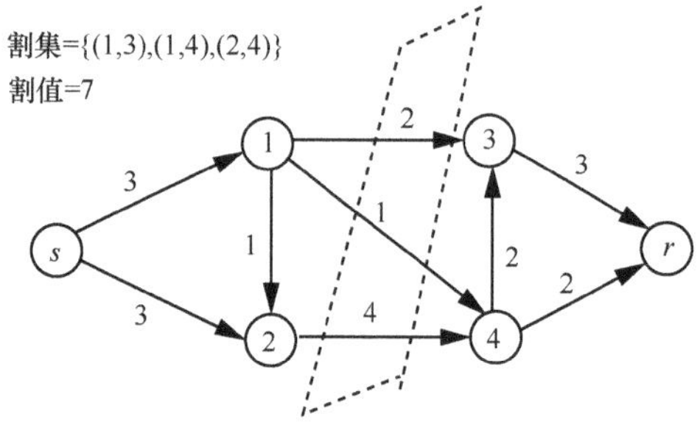

图 2-3　割集示例

随着选取的 V_s 不同，所取得的割集也不同，在所有分离源点 s 和宿点 r 的割集中，必定存在割值最小的割集，其最小割集的容量记为 mincut(s,r)。

香农等[9]指出，通信网络中源点至宿点的最大传输速度不能超过分离源点与宿点间的最小割的容量。通常把分离源点与宿点的最小割称为源点到宿点的最大流。

寻求网络中的源点至宿点的最小割有多个算法，其中 Ford-Fulkerson 算法（标号法）[10]是较为经典的算法，该算法是一个多项式时间算法，它能求出任何两个节点间的最小割 mincut(v_i,v_j)，同时能够找出从 v_i 至 v_j 的 mincut(v_i,v_j)条"边不重叠"的路径。

关于最大流算法（Ford-Fulkerson 算法）的实现，本书附录中给出了两种不同语言书写的程序。

在具有多个宿点的单源多播网络中，对于 $r\in T$，记分离源点 s 与宿点 r 的最小割为 mincut(s,r)，那么在单源多播网络中，源点的最大传输速度[3]为

$$C=\min_{r\in T}\{\mathrm{mincut}(s,r)\} \tag{2-2}$$

显然，式（2-2）的 C 表示分离源点 s 与所有宿点的最小割值，也可以记为 mincut(s,T)。

定义 2.9　同步方式。同步方式是指网络数据传输时，任一节点只有当所有输入信道的信息到达后才进行编码运算并转发，且编码运算的时间相对于信道上数据传输的时间小得多，节点也没有排队延时，节点只有传输延时和计算延时。

定义 2.10　多播容量与多播率。多播容量是指当采用同步方式时，若各宿点能同时完整、正确地接收到播出源点信息的前提下，源点允许的最大发送速度，根据香农理论，多播容量等于分离源点与所有宿点的最小割的最小值，如式（2-2）所示，用符号 C 表示；多播率是指实际传输数据时，源点选定的数据发送速度，记为 h，若要求宿点能正确地接收源点的信息，则必须满足条件 $h \leqslant C$。

2.2　优化理论和模型

最优化理论与方法属于运筹学的范畴[6]，指的是在完成一项任务中有多种途径或多种方案可供选择，针对某一个或多个目标，选择使目标达到最优（最大或最小）的一种途径。最优化理论是一门应用相当广泛的学科，是当今重要的应用数学分支。它讨论了决策问题的最佳选择特性，构造寻求最佳解的计算方法。典型的优化模型有线性规划、非线性规划、整数规划等模型。若决策变量是连续型的，则称为连续型优化问题，若决策变量是离散型的，则称为离散型优化问题，也称为组合优化问题。即使最简单的组合优化问题，如整数线性规划问题，也难以找到确定性的方法求其最优解，即组合优化问题一般来说是 NP 难的，从而启发式算法是较好的近似求解算法，大量的文献通过实验表明，这些启发式算法如遗传算法、进化策略、进化规划[11~14]是行之有效的。

最优化研究的工作可以归纳为以下几个步骤[6]。

Step1　确定目标。即确定快策者期望从方案中得到什么。

Step2　问题的描述。进行问题分析和数据采集，以便了解问题的本质和问题中各个变量间的关系，得出模型的框架，并考虑问题能否分解为若干子问题，确定模型的细节，如问题尺度的确定、可控制决策变量的确定、不可控制决策变量的确定、有效性度量的确定以及各类参数和常数的确定。

Step3　模型的研制。模型是对各变量关系的描述，是解决问题的关键，构成模型关系有几种类型，常用的有定义关系、经验关系和规划关系。

Step4　计算手段的确定。在模型确定后，需要选用数值方法求解模型。其中包括对问题变量性质（确定性、随机性、模糊性）、关系特征（线性、非线性）、手段（模拟、优化）及使用方法（现有的、新构造的）等的确定。

Step5 数据收集。把有效性实验和实行方案所需的数据收集起来加以分析，研究输入的灵敏性，从而可以更准确地估计得到的结果。

求解一个优化问题是在问题空间中找出其最优解，问题空间通过满足约束条件来指定，一般通过不等式或等式约束来刻画问题空间。假设一个优化问题有 n 个决策变量，m 个优化目标，记决策向量为 $\boldsymbol{x}=(x_1,x_2,\cdots,x_n)$，目标函数向量为 $\boldsymbol{f}(\boldsymbol{x})=(f_1(\boldsymbol{x}),f_2(\boldsymbol{x}),\cdots,f_m(\boldsymbol{x}))$，且优化的目标是使目标函数达到最小化，则优化问题的数学模型为

$$
\begin{aligned}
&\min \boldsymbol{f}(\boldsymbol{x}) \\
&\text{s.t. } \boldsymbol{g}(\boldsymbol{x}) \leqslant \boldsymbol{0} \\
&\quad\ \ \boldsymbol{h}(\boldsymbol{x}) = \boldsymbol{0} \\
&\quad\ \ \boldsymbol{x} \in \mathbf{R}
\end{aligned}
\tag{2-3}
$$

若目标函数向量只有一个分量，则是单目标优化问题；若目标函数向量的分量多于一个，则是多目标优化问题。已有相当多的文献对单目标优化问题进行了求解研究，除了少数问题可以采用确定的方法求解外（如线性规划问题），一般采用启发式算法，如采用遗传算法、进化策略、进化规划和粒子群优化算法等进行求解[11~15]。求解多目标优化问题通常通过求出其 Pareto 集，再由用户从 Pareto 边界中选择其中一个解。求解多目标优化问题的方法常用的有基于进化算法的 NSGAII 和 SPEA 等方法[16~19]。

2.3　遗传算法的基本理论与应用

遗传算法（GA）[11]是一种基于自然选择和遗传变异等生物进化机制的全局性概率搜索算法，它按照达尔文生物进化论中优胜劣汰、适者生存的自然选择机制进行搜索，在搜索过程中对每一个搜索的位置进行评估，得到较好的位置，再从这些较好的位置进行搜索直到达到目标，这种智能搜索方法省略大量无用的搜索路径，提高了搜索效率。

遗传算法应用于优化问题求解时，可以视为一种随机化搜索过程。在该搜索过程中，GA 不仅需要搜索解空间的全局最优解，而且应当充分利用已获得的解空间信息去逼近当前局部最优解，称之为求泛与求精。

采用遗传算法求解问题时，首先要选择编码方式，它直接处理的对象是参数的编码集而不是问题参数本身，即必须把问题空间映射到编码空间，在编码空间内通过随机产生初始群体，逐代进化后，求出编码解，然后把编码解转化为问题解。

在搜索过程中，必须为每一个搜索点确定适应度函数值，根据适应度函数值对各搜索点进行评估和比较，从中挑选出较优的搜索点，即进行选择操作，并从这些较优的搜索点开始进行下一步搜索。从当前较优的搜索点开始，通过执行交叉和变异操作生成下一批搜索点，这一过程叫做进化迭代。进化以编码群体为基础，以群体的中个体位串的遗传操作实现进化，建立起一个迭代过程。在这一过程中，通过随机重组编码位串中的重要基因，使子代位串集合优于父代位串集合。群体中的个体通过不断进化，逐渐接近或达到最优解，最终达到求解的目标。

遗传操作有选择、交叉和变异。选择是针对适应度函数值对群体的个体进行相互比较，从中选择出较优的个体；交叉操作一般有单点交叉和多点交叉，即两个个体以随机的方式互相交换染色体后，产生两个子个体，而子个体继承了两个父个体的部分基因特性；变异操作是模拟生物进化过程中染色体上某位基因发生突变现象，以一定的概率改变染色体的结构或物理性状。

遗传算法的基本流程和结构如下[11]。

Step1　选择编码策略，把问题空间转换为编码空间。

Step2　定义适应度函数 fit(·)。

Step3　确定遗传策略，包括群体大小和选择、交叉、变异策略；确定交叉概率、变异概率等遗传参数。

Step4　随机产生初始群体。

Step5　计算群体中个体的适应度值。

Step6　按照遗传策略，运用选择、交叉和变异算子作用于群体，形成下一代群体。

Step7　判断群体性能是否满足某一指标，或者已完成预定的迭代次数，不满足则返回 Step5，或者修改遗传策略再返回 Step 5。

Step8　进化结束，从最后一代群体中选出最优个体，并把最优个体从编码空间转换至问题空间，得出问题空间的解，并以此作为问题的近似最优解。

2.4　有限域的基本概念

采用线性网络编码实现多播连接，则网络节点需要对信息进行编码或解码运算，编码和解码的实质是在向量空间上进行运算，向量空间必须建立在数域[20]上。而网络单次传输信息的长度是有限的。因而只有有限域[21, 22]满足这一要求，线性网络编码的编码运算与解码运算在有限域上进行。

在抽象代数中，域（Field）可以被定义为一个任意的代数系统（一个集合及定义在该集合上的运算），此代数系统中可以进行加、减、乘、除四则运算，其运算具有封闭特性，即任何两个元素的四则运算的结果仍为域中的元素，并满足代数运算中的结合律、分配律和交换律[22]。有限域最早是由伽罗华于 1830 年在证明一般五次方程的不可解性时引入的，为了纪念这位数学家，有限域也称为伽罗华域（GF, Galois Field），它在计算机科学、编码理论、信息论与密码学中都有重要的应用。

定义 2.11 群。对于定义在非空集合 G 中的二元运算"*"，若满足：1）运算在 G 上是封闭的；2）结合律；3）具有单位元 e；4）对集合 G 上的任意元素 x，存在逆元 x^{-1}，使 $x*x^{-1}=e$，则称代数系统$<G, *>$为群。如果 G 为有限集，则称为有限群，并把元素的个数称为群的阶，如果运算满足交换律，则称为阿贝尔群或交换群。

定义 2.12 域。对于一个定义在非空集合 F 中上的两个二元运算加"+"和乘"*"，若满足：1）$<F,+>$是一个阿贝尔群，F 对"+"运算的单位元记为 0；2）F 中所有的非 0 元素在"*"运算下也构成阿贝群，其单位元记为 1；3）"*"运算对"+"运算满足分配律，即 $a*(b+c)=a*b+a*c$，其中，a、b、c 是 F 上的元素。则称代数系统$<F,+,*>$叫作一个域。

尽管只定义了两种运算"+"和"*"，由于$<F,"+">$构成群，由定义 2.11，对于 $a\in F$，必有 a 的逆（对于加运算来说），记为$-a$，从而可以定义两个元素的减法运算：$a-b=a+(-b)$；同理，对于$<F^*,"*">$构成了一个群（F^*是 F 中所有非零元素的集合），记元素 $b\in F^*$的逆（对于乘法运算来说）为 b^{-1}，则定义除法运算：$a/b=a*b^{-1}$。因此一个域上可以进行加、减、乘、除四则运算。

有限域是指元素个数有限的域，有限域上元素的个数称为有限域的阶，以下定理给出了有限域的相关性质。

定理 2.1 有限域的阶是一个素数的方幂。

定理 2.2 对每个素数 p 和每个正数 n，在同构意义下存在唯一的 p^n 阶的有限域。

上述两个定理的证明可参考文献[21]。

以上表明，有限域元素的个数（阶）要么是一个素数，要么是一个素数的若干次方，因此可以把一个有限域（伽罗华域）写成 $\text{GF}(p^n)$，其中，p 为一个素数，n 为正整数。

在计算机科学中，由于普遍采用二进制，从而伽罗华域 $\text{GF}(2^m)$ 备受人们青睐，以下讨论伽罗华域 $\text{GF}(2^m)$ 的构造。

一个数域是形如$<S,+,*>$的代数结构[21]，其中 S 是由非空元素组成的集合，加（+）、乘（*）是定义在集合 S 中的两个二元运算，当 n 为非负整数时，$\text{GF}(2^n)$ 是一个具有 2^n 个元素的有限域，它由 $\text{GF}(2)=\{0,1\}$ 扩张而成。

定义 2.13 $\text{GF}(2)=<\{0,1\}, \oplus_2, \otimes_2>$是一个有限域，对于 $a,b\in\{0,1\}$，则

$$a \oplus_2 b = \begin{cases} 1, & a \neq b \\ 0, & a=b \end{cases} \qquad\qquad (2\text{-}4)$$

$$a \otimes_2 b = \begin{cases} 1, & a=1 \text{ 且 } b=1 \\ 0, & \text{其他} \end{cases} \qquad\qquad (2\text{-}5)$$

上述定义了元素个数最小的域 GF(2)={0,1}，每个元素均为一位二进制数，其中加法运算对应于二制的异或运算，乘法运算对应于二进制的与运算，其运算规则如下：$1\oplus_2 1=0\oplus_2 0=0$，$0\oplus_2 1=1\oplus_2 0=1$，$1\otimes_2 1=1$，$0\otimes_2 0=1\otimes_2 0=0\otimes_2 1=0$。

定义 2.14　GF(2) 上未定元 x 的多项式是指形如 $a_0+a_1x+\cdots+a_mx^m\,(a_m\neq0)$，其中，$a_i\in$ GF(2)（域中的一个元素是指该域集合中的元素，$a\in$ GF(2) 是指 $a\in\{0,1\}$，以下同)，m 称为多项式的次数；定义多项式的两种运算 $\oplus$ 和 $\otimes$，其含义如下。

任取 $a(x)=\sum\limits_{i=0}^{n}a_ix^i$，$b(x)=\sum\limits_{i=0}^{m}b_ix^i$，则

$$a(x)\oplus b(x)=\sum_{i=0}^{M}(a_i\oplus_2 b_i)x^i \qquad\qquad (2\text{-}6)$$

其中，$M=\max(m,n)$，当 $i>n$ 时，取 $a_i=0$；当 $i>m$ 时，取 $b_i=0$。

$$a(x)\otimes b(x)=\sum_{i=0}^{m}\sum_{j=0}^{n}(a_i\otimes_2 b_j)x^{i+j} \qquad\qquad (2\text{-}7)$$

具有两个运算 $\oplus$ 和 $\otimes$ 的 GF(2) 上的所有多项式构成的集合称为多项式环，记为 GF(2)(x)。

两个多项式的运算与普通多项式的运算方法相同。两个多项式相加时，对未定元 x 指数相同的项合并同类项，即对应系数相加；两个多项式相乘，转化为对应的项分别相乘再相加，而两个单项式相乘是指对未定元 x 的指数相加，系数相乘。其中系数的相加与相乘符合 GF(2) 上的定义，即为 $\oplus_2$ 与 $\otimes_2$。

定义 2.15　设 $a(x),b(x)\in$ GF(2)(x)，且 $b(x)\neq0$，定义 $\deg(a(x))$ 为 $a(x)$ 的次数，则存在唯一的一对 GF(2)(x) 上的多项式 $q(x)$ 和 $r(x)$，使式（2-8）成立。

$$a(x)=q(x)\otimes b(x)\oplus r(x) \qquad\qquad (2\text{-}8)$$

其中，$\deg(r(x))<\deg(b(x))$，$q(x)$ 称为商式，$r(x)$ 称为余式。

记 $r(x)=a(x)\bmod b(x)$，mod 表示取余式。

定义 2.16　不可约多项式。一个 GF(2)(x) 上的多项式，如果只能被 1 和其本身整除以外，不能被 GF(2)(x) 上任何其他的多项式整除，则称为不可约多项式。

事实上，判断一个次数为 m 的多项式是否为不可约多项式，只需用 GF(2)(x) 上所有次数不超过 $\left\lfloor\dfrac{m}{2}\right\rfloor$ 的多项式去试除，如果均不能整除，则该多项式为不可约

多项式。

    定义 2.17   有限域 $GF(2^n)$ 的定义。$p(x)$ 是 $GF(2)(x)$ 上的一个 n 次不可约多项式，$GF(2^n)=<S,+,*,p(x)>$ 是一个代数结构，其中，$S=\{a(x)\,|\,a(x)\in GF(2)(x),\deg(a(x)<n\}$，对于 $a(x),b(x),c(x)\in S$，可以记为：$a(x)=\sum_{i=0}^{n-1}a_ix^i$，$b(x)=\sum_{i=0}^{n-1}b_ix^i$，$c(x)=\sum_{i=0}^{n-1}c_ix^i$。定义加法运算(+)和乘法运算(*)规则如下。

    （1）加法运算规则

$$a(x)+b(x)=a(x)\oplus b(x) \tag{2-9}$$

其中，$a(x)\oplus b(x)$ 是 $GF(2)(x)$ 中多项式的加法运算。

    （2）乘法运算规则

$$a(x)*b(x)=(a(x)\otimes b(x))\bmod p(x) \tag{2-10}$$

其中，$a(x)\otimes b(x)$ 是 $GF(2)(x)$ 中多项式的乘法运算。

    在 $GF(2^n)$ 中，还可以引申得到减法运算、除法运算和求逆运算。

    （3）减法运算：$a(x)-b(x)=a(x)+b(x)$。

    （4）除法运算：$c(x)=\dfrac{a(x)}{b(x)}$，$b(x)\neq 0$，当且仅当 $b(x)*c(x)=a(x)$。

    （5）求逆运算：$a(x)^{-1}$，当且仅当 $a(x)*a(x)^{-1}=1$。

    在以上的论述中，请注意 $<\oplus_2,\otimes_2>$、$<\oplus,\otimes>$、$<+,*>$ 的区别与联系。在本书中，$<\oplus_2,\otimes_2>$ 用于 $GF(2)$ 上两个元素运算，$<\oplus,\otimes>$ 用于 $GF(2)(x)$ 上两个多项式的运算，$<+,*>$ 表示域 $GF(2^n)$ 上两个元素的运算。

    伽罗华域 $GF(2^n)$ 也称为 $GF(2)$ 的扩域，其构造有多种方法。例如可以采用本原元的办法，即找到一个本原多项式，本原元是这个多项式的根，其中伽罗华域的所有元素均可以表示为这个根的若干次方，这种构造方法对于域的乘法运算非常方便，但对域的加法运算无规律；也可以采用向量空间的方法，还可以采用分裂域的方法，定义 2.17 事实上是构造了一个伽罗华域 $GF(2^n)$，采用的是生成多项式（不可约多项式）构造的方法[21]。

    对于 $GF(2^m)$，它的元素就是所有次数小于 m 的 $GF(2)$ 上的多项式，可以表示如下。$GF(2^m)=\{0,1,x,1+x,1+x+x^2,\cdots,1+x+x+\cdots+x^{m-1}\}$，一共有 2^m 个元素，也可以用这些多项式的系数代表一个元素，即 $GF(2^m)=\{00\cdots00,00\cdots01,00\cdots10,\cdots,11\cdots11\}$，即每一个元素是一个 m bit 的二进制数。在通信系统中，若采用 $GF(2^m)$ 的元素为数据传输单位，也称为 $GF(2^m)$ 为字母表，每一个元素称为一个字符。

    若采用某个 m 次不可约多项式 $p(x)$ 按定义 2.17 来生成一个伽罗华域，则把 $p(x)$ 称为该伽罗华域的生成多项式。显然 $GF(2)$ 上的 m 次不可约多项式可能不止一个，采用不同的生成多项式 $p(x)$，尽管得到的伽罗华域的元素相同，加法运算规则也相同，但根据式（2-10），具有不同的乘法运算规则，则得到了不同的伽罗华域，但它们之间是相互同构的[21]。

例如，对于 $GF(2^2)$，选定一个不可约多项式 $x^2 + x + 1$，其元素为 {0，1，x，$x+1$} 4 个元素，采用多项式的系数代表其相应的元素，则可以把这个域写成 {00,01,10,11}，则其加法运算与乘法运算如表 2-1、表 2-2 所示。附录 1 中列出了部分伽罗华域的生成多项式。

表 2-1　二进制形式加法运算

+	00	01	10	11
00	00	01	10	11
01	01	00	11	10
10	10	11	00	01
11	11	10	01	00

表 2-2　二进制形式乘法运算

*	00	01	10	11
00	00	00	00	00
01	00	01	10	11
10	00	10	11	01
11	00	11	01	10

2.5　有限域的算术运算

文献[23]论述了有限域的算术运算方法，这一节讨论这个问题，其算法的实现可以参考附录中提供的源程序，附录中提供了两套源程序，其一是采用 C++语言编写的，其二是采用 Java 语言编写的。

在以上的论述中，无论是多项式环 $GF(2)(x)$，还是有限域 $GF(2^n)$ 的元素均为系数属于 $GF(2)$ 的多项式，即多项式的系数要么是 0，要么是 1，若把多项式系数连接起来，则形成一个二进制数序列。即 $\sum_{i=0}^{m} a_i x^i$ 等价于 $a_0 a_1 \cdots a_m$。

因此，在实现有限域的算术运算时，常用一维数组来表示一个 $GF(2)(x)$ 上的多项式，不妨记为 $\{a_i\}$。注意到 $GF(2^n)$ 上的元素也是 $GF(2)(x)$ 上的多项式，只不过其次数不超过 n 而已。在以下的论述中，在论及 $GF(2^n)$ 上的元素或 $GF(2)(x)$ 上多项式时，既可以用 a 表示，也可以用 $a(x)$ 表示，还可以用 $\{a_i\}$ 表示，三者的含义相同，相互等价。

为了实现有限域的算术运算，必须先讨论 $GF(2)(x)$ 上的多项式的运算：$\oplus$、$\otimes$、求整商。

请注意运算符的优先级，在同一个表达式中，运算符 $\otimes$ 的优先级高于运算符

⊕，即下文中如这两个运算符出现在同一个表达式中，则隐含了先计算运算符⊗，再计算运算符⊕的意义。

记运算 ⊕ 的算法为 plus(a,b)，运算 ⊗ 的算法为 multiply(a,b)，求整商的算法为 quotient(a,b)，则算法的描述如下。

算法 2-1　plus(a,b)

输入：a,b;

输出：$a \oplus b$

1）max(deg(a),deg(b))→m

2）for ($i=0;i<=m;i++$)

　　$a_i \oplus_2 b_i → c_i$

3）return c

算法 2-2　multiply(a,b)

输入：a,b;

输出：$a \otimes b$

1）deg(a) → m, deg(b) →n

2）$0→c$

3）for ($i=0;i<=m;i++$)

　　for($j=0;j<=n;j++$)

　　　　$c_{i+j} \oplus_2 (a_i \otimes_2 b_i) → c_{i+j}$

4）return c

算法 2-3　quotient(a,b)

输入：a,b;

输出：a 整除 b 的商式

1）$0→c$

2）$a→d$

3）while (deg(d)>=deg(b))

　　deg(d)−deg(b) → k

　　plus($d,b*x^k$) → d

　　plus(c,x^k)→c

4）return c

算法 quotient(a,b)也可以得到余式，当算法执行完毕，多项式 d 为 a 整除 b 的余式，多项式 c 为 a 整除 b 的商式。该算法也可以判断一个多项式是否能整除另一个多项式，在调用该算法时，如得到的余式为 0，则说明前者能整除后者。

有了上述的基本运算，注意到有限域 GF(2^n)乘法运算*是先进行了 GF(2)(x)上多项式的乘法运算 ⊗ 后，还要对不可约多项式 $p(x)$ 进行取余式运算，因此乘法运算的结果与选定的不可约多项式相关，即选定了不同的不可约多项式后，其对应的乘法运算的结果是不同的。

对于确定的 n，其 n 次不可约多项式可能有多个，只需要选定其中的一个即可。选定了不可约多项式后，则该有限域就唯一地被确定了。

$p(x)$ 是多项式环 GF(2)(x) 上的一个 n 次的不可约多项式，其一般形式为

$$x^n + p_{n-1}x^{n-1} + \cdots + p_1 x + p_0 \tag{2-11}$$

而在 GF(2^n) 上，$p(x)$ 是与 0 等价的一个元素($p(x)=0$)，则在 GF(2^n) 上有以下关系式

$$x^n = p_0 + p_1 x + \cdots + p_{n-1}x_{n-1} \tag{2-12}$$

在有限域 GF(2^n) 各种运算中，显然加法运算和减法运算与 GF(2)(x) 上多项式的加法运算相同，只需调用 plus(a,b) 算法即可，下面主要论述乘法运算、除法运算和求逆运算。

2.5.1　乘法运算

根据定义 2.17，GF(2^n)=$<S,+,*,p(x)>$ 的乘法运算的实质是：先在 GF(2)(x) 上求 $a(x)\otimes b(x)$,得到一个次数不超过 $2n-2$ 的多项式，然后用该多项式整除 $p(x)$，得到余式是乘积的结果。算法描述如下。

算法 2-4　multiplicatin(a,b)

输入：a，b，p；

输出：$a*b$

1）multiply(a,b) $\to t$

2）deg(t)$-n\to k$

3）while ($k\geqslant 0$)

　　　　plus(t,multiply($p(x)$, x^k))$\to t$

　　　　deg(t)$-n\to k$

4）return t

2.5.2　求逆运算

以下论述采用扩展欧几里德算法[24]实现求逆运算的原理与算法。

对于 $a(x)\in$ GF(2)(x) 且 $a(x)\neq 0$。因为 $p(x)$ 为不可约多项式，显然有 gcd($a(x)$, $p(x)$)=1 [注1]。根据代数性质，必存在 $u(x),v(x)\in$ GF(2)(x)，使式（2-13）在多项式环

注 1　gcd(a, b)表示 a 与 b 的最大公因式。

GF(2)(x)上成立。

$$a(x) \otimes u(x) \oplus p(x) \otimes v(x) = 1 \qquad (2\text{-}13)$$

而在 GF(2^n)中，因 $p(x)=0$，则有 $a(x) \otimes u(x) = 1$ 成立，从而有 $u(x)=a(x)^{-1}$。

现在的问题是如何找到式（2-13）中的 $u(x)$。

根据代数理论，两个多项式的最大公因式可以通过辗转相除法求出，令 $r_1(x)=p(x), r_2(x)=a(x)$，由定义 2.15，必有下式成立：$r_1(x)=q_1(x) \otimes r_2(x) \oplus r_3(x)$，其中，$r_3(x)$是 $r_1(x)$整除 $r_2(x)$的余式，即 $\deg(r_3(x))<\deg(r_2(x))$。

一般地，当 $i>2$ 时，有 $r_{i-2}(x)=q_{i-2}(x) \otimes r_{i-1}(x) \oplus r_i(x)$成立，其中，$r_i(x)$是 $r_{i-2}(x)$整除 $r_{i-1}(x)$的余式。注意到 $r_i(x)$的次数是严格单调递减的；另一方面，根据辗转相除的原理，有 $\gcd(r_1(x),r_2(x))=\gcd(r_2(x),r_3(x))=\cdots=\gcd(r_{i-2}(x),r_{i-1}(x))=1$，则必定存在某一整数 k，使 $r_k(x)=1$。

在多项环 GF(2)(x)上，若令 $u_1(x)=0, v_1(x)=1, r_1(x)=p(x); u_2(x)=1, v_2(x)=0, r_2(x)=a(x)$，则有如下两个恒等式

$$u_1(x) \otimes a(x) \oplus v_1(x) \otimes p(x) = r_1(x) \qquad (2\text{-}14)$$

$$u_2(x) \otimes a(x) \oplus v2(x) \otimes p(x) = r_2(x) \qquad (2\text{-}15)$$

调用算法 2-3 求出 $q_1(x)$，使 $r_1(x)=q_1(x) \otimes r_2(x) \oplus r_3(x)$，其中，$r_3(x)$是 $r_1(x)$整除 $r_2(x)$的余式。

对式（2-14）和式（2-15）的两边做相同的辗转相除运算：式（2-14）$\oplus$ 式（2-15）$\otimes q_1(x)$，则$[u_1(x) \oplus q_1(x) \otimes u_2(x)] \otimes a(x) \oplus [v_1(x) \oplus v_2(x) \otimes q_1(x)] \otimes p(x)=r_1(x) \oplus q_1(x) \otimes r_2(x)$，注意到 $r_3(x)=r_1(x) \oplus q_1(x) \otimes r_2(x)$，并令 $t_1(x)=u_1(x) \oplus q_1(x) \otimes u_2(x), t_2(x)=v_1(x) \oplus v_2(x) \otimes q_1(x), t_3(x)=r_1(x) \oplus r_2(x) \otimes q_1(x)=r_3(x)$，则式（2-15）可以写成

$$t_1(x) \otimes a(x) \oplus t_2(x) \otimes p(x) = t_3(x) \qquad (2\text{-}16)$$

容易证明 $t_1(x)$的次数必定小于 n。把式（2-14）换成式（2-15），再把式（2-15）换成式（2-16），即令 $u_1(x)=u_2(x), v_1(x)=v_2(x), r_1(x)=r_2(x); u_2(x)=t_1(x), v_2(x)=t_2(x), r_2(x)=t_3(x)$，则得到式（2-14）与式（2-15）形式相同的两个新的恒等式。

如此对式（2-14）和式（2-15）重复做辗转相除运算，直到某个 $t_3(x)$ 的值等于 1，从而有 $a(x) \otimes u_2(x) \oplus p(x) \otimes v_2(x)=1$，则得到 $u_2(x)=a(x)^{-1}$。

根据以上推导，得到求逆的算法如下。

算法 2-5 inverse(a)

输入：a, p

输出：a^{-1}

1）$0 \rightarrow u_1(x)$，$p(x) \rightarrow r_1(x), 1 \rightarrow u_2(x)$，$a(x) \rightarrow r_2(x)$

2）while ($r_2 \neq 1$)

quotient$(r_1,r_2)\to q$

plus$(u_1,$multiply$(u_2,q))\to t_1$

plus$(r_1,$multiply$(r_2,$q$))\to t_3$

$u_2\to u_1,\ r_2\to r_1,\ t_1\to u_2,\ t_3\to r_2$

3）return u_2

求出了 a^{-1} 后，利用 $\dfrac{a}{b}=a*b^{-1}$，则容易得出 $\dfrac{a}{b}$。

2.5.3　基于高斯消元法的除法运算方法

设 $a(x),b(x)\in \mathrm{GF}(2^n)$，其中 $b(x)\neq 0$，令 $c(x)=\dfrac{a(x)}{b(x)}$，由于 $c(x)$也是 $\mathrm{GF}(2^n)$上的一个元素，则可以把 $c(x)$写成如下形式：$c(x)=c_0+c_1x+c_2x^2+\cdots+c_{n-1}x^{n-1}$，其中，$c_0,c_1,\cdots,c_{n-1}$ 为 $\mathrm{GF}(2)$上的待定系数。则必有 $a(x)=b(x)*c(x)=(b(x)\otimes c(x))\bmod p(x)$。注意到 $b(x)*c(x)$必定是一个次数小于 n 的多项式，且每一项(x^i)的系数必为关于 $c_0,c_1,\cdots,c_{n-1}$ 的线性组合。

不妨设 $b(x)*c(x)=\sum\limits_{i=0}^{n-1}(\sum\limits_{j=0}^{n-1}m_{ij}c_j)x^i$，$a(x)=\sum\limits_{i=0}^{n-1}a_ix^i$。

根据多项式相等的性质，则有

$$\sum_{j=0}^{n-1}m_{ij}c_j=a_i\quad(i=0,1,\cdots,n-1)\qquad(2\text{-}17)$$

从式（2-17）可以得到一个 n 阶的线性方程组，用高斯消元法求解这个方程组便能得出 $c_0,c_1,\cdots,c_{n-1}$，从而也求出了 $c(x)$。

问题的关键是如何得到式（2-17）这个线性方程组。现把 $b(x)$表示成矩阵乘积的形式

$$b(x)=(1,x,\cdots,x^{n-1})(b_0,b_1,\cdots,b_{n-1})^{\mathrm{T}}$$

不难得出 $b(x)\otimes c(x)=(1,x,\cdots,x^{2n-2})\begin{pmatrix}b_0&0&0&\cdots 0&0\\b_1&b_0&0&\cdots 0&0\\b_2&b_1&b_0&\cdots 0&0\\&&\cdots&&\\0&0&0&\cdots b_{n-1}&b_{n-2}\\0&0&0&\cdots 0&b_{n-1}\end{pmatrix}\begin{pmatrix}c_0\\c_1\\\vdots\\c_{n-1}\end{pmatrix}\qquad(2\text{-}18)$

记式（2-18）中的二维矩阵为 $\boldsymbol{W}$，它是一个 $2n-1$ 行，n 列的矩阵，其中，第

i $(i=0, \cdots ,2n-2)$行的所有元素均为 x^i 的系数，第 j($j=0,1,\cdots ,n-1$)列均为 c_j 的系数；对于第 0 列，第 i($i=0,1,\cdots ,n-1$)行的元素分别为 b_i，一般地，对于是第 j 列，则第 $i+j$($i=0,1,\cdots ,n-1$)行的元素为 b_i。

式（2-18）得出的是 $b(x)\otimes c(x)$，由定义 2.17，$b(x)*c(x)=(b(x)\otimes c(x))\bmod p(x)$，即需要利用 $p(x)$消去式（2-18）中 x 的幂大于或等于 n 的项。由于矩阵的后 $n-1$ 项分别是$(x^n,x^{n+1},\cdots ,x^{2n-2})$的系数，因此，需要利用式（2-12）进行多项式的降次，把 x^n 用式（2-12）中的右边部分代替，使矩阵 $\boldsymbol{W}$ 第 i($i=n,n+1,\cdots ,2n-2$)行的所有元素均变为 0。

记 $\boldsymbol{W}=(w_{ij})_{(2n-1)\times n}$，当 $i \geqslant n$ 且 $w_{ij}\neq 0$ 时，该系数对应的多项式的项为 $w_{ij}\otimes_2 c_j x^i=w_{ij}\otimes_2 c_j x^{i-n}x^n$,利用式（2-12），则

$$w_{ij}\otimes_2 c_j x^{i-n}x^n=(x^{i-n},x^{i-n+1},\cdots ,x^{i-1})(w_{ij}\otimes_2 p_0,w_{ij}\otimes_2 p_1,\cdots ,w_{ij}\otimes_2 p_{n-1})^{\mathrm{T}}c_j$$

如此代替后，则可以消去系数 m_{ij}，即置 $m_{ij}=0$。

因此，只需对第 j 列，第 k($k=i-1,i-2,\cdots ,i-n$)行，执行 $w_{ij}\oplus_2 (w_{kj}\otimes_2 p_{k-i+n})\rightarrow w_{ij}$ 的操作，然后再置 $w_{ij}=0$。

从矩阵最后一列开始，每一列从下行至上行操作，则必定可以使矩阵的后 $n-1$ 行的元素全为 0。从而得到式（2-17）形式的线性方程组。

采用高斯消元法，求出未知元$(c_0,c_1,\cdots ,c_{n-1})$便可以求出 $c(x)$。

根据以上描述，得出的算法如下。

算法 2-6 division(a,b)

输入：a, b, p

输出：$\dfrac{a}{b}$

1）初始化 $W=(w_{ij})$

```
for(j=0; j<n;j++)
    for (i=0;i<n;i++)
        if (i≥j and i<j+n)
            b_{i-j}→w_{ij}
        else
            0→w_{ij}
```

2）通过 $p(x)$降次使 $\boldsymbol{W}$ 的后 $n-1$ 行元素全为 0

```
for (j=n-1; j≥0; j--)
    for (i=j+n-1; j≥n;i--)
        for(k=i-1;k≥i-n;k--)
            w_{kj}⊕2(w_{ij}⊗2 p_{k-i+n})→w_{kj}
        0→w_{ij}
```

3）用高斯消元法求解式（2-17）的线性方程组，得到$\{c_i\}$

4）return c;

例 2-1　考虑 GF(2^4)，取不可约多项式 $p(x)=x^4+x+1$，$a=1011$，$b=1101$，运作算法 2-6，求 $c=\dfrac{a}{b}$。

解：取 $n=4$，记$(b_3,b_2,b_1,b_0)=(1,1,0,1)$，$(a_3,a_2,a_1,a_0)=(1,0,1,1)$，根据式（2-12），得 $x^4=x+1$，则$(p_3,p_2,p_1,p_0)=(0,0,1,1)$，由算法 2-6 的初始化 W，得到 W 是一个 7 行 4 列的矩阵，表示如下。

$$\begin{pmatrix} 1 & 0 & 0 & 0 \\ 0 & 1 & 0 & 0 \\ 1 & 0 & 1 & 0 \\ 1 & 1 & 0 & 1 \\ 0 & 1 & 1 & 0 \\ 0 & 0 & 1 & 1 \\ 0 & 0 & 0 & 1 \end{pmatrix}$$

执行算法 2-6 的第 2）步，利用 $p(x)$ 进行降次，则 W 矩阵变成如下形式。

$$\begin{pmatrix} 1 & 1 & 1 & 0 \\ 0 & 0 & 0 & 1 \\ 1 & 0 & 0 & 0 \\ 1 & 1 & 0 & 0 \\ 0 & 0 & 0 & 0 \\ 0 & 0 & 0 & 0 \\ 0 & 0 & 0 & 0 \end{pmatrix}$$

则利用有限域乘法的定义，则有

$$(1,x,\cdots,x^6)\begin{pmatrix} 1 & 1 & 1 & 0 \\ 0 & 0 & 0 & 1 \\ 1 & 0 & 0 & 0 \\ 1 & 1 & 0 & 0 \\ 0 & 0 & 0 & 0 \\ 0 & 0 & 0 & 0 \\ 0 & 0 & 0 & 0 \end{pmatrix}\begin{pmatrix} c_0 \\ c_1 \\ c_2 \\ c_3 \end{pmatrix} = (1,x,x^2,x^3)\begin{pmatrix} 1 & 1 & 1 & 0 \\ 0 & 0 & 0 & 1 \\ 1 & 0 & 0 & 0 \\ 1 & 1 & 0 & 0 \end{pmatrix}\begin{pmatrix} c_0 \\ c_1 \\ c_2 \\ c_3 \end{pmatrix}$$

再利用 $a(x)=b(x)*c(x)=(b(x)\otimes c(x))\bmod p(x)$ 的关系，得线性方程组

$$\begin{pmatrix} 1 & 1 & 1 & 0 \\ 0 & 0 & 0 & 1 \\ 1 & 0 & 0 & 0 \\ 1 & 1 & 0 & 0 \end{pmatrix} \begin{pmatrix} c_0 \\ c_1 \\ c_2 \\ c_3 \end{pmatrix} = \begin{pmatrix} a_0 \\ a_1 \\ a_2 \\ a_3 \end{pmatrix} = \begin{pmatrix} 1 \\ 1 \\ 0 \\ 1 \end{pmatrix}$$

利用高斯消元法，求解这个线性方程组，得：$c_3=1$，$c_2=0$，$c_1=1$，$c_0=0$，从而得 $\dfrac{a}{b}$ =1010。

2.5.4 算法的实现及仿真结果

以上算法的实现见附录，附录中主要给出了确定性网络编码仿真实现的源程序和程序的使用说明，另外还给出了随机网络编码的仿真实现的软件和用户手册，其中前者是用 C++编写的，后者是 Java 编码写，无论是确定性网络编码还是随机网络编码均需要用伽罗华域算术运算的实现。

为了实现 $GF(2^n)$ 上的算术运算，则需按如下步骤进行：（1）确定 $n(n>1)$；（2）寻找 $GF(2)(x)$ 的次数为 n 的不可约多项式；（3）确定算法的存储结构；（4）编写程序。

以 C 语言为例来描述实现 $GF(2^4)$ 算法的实现过程。

首先，确定 $p(x)$,寻找 $p(x)$ 的方法如下：一次不可约多项式为：x, $x+1$；确定某个二次多项式是否为不可约多项式时，则需要拿所有一次不可约多项式去整除，即调用算法 2-3，如不能被所有一次不可约多项式整除，则为不可约多项式。确定某个 n 次多项式是否为不可约时，则需要拿所有次数不超过 $\left\lfloor \dfrac{n}{2} \right\rfloor$ 的不可约多项式去整除，如不能被所有的不可约多项式整除时，则为不可约多项式，表 2-3 列出了 n 不超过 6 的所有不可约多项式。

表 2-3　部分不可约多项式

n	不可约多项式
2	x^2+x+1
3	$x^3+x+1,\ x^3+x^2+1$
4	$x^4+x+1,\ x^4+x^3+1,\ x^4+x^3+x^2+x+1$
5	$x^5+x^2+1,\ x^5+x^3+1,\ x^5+x^4+x^3+x^2+x+1,\ x^5+x^4+x^2+x+1,\ x^5+x^4+x^3+x+1,\ x^5+x^4+x^3+x^2+1$
6	$x^6+x+1,\ x^6+x^3+1,\ x^6+x^4+x^2+x+1,\ x^6+x^4+x^3+x+1,\ x^6+x^5+1,\ x^6+x^5+x^2+x+1,\ x^6+x^5+x^3+x^2+1,\ x^6+x^5+x^4+x+1,\ x^6+x^5+x^4+x^2+1$

然后，确定 n，再寻找一个确定的 n 次不可约多项式。注意到，对于 n 次多项式，可以存在多个不可约多项式，不同的不可约多项式唯一地决定了乘法运算，

从而也决定了除法和求逆运算。

选定 $GF(2^4)$ 的不可约多项式 $p(x)=x^4+x+1$，得到除法运算的关系，如表 2-4 所示。

表 2-4　GF(2^4)除法运算

a \ b	0010	0011	0100	0101	0110	0111	1000	1001	1010	1011	1100	1101	1110	1111
0010	0001	1111	1001	0101	1110	1100	1101	0100	1011	1010	0111	1000	0110	0011
0011	1000	0001	0100	1110	1001	1010	0010	0110	0111	1111	1101	1100	0101	1011
0100	0010	1101	0001	1010	1111	1011	1001	1000	0101	0111	1110	0011	1100	0110
0101	1011	0011	1100	0001	1000	1101	0110	1010	1001	0010	0100	0111	1111	1110
0110	0011	0010	1000	1111	0001	0111	0100	1100	1110	1101	1001	1011	1010	0101
0111	1010	1100	0101	0100	0110	0001	1011	1110	0010	1000	0011	1111	1001	1101
1000	0100	1001	0010	0111	1101	0101	0001	0011	1010	1110	1111	0110	1011	1100
1001	1101	0111	1111	1100	1010	0011	1110	0001	0110	1011	0101	0010	1000	0100
1010	0101	0110	1011	0010	0011	1001	1100	0111	0001	0100	1000	1110	1101	1111
1011	1100	1000	0110	1001	0100	1111	0011	0101	1101	0001	0010	1010	1110	0111
1100	0110	0100	0011	1101	0010	1110	1000	1011	1111	1001	0001	0101	0111	1010
1101	1111	1010	1110	0110	0101	1000	0111	1001	0011	1100	1011	0001	0100	0010
1110	0111	1011	1010	1000	1100	0010	0101	1111	0100	0011	0110	1101	0001	1001
1111	1110	0101	0111	0011	1011	0100	1010	1101	1000	0110	1100	1001	0010	0001

2.6　仿真模型的建立方法

建设一个真实的计算机网络测试环境耗资巨大，而且在特定的网络上进行仿真测试的局限性也非常明显，一个算法在特定的网络上的性能良好，当改变网络拓扑结构或者算法移植到其他的网络时，也不一定能得到相似的算法性能。因此，通常采用计算机生成随机网络以仿真测试的方式进行[25]。常用的随机产生网络的算法有 Waxman 于 1988 在文献[26]中首先提出的一个随机网络拓扑生成模型，随后 Salama[27]对模型进行了改进。

本书讨论的网络编码技术主要应用于多播网络，并且所考虑的网络是有向无环网络，且每条链路上有权值，代表着链路的容量。因此在国际公认的算法基础上进行相应的改进，形成了一个随机产生多播网络的方法，该方法不仅可以随机产生单源多播网络，还可以随机产生多源多播网络，便于在本文的仿真测试中生成测试用例。

在 Salama 提出的模型中，对于给定的网络节点数，由概率公式

$$P_e(u,v) = \frac{k\bar{e}}{|V|}\beta\exp(\frac{-l(u,v)}{L\alpha})$$

（2-19）

确定两个网络节点间是否存在一条直接相连的链路。其中，$l(u,v)$为 u 与 v 之间的几何距离，L 为拓扑中所有节点间距离的最大值，k 为常数，$\bar{e}$ 为网络平均节点度参数。

另外，为了避免生成的网络不连通，可以使用搜索算法判断拓扑是否连通；若不连通，则将各子图添加链路直接相连；为了保证每个节点的度数大于 2，也可以采用上述添加链路的方法来实现[28]。

上述方法产生的图可能有环，且没有给链路赋予相应的权值，从而不完全符合本文的要求。

因此笔者改进了上述方法，先确定有向无环网络的节点数 n 和宿点数 d，若是单源多播网络，还需确定一个源点 s，把这 n 个节点分布在一个 $nd \times nd$ 的矩形区域内，其中源点 s 分布的坐标为$(x, 1)$，即源点为最上层的节点，其纵坐标为 1，横坐标 x 为一个$(1, nd)$间随机整数，d 个宿点分布在区域的最下层，其坐标为(x, nd)，其中，x 为[1, nd]间的随机整数。其余 $n{-}d{-}1$ 个中间节点随机分布在第 2 层至 $nd{-}1$ 层间的矩形区域内。

把节点随机分布后，对所有的节点从上至下、从左至右进行排序，该顺序为拓扑排序，然后确定两点之间是否有链路，由于是有向无环网络，所以规定只有 $i{<}j$ 时，节点 i 至节点 j 才存在有向链路，从而确定的方法如下。

For i=1 to $n{-}d$

 For j=i+1 to n

  调用式（2-19）确定节点 i 与节点 j 之间是否有链路；

 Next j

Next i

当确定了节点间的链路后，再确定链路的最大权值为 w_{max}。则对于每一条链路，随机产生一个[1, w_{max}]间的随机整数作为该链路的权值。

进行以上操作后，可能会存在这样的情况，源点至某一宿点间的最小割为零，或者具有太多的冗余信道，或者有些链路对信息传输根本不起作用，则通过手工方法再进行相应的调整。

本章的仿真计算过程中，部分单源多播网络由这个模型产生，共有 7 个单源多播网络，其邻接矩阵见附录 2。

2.7　小结

本章主要介绍本书所需的相关理论与技术，包括多播通信的概念、网络与最大流的概念和最大流最小割定理、优化理论和方法、遗传算法的原理与方法和有限域的基本知识。重点叙述了线性网络编码的原理和常用的编码方法，本章所述的理论和技术在全文中多处需要运用。最后介绍了一个随机产生的多播网络的模型，在仿真测试过程中部分测试用例是采用该模型随机生成的，其相关信息及其邻接矩阵见附录 2。

参 考 文 献

[1]　杨林, 郑刚, 胡晓惠. 网络编码研究进展[J]. 计算机研究与发展, 2008,45(3):400-407.

[2]　刘莹, 徐格. Internet 多播体系结构[M]. 科学出版社, 2008:1-17.

[3]　AHLSWEDE R, CAI N, LI S　R, et al. Network information flow[J]. IEEE Transactions on Information Theory, 2000, 46(4):1204-1216.

[4]　LI S-Y R, YEUNG R W, CAI N. Linear network coding[J]. IEEE Transactions on Information Theory, 2003, 49(2):371-381.

[5]　KOETTER R, MEDARD M. An algebraic approach to network coding[J]. IEEE/ACM Transactions on Networking, 2003, 11(5):782- 795.

[6]　胡运权, 郭耀煌. 运筹学教程[M]. 北京: 清华大学出版社, 2007:258-265.

[7]　BONDY J A, MURTY S R 著, 吴望名　译. 图论及其应用[M]. 北京: 科学出版社, 1984: 203-225.

[8]　严蔚敏, 吴伟民. 数据结构(C 语言版)[M]. 北京: 清华大学出版社, 2006:157-192.

[9]　ELIAS P, FEINSTEIN A, SHANNON C. A note on the maximum flow through a network[J]. IEEE Transactions on Information Theory, 1956, 2(4):117-119.

[10]　谢金星, 邢文训, 王振波. 网络优化[M].北京：清华大学出版社,2009:79-82.

[11]　李敏强, 寇纪淞, 林丹, 等. 遗传算法的基本理论与应用[M]. 北京: 科学出版社, 2002: 27-44.

[12]　YAO X. Evolutionary programming made fast[J]. IEEE Transaction on Evolution Computation, 1999, 3(2): 82 - 102.

[13]　陶世群, 蒲保兴. 基于遗传算法的多级目标非平衡指派问题求解[J]. 系统工程理论与实践, 2004, 24(8): 81 - 85.

[14] 梁艳春, 冯大鹏, 周春光. 遗传算法求解旅行商问题时的基因片断保序[J]. 系统工程理论与实践, 2000, 20(4): 7-12.

[15] DONG H, HE J, HUANG H. Evolutionary programming using a mixed mutation strategy[J]. Information Sciences, 2007, 177(1): 312-327.

[16] DEB K, AGRAWAL S, PRATAP A, et al. A fast and elitist multi-objective genetic algorithm: NSGA Ⅱ [J]. IEEE Transactions on Evolutionary Computation, 2002, 6(2): 182-197.

[17] LEI X J, SHI Z K. Overview of multi-objective optimization methods[J]. Systems Engineering and Electronics, 2004,15(2):142-146.

[18] ZITZLER E, LAUMANNS M, THIELE L. SPEA2: Improving the strength Pareto evolutionary algorithm[R]. TIK-Rep 103, Lausanne, Switzerland: Swiss Federal Institute of Technology, 2001.

[19] KNOWLES J D, CORNE D W. Approximating the non-dominated front using the Pareto archived evolution strategy[J]. Evolutionary Computation Journal, 2000, 8(2): 149-172.

[20] 张禾瑞, 郝炳新. 高等代数[M]. 北京: 高等教育出版社, 2005.

[21] 王兵山. 离散数学[M]. 长沙: 国防科技大学出版社, 2004: 263-281.

[22] 张禾瑞. 近世代数基础[M]. 北京: 高等教育出版社, 1978.

[23] PU B X, CHEN J Y. Implementation of arithmetic operation of GF($2n$)[C]//2013 International Conference on Mechatronic Sciences, Electric Engineering and Compiter. 2013:1710-1714.

[24] FONG K, HANKERSON D, LOPEZ J, et al. Filed inversion point halving revisited[J]. IEEE Transactions on Computers, 2004, 53(8): 1047-1059.

[25] 李雄飞, 臧雪柏, 郐丹丹, 等. 随机网络中动态多播仿真[J]. 吉林大学学报(信息科学版), 2003, 21(3): 267-268.

[26] WAXMAN B M. Routing of multipoint connection[J]. IEEE Journal on Selected Areas in Communication, 1988, 6(9):1617-1622.

[27] SALAMA H F. Multicast routing for real-time communication on high-speed networks[D]. North Carolina State University, 1996.

[28] 周灵. 高性能 IP 多播路由算法研究[D]. 南京: 南京理工大学, 2007.

第**3**章
线性网络编码

3.1　线性网络编码的基本原理

以下根据文献[1~3]来叙述线性网络编码的相关定义和原理。单源多播网络用有向无环网络 $G=(V,E,W)$ 表示，其中 V 表示节点集，E 为有向边集，$T\subset V$ 代表宿点集，$s\in V$ 是源点。为讨论方便，限定链路的容量为整数，代表单位时间内该链路能传输的最大比特数。因为线性网络编码限定各链路必须具有单位容量，若网络节点之间存在容量大于 1 的有向链路，把它分成多条单位容量的有向边（有向链路）。因此，所讨论的单源多播网络是一个有向无环多重图。

定义 3.1　信道。称单位容量的有向链路为信道。

在本书中约定，集合用大写字母或以大写字母开头的符号串表示，而集合中的元素用小写字母表示。在图 $G=(V,E,W)$ 中，有向边 $e=<u,v>\in E$ 代表节点 u 至节点 v 的单位容量的有向信道（事实上应记为 $e=<u,v,k>$，因为始点和终点均相同的单位容量的有向信道不止一条，则以 k 区分是第几条），节点 u 称为信道的始点，节点 v 称为信道的终点。记 $v=\text{head}(e)$，$\text{head}(e)$ 表示有向信道 e 的弧头；$u=\text{tail}(e)$，$\text{tail}(e)$ 为有向信道的弧尾。记 $\text{In}(v)=\{d\in E:\text{head}(d)=v\}$ 为节点 v 的输入信道集合，记 $\text{Out}(u)=\{d\in E:\text{tail}(d)=u\}$ 为节点 u 的输出信道集合。

图 3-1 是一个单源多播网络的局部图，其中，$\text{In}(v)=\{e_1,e_2,e_3,e_4,e_5\}$，$|\text{In}(v)|=5$，$\text{Out}(v)=\{e_6,e_7,e_8,e_9\}$，$|\text{Out}(v)|=4$，$\text{head}(e_1)=v$，而 $\text{tail}(e_1)=v_1$，$\text{tail}(e_6)=v$，并存在下述关系：$e\in\text{Out}(v)$ 的充分必要条件是 $\text{tail}(e)=v$；$e\in\text{In}(v)$ 的充分必要条件是 $\text{head}(e)=v$。

网络传输的最小单位是比特。采用线性网络编码技术，编码与解码均操作在有限域上。若选定一个有限域 $\text{GF}(2^m)$，则数据传输的单位是有限域上的字符（m bit）。

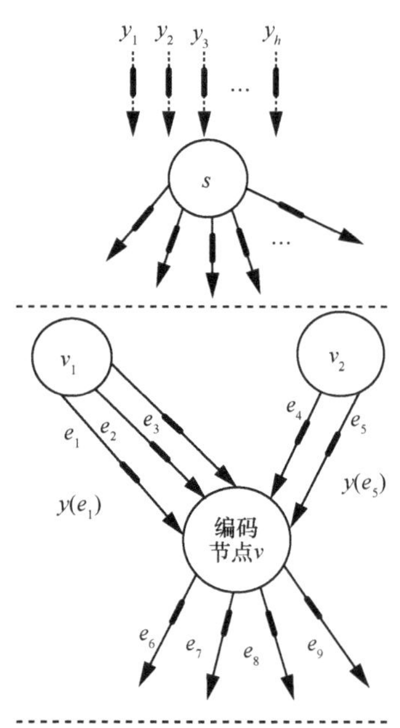

图 3-1　多播网络的编码节点

　　网络编码数据传输采用同步方式，见定义 2.9。同步方式是一种假定，即数据传输过程中，每一网络节点只有收到其所有输入信道的信息后才开始编码并向其输出信道传输信息。

　　设多播率（源点的数据发送速率）为 h，在同步方式下，在一次传输中源点发送的信息量为 mh bit。在源点，信息流被划分成 h 等分，每等分恰好是 $GF(2^m)$ 上的一个字符，分别记为 $y_1,y_2,\cdots,y_h$，把这 h 个信息字符写成向量的形式为 $y=(y_1,y_2,\cdots,y_h)$。尽管源点没有输入信道，可以把源点 s 传出的字符看成分别由 h 条虚拟信道注入，如图 3-1 所示，从而除宿点没有输出信道外，网络中每一节点均有若干条输入信道和若干条输出信道。

　　线性网络编码的核心思想是：对于每一编码节点，输出信道所转发的信息字符是该节点所有输入信息字符的线性组合。记节点 v 的输入信道集为 $\text{In}(v)=\{e_{v,1},e_{v,2},\cdots,e_{v,|\text{In}(v)|}\}$，对应携带的信息字符集：$\{y(e_{v,1}),\cdots,y(e_{v,|\text{In}(v)|})\}$，写成向量形式为 $y(\text{In}(v))$；输出信道集为 $\text{Out}(v)=\{e'_{v,1},e'_{v,2},\cdots,e'_{v,|\text{Out}(v)|}\}$，对应携带的信息字符集为：$\{y(e'_{v,1}),y(e'_{v,2}),\cdots,y(e'_{v,|\text{Out}(v)|})\}$，写成向量的形式为 $y(\text{Out}(v))$，其中，$|\text{In}(v)|$ 和 $|\text{Out}(v)|$ 分别是节点 v 输入信道数和输出信道数。

　　定义 3.2　局部编码向量。对于节点 v 的一条输出信道 $e'_{v,i}(1\leqslant i\leqslant|\text{Out}(v)|)$，其转发的信息字符是节点 v 接收到的所有信息字符的线性组合，记该线性组合的系数构成了一个 $|\text{In}(v)|$ 维的向量，称为局部编码向量，记为

$$\boldsymbol{m}(e'_{v,i}) = (m_{v,i,1}, m_{v,i,2}, \cdots, m_{v,i,|\mathrm{In}(v)|}) \tag{3-1}$$

其中，$m_{v,i,j} \in \mathrm{GF}(2^m)$ $(1 \leqslant j \leqslant |\mathrm{In}(v)|)$。

还可以采用集合的方式描述信道的局部编码向量，对于 $e \in E$，e 的尾节点记为 $v = \mathrm{tail}(e)$，则信道 e 的局部编码向量可表示为

$$\boldsymbol{m}(e) = \{m_{de} \in \mathrm{GF}(2^m) : d \in \mathrm{In}(v)\} \tag{3-2}$$

节点 v 经编码后，其输出信道 $e'_{v,i}(1 \leqslant i \leqslant |\mathrm{Out}(v)|)$ 转发的信息字符可以表示[注1]为

$$y(e'_{v,i}) = \sum_{j=1}^{|\mathrm{In}(v)|} m_{v,i,j} * y(e_{v,j}) \tag{3-3}$$

写成向量内积的形式[注2]为

$$y(e'_{v,i}) = \boldsymbol{m}(e'_{v,i}) . \boldsymbol{y}(v) = \boldsymbol{m}(e'_{v,i}) \boldsymbol{y}(\mathrm{In}(v))^{\mathrm{T}} \tag{3-4}$$

其中，$\boldsymbol{y}(\mathrm{In}(v)) = (y(e_{v,1}), \cdots, y(e_{v,|\mathrm{In}(v)|}))$ 是节点 v 各输入信道传输的信息字符组成的向量，$\boldsymbol{m}(e'_{v,i})$ 由式(3-1)表述。由于 $\boldsymbol{m}(e'_{v,i})$ 中的每一分量及节点 v 的每一输入信息字符均在 $\mathrm{GF}(2^m)$ 中，由有限域代数运算的封闭性，可以保证输出信道转发的信息字符仍属于 $\mathrm{GF}(2^m)$，即线性网络编码在 $\mathrm{GF}(2^m)$ 上进行编码运算。

编码节点 v 共有 $|\mathrm{Out}(v)|$ 条输出信道，对应了 $|\mathrm{Out}(v)|$ 个局部编码向量，而每一个局部编码向量有 $|\mathrm{In}(v)|$ 个分量，因此它们可以组成一个 $|\mathrm{Out}(v)|$ 行，$|\mathrm{In}(v)|$ 列的矩阵，称之为节点 v 的局部编码矩阵，可以表示为如下形式。

$$\begin{pmatrix} m_{v,1,1} & m_{v,1,2} & \cdots & m_{v,1,|\mathrm{In}(v)|} \\ m_{v,2,1} & m_{v,2,2} & \cdots & m_{v,2,|\mathrm{In}(v)|} \\ \vdots & \vdots & & \vdots \\ m_{v,|\mathrm{Out}(v)|,1} & m_{v,|\mathrm{Out}(v)|,2} & \cdots & m_{v,|\mathrm{Out}(v)|,|\mathrm{In}(v)|} \end{pmatrix}$$

定理 3.1　传输的信息字符虽经过了多个编码节点，但信道上携带的信息字符均可以表示成源点 s 所传出的信息字符 $y_1, y_2, \cdots, y_h$ 的线性组合，记为

$$y(e_{v,i}) = \boldsymbol{g}(e_{v,i}) \boldsymbol{y}^{\mathrm{T}} \tag{3-5}$$

其中，$\boldsymbol{g}(e_{v,i}) = (g_{v,i,1}, g_{v,i,2}, \cdots, g_{v,i,h})$ 称为输入信道 $e_{v,i}$ 的全局编码向量。

证明　采用数学归纳法证明。由于所考虑的单源多播网络是一个有向无环图，

注1　这里的"*"是指有限域上两个元素的相乘，在下文中如表示两个元素相乘时，常省略这个符号。

注2　这里的"."表示两个向量的内积，两个向量的内积是对应元素相乘再累加，在下文中，如表示向量的内积，常省略这个符号。这里向量的内积也可以看成是一个 1 行 $|\mathrm{In}(v)|$ 列的矩阵与一个 $|\mathrm{In}(v)|$ 行 1 列的矩阵相乘，符号 T 表示矩阵的转置。

必定存在一个拓扑顺序，不妨记为 $o_1,o_2,\cdots,o_{|V|}$，这一顺序存在如下特点：第 o_i 个节点的输入信道必定为第 $o_j(1{\leqslant}j<i)$ 个节点的某一输出信道，且节点 o_1 必为源点，现考虑每一节点的输出信道所传输的字符。

当 $i=1$ 时，因节点 o_1 为源点，源点输出信道所传输的信息是源点所播出信息的线性组合，结论显然成立。

假设对于 $i{\geqslant}1$ 时结论成立，即节点 $o_1,o_2,\cdots,o_i$ 的输出信道传输的字符可以表示为源点播出字符 $y_1,y_2,\cdots,y_h$ 的线性组合。下面证明对于节点 $v=o_{i+1}$ 结论也成立。

根据上面的描述，节点 v 的输入信道集为 $\mathrm{In}(v)=\{e_{v,1},e_{v,2},\cdots,e_{v,|\mathrm{In}(v)|}\}$，输出信道集为 $\mathrm{Out}(v)=\{e'_{v,1},e'_{v,2},\cdots,e'_{v,|\mathrm{Out}(v)|}\}$，由拓扑排序的性质，节点 v 输入信道 $e_{v,j}$ 必为节点 $o_1,o_2,\cdots,o_i$ 中某一个节点的输出信道，由归纳假设，其传输的字符 $y(e_{v,j})$ 必定可以表示成源点播出字符 $y_1,y_2,\cdots,y_h$ 的线性组合，即式（3-5）成立。把节点 v 的输入信道的全局编码向量看成是一个行向量，则所有全局编码向量构成了一个矩阵，记为 $\boldsymbol{M}_{\mathrm{In}(v)}$，则有

$$\boldsymbol{M}_{\mathrm{In}(v)} = \begin{pmatrix} \boldsymbol{g}(e_{v,1}) \\ \boldsymbol{g}(e_{v,2}) \\ \vdots \\ \boldsymbol{g}(e_{v,|\mathrm{In}(v)|}) \end{pmatrix} = \begin{pmatrix} g_{v,1,1} & g_{v,1,2} & \cdots & g_{v,1,h} \\ g_{v,2,2} & g_{v,2,2} & \cdots & g_{v,2,h} \\ \vdots & \vdots & & \vdots \\ g_{v,|\mathrm{In}(v)|,1} & g_{v,|\mathrm{In}(v)|,2} & \cdots & g_{v,|\mathrm{In}(v)|,h} \end{pmatrix} \tag{3-6}$$

从而有

$$\boldsymbol{y}(\mathrm{In}(v))^{\mathrm{T}} = \begin{pmatrix} y(e_{v,1}) \\ y(e_{v,2}) \\ \vdots \\ y(e_{v,|\mathrm{In}(v)|}) \end{pmatrix} = \begin{pmatrix} \boldsymbol{g}(e_{v,1})\boldsymbol{y}^{\mathrm{T}} \\ \boldsymbol{g}(e_{v,2})\boldsymbol{y}^{\mathrm{T}} \\ \vdots \\ \boldsymbol{g}(e_{v,2})\boldsymbol{y}^{\mathrm{T}} \end{pmatrix} = \boldsymbol{M}_{\mathrm{In}(v)}\boldsymbol{y}^{\mathrm{T}} \tag{3-7}$$

将式（3-7）代入式（3-4），则

$$y(e'_{v,i}) = \boldsymbol{m}(e'_{v,i})\boldsymbol{M}_{\mathrm{In}(v)}\boldsymbol{y}^{\mathrm{T}} \tag{3-8}$$

式（3-8）表明，$\boldsymbol{m}(e'_{v,i})\boldsymbol{M}_{\mathrm{In}(v)}$ 两个矩阵的乘积，得出的结果是一个 1 行 h 列

的向量，而 $\boldsymbol{y}^{\mathrm{T}}$ 是 $\boldsymbol{y}$ 的转置，即 $\boldsymbol{y}^{\mathrm{T}} = \begin{pmatrix} y_1 \\ y_2 \\ \vdots \\ y_h \end{pmatrix}$。

从而节点 v 的输出信道传输的字符必定可以表示成源点播出字符的线性组合，根据归纳法原理，结论成立，证毕。

定义 3.3　全局编码矩阵。对于节点 v，把其所有输入信道的全局编码向量构成一个矩阵，每一向量形成该矩阵的一行，如式（3-6）所示，则称该矩阵为节点 v 的全局编码矩阵。

对于中间节点，不但有输入信道，而且有输出信道，而节点 v 的全局编码矩阵是该节点的所有输入信道的全局编码向量构成的矩阵，而与该节点的输出信道的全局编码向量无关。

定义 3.4　编码方案。当每一信道的局编码向量唯一确定后，称为一个编码方案，编码方案也可以看成是网络中所有信道局部编码向量组成的集合。

已知节点 v 的全局编码矩阵 $\boldsymbol{M}_v$，且输出信道 $e'_{v,i}$ 的局部编码向量 $\boldsymbol{m}(e'_{v,i})$ 已经确定，则由式(3-8)，可以导出信道 $e'_{v,i}$ 的全局编码向量 $\boldsymbol{g}(e'_{v,i})$ 的计算方法，如式（3-9）所示。

$$
\boldsymbol{g}(e'_{v,j}) = \boldsymbol{m}(e'_{v,i})\boldsymbol{M}_v = \boldsymbol{m}(e'_{v,i})\begin{pmatrix} \boldsymbol{g}(e_{v,1}) \\ \boldsymbol{g}(e_{v,2}) \\ \vdots \\ \boldsymbol{g}(e_{v,|\mathrm{In}(v)|}) \end{pmatrix} \tag{3-9}
$$

递归地调用式（3-9），可以得到如下结论：当各信道的局部编码向量确定后，则各信道的全局编码向量能唯一确定。

节点的全局编码矩阵均是一个 h 列的矩阵，由线性代数的理论[4]，该矩阵的秩不会超过 h。由式（3-7），对于单源多播网络中的任一节点，若获知了其全局网络编码矩阵和输入信道所传输的信息字符，且其全局编码矩阵的秩为 h，则必定可以通过求解线性方程组恢复出源点播出的信息字符；若其全局编码矩阵的秩小于 h，则不能恢复源点播出的信息。

注意到任一节点 v 的全局编码矩阵的行数为 $|\mathrm{In}(v)|$。当全局编码矩阵的秩为 h 时，必有 $|\mathrm{In}(v)| \geqslant h$。若 $|\mathrm{In}(v)| = h$，其全局编码矩阵为 $h \times h$ 的方阵，这时可以采用高斯消元法求解这个线性方程组，但更多的情况是 $|\mathrm{In}(v)| > h$。由线性代数理论，可以从全局编码矩阵中的行向量中选取一个极大无关组，该极大无关组必有 h 个行向量，把 h 个行向量对应的方程联立成一个 h 阶的线性方程组，同样可以求解得出源点播出的信息字母。不妨假设节点 v 能恢复源点播出的信息，且全局编码矩阵 $\boldsymbol{M}_{\mathrm{In}(v)}$ 为一个 h 阶的方阵($|\mathrm{In}(v)| = h$)，则由式（3-7）可以推出

$$
\begin{pmatrix} y_1 \\ y_2 \\ \vdots \\ y_h \end{pmatrix} = \boldsymbol{M}_v^{-1}\begin{pmatrix} y(e_{v,1}) \\ y(e_{v,2}) \\ \vdots \\ y(e_{v,|\mathrm{In}(v)|}) \end{pmatrix} \tag{3-10}
$$

从上述讨论可以得出，采用线性网络编码实现多播传输的关键是在选定了有限域 GF(2^m) 和多播率 h 后，如何确定各信道的局部编码向量，使各宿点的全局编码矩阵的秩均为 h，宿点利用其全局编码矩阵和接收到的字符，通过求解线性方程组恢复出源点播出的信息。

以上介绍是信道上只传输一个字符的情况，下面介绍信道上传输多个字符的情况[5]。

在实际应用中，信道上传输的信息以数据分组的形式表示，而数据分组的长度是可以选择的。当多播率为 h 时，采用的伽罗华域为 GF(2^m)，则数据分组至少包括了 m bit，恰好是 GF(2^m) 上的一个字符。考虑到数据分组要携带分组头等附加信息，且传输过程中要进行编码运算，为了提高信息的传输效率，可以增大单次数据传输的信息量。另一方面，为了便于解码运算，信道上传输的数据分组必须是有限域 GF(2^m) 的字符的整数倍。假设信道上传输的数据分组含有 L 个字符，数据分组含有 Lm bit 的信息量，因多播率为 h，从而源点在单次多播传输中所播出的信息量为 Lmh bit。在源点，这些信息被分成了 h 组，每组含有 L 个字符，每一组形成了一个数据分组，从源点共发出 h 个数据分组，且每一个数据分组含有 L 个字符信息，其信息量相当于以字符为发送单位的 L 次发送的信息量。在一次数据传输过程中，每条链路上的这 L 个信息字符共享同一局部编码向量和同一全局编码向量。对于信道 e，设其局部编码向量为 $\boldsymbol{m}(e)$，且节点 v 接收到 $|\mathrm{In}(v)|$ 个数据分组，每个数据分组含有 L 个字符信息，不妨记信道 e 传输的数据分组的第 k 个字符为 $y^k(e)(k=1,2,\cdots,L)$。因为这一个数据分组中每个字符共享局部编码向量和全局编码向量，从而，对于节点 v 的输出信道，也要传输 L 个字符，组成输出信道的数据分组，各字符的计算如下。

$$y^k(e'_{v,i}) = \sum_{j=1}^{|\mathrm{In}(v)|} m_{v,i,j} y^k(e_{v,j}) \tag{3-11}$$

宿点通过以下公式恢复出源点的信息。

$$\begin{pmatrix} y_1^k \\ y_2^k \\ \vdots \\ y_h^k \end{pmatrix} = \boldsymbol{M}_v^{-1} \begin{pmatrix} y^k(e_{v,1}) \\ y^k(e_{v,2}) \\ \vdots \\ y^k(e_{v,|\mathrm{In}(v)|}) \end{pmatrix} \tag{3-12}$$

而编码节点的输出信道的全局编码向量仍然可以采用式（3-9）计算，全局编码矩阵由式（3-6）计算。

还可以采用向量空间的理论对线性网络编码多播进行描述[6]：若源点采用的多播率为 h，源点播出的 h 个字符组成了一个 h 维的向量，因源点可以播出任意字符，因此把源点播出的信息字符空间看成是一个 h 维的向量空间，记为 Ω。若对一个单源多播网络 G 确定了一个线性网络编码方案，记为 ξ，则对于 G 中任一信道 $<u,v>$，必能唯一确定该信道的全局网络编码向量，记为 $\xi(u,v)$，而对于任一节点 v，其所有的输入信道的全局网络编码向量张成了一个向量空间，记为 $\xi(\mathrm{In}(v))$。

$$\xi(\mathrm{In}(v))=\{\xi(u,v):(u,v)\in \mathrm{In}(v)\} \tag{3-13}$$

因为 $\xi(u,v)$ 是一个 h 维的向量，则 $\xi(\mathrm{In}(v))$ 是 Ω 的子空间，只有当子空间 $\xi(\mathrm{In}(v))$ 与 Ω 相等时，说明了节点 v 的全局编码矩阵的秩为 h，这时节点 v 通过解码可以恢复出源点播出信息。对于宿点 r，若有 $\xi(\mathrm{In}(v))=\Omega$ 成立，则宿点 r 可以通过解码恢复出源点播出的信息，也就是说，不管源点播出什么信息，按这种方式进行编码，宿点 r 必定能解出源点所播出的信息。

定义 3.5　可行的编码方案。一个可行的编码方案 ξ 是对于所有的宿点 r，有 $\xi(\mathrm{In}(r))$ 与 Ω 相等。也就是说，采用一个可行的编码方案实现单源多播连接，则每一个宿点均能恢复出源点播出的信息。

网络编码数据传输的一个特点是必须选定网络编码方案，也称之为网络编码的构造，一个网络编码方案由所有信道的局部编码向量唯一确定。选定网络编码方案包括：选定有限域 $\mathrm{GF}(2^m)$、每次传输的数据块长度 L、各信道的局部编码向量。构造网络码方案的目的是确定各节点如何编码，宿点如何解码，其关键是保证宿点的全局编码矩阵为满秩，即宿点能正确地恢复出源点播出的信息。

网络编码的构造有两种方法：确定性网络编码数据传输方法[7]和随机网络编码数据传输方法[8,9]。对于网络拓扑已知的单源多播网络，可以把网络拓扑知识收集起来，采用集中式的方法确定每一信道的局部编码向量，从而构造可行的编码方案。如前所述，因网络拓扑是已知的，而且是一个有向无环图，那么确定了编码方案就可以唯一确定每一信道的全局编码向量，从而各宿点的全局编码矩阵也可以完全确定，并可以求出其逆矩阵。因此，只要把信道的局部编码向量传输至该信道的始点（把信道 e 的局部编码向量传输至节点 $\mathrm{tail}(e)$），并把每一宿点的全局编码矩阵的逆矩阵传输至对应的宿点，那么网络编码的数据传输过程便可以实施。在数据传输过程中，每一节点收到其输入信道的信息后，根据其输出信道的局部编码向量，按式（3-4）计算输出信道的编码信息并从该信道转发，而宿点从其输入信道接收信息后，可以按式（3-10）恢复出源点的信息。

因此在确定性网络编码传输过程中，无需传输信息的全局编码向量，且宿点解码时不需要求解线性方程组，只需进行矩阵与向量的乘积运算就可以解出源点播出的字符，因构造的编码方案是可行的，宿点完全能解出源点播出的信息。

确定性网络编码的传输方法的一般步骤如下。

Step1　收集网络的全局拓扑知识。

Step2　根据网络的全局拓扑知识，确定多播率和所采用的伽罗华域，采用集中式方式构造可行的网络编码方案。

Step3　计算每一宿点的全局编码矩阵的逆矩阵。

Step4　把每一信道的局部编码向量传输至该信道的始节点，传输宿点的全局网络编码矩阵的逆至对应的宿点。

Step5　进行数据传输，各节点按指定的局部编码向量对输出信道进行编码，宿点利用指定的全局变量矩阵的逆和接收到的字符恢复出源点播出的信息。

网络上传输的是数据分组，设多播率为 h，采用的伽罗华域为 $GF(2^m)$。因采用分批进行数据传输，设数据分组的长度为含有 L 个字符，则一次数据传输的信息量为 Lhm bit；若要传输一个文件为 F，其文件长度为 $|F|$ bit，则要进行 $\left\lceil \dfrac{|F|}{Lhm} \right\rceil$ 次数据传输。

随机网络编码数据传输方法是指采用随机网络编码方法构造编码方案，适合于网络拓扑未知环境下的单源多播网络。随机网络编码方法是在数据传输过程中由节点随机地产生其输出信道的局部编码向量，由于选择局部编码向量的随机性，信道不仅要传输信息，还要传输其相应的全局编码向量，由于各信道的局部编码向量随机产生，并不能保证所有宿点的全局编码矩阵为满秩，即宿点不能解码的概率大于零。尽管如此，如合理地选取伽罗华域的阶，则这个概率是比较小的。

编码节点对其输出信道的编码方法如下：接收所有输入信息的数据分组，从数据分组中析出输入信道的全局编码向量和信息字符串；对每一输出信道，随机产生局部编码向量，按式（3-9）计算输出信道的全局编码向量，并按式（3-11）计算输出信道转发的信息字符串，把全局编码向量与信息字符串组成数据分组，由该输出信道进行转发。

对于宿点(解码节点)，其操作如下，接收所有输入信息的数据分组，析出每一数据分组的全局编码向量和信息字符串，由所有信息的全局编码向量形成全局编码向量，判断该矩阵的秩是否为 h，若该矩阵的秩小于 h，则不能解码，否则求出其全局编码矩阵的逆矩阵，并运用式（3-12）求出源点播出的信息字符串。

随机线性网络编码方法的一般步骤如下。

Step1　在源点确定多播率，选定伽罗华域和数据分组长度。

Step2　每一编码节点(包括源点)从其输入信道接收数据分组，析出全局编码向量和信息字符，为每一信道随机产生局部编码向量，由式（3-9）和式（3-11）分别计算出输出信道的全局编码向量和转发的字符信息，并把它们组合成一个数据分组，从输出信道发出。每一宿点从其输入信道接收到数据分组后，析出其全局编码向量和传输的信息字符串，宿点计算全局编码矩阵的秩，若其秩小于多播率，则不能解码，否则，计算出全局编码矩阵的逆矩阵，并由式（3-12）恢复出源点的信息。

Step3　若信息传输完毕，则结束，否则源点播出下一批信息，转 Step2。

从上述可以看出，在源点必须确定多播率，但对于网络拓扑未知的情形，源点难以获知多播容量，从而确定合适的多播率是一件困难事情。如果所选取的多播率大于多播容量，则势必造成有节点不能解码；若选取的多播率远小于多播容量，则不能达到最大的吞吐率，浪费了网络资源。关于这个问题，后续的章节将有讨论。

3.2　最简单的网络编码仿真实现

网络仿真在网络技术的教学和科研中具有重要意义，它为理解网络理论、研究和应用网络技术提供了方便的分析工具，同时也是一种有效研究方法。对于网络编码研究过程中的实验环节和仿真实现，通常采用自编模拟程序的方式[10,11]，但该方式不直观，且不利于对实验结果的分析比较，同时，对某些应用性能存在争议[12]。还有一些学者选择 NS 这一网络仿真平台[13]，还可以采用硬件的方法构造实验平台实现[14,15]。本节给出了一种简便的网络编码仿真实现方法[16]，它不需要特定的软、硬件支持，同时又不同于软件仿真，具有一定的直观性。在局域网内选取若干终端来模拟网络节点，构成逻辑上的单源多播网络，根据网络编码数据传输策略，各节点采用 Windows 套接字编程[17]方法实现数据的接收与发送，宿点对接收到的数据进行解码而恢复出源点播出的信息。该方法具有软硬件要求低、操作方便的特点，并易于掌握。

这一节采用 Windows 套接字编程技术实现如图 1-2 所示的蝴蝶网络的网络编码数据传输方式。只需在节点 4 处进行编码，且编码的运算就是二进制数的异或运算，其余中间节点采用路由传输方式；每一宿点均需解码，而解码运算也是二进制数的异或运算。因此该问题比较简单，不涉及有限域的运算以及复杂的编码解码运算。

源点分别传输数据分组 a 和 b 至节点 2 和 3，在节点 4 处，当收到两个数据分组 a 和 b，做简单的异或运算 $a \oplus b$，然后把运算结果传输至节点 5，除节点 4 以外，其余节点均把接收到的数据分组转发至其输出信道。宿点 T_1 收到数据分组 a 和 c 后，做异或运算 $a \oplus c$，得到数据分组 b，同理宿点 T_2 收到数据分组 b 和 c 后，做异或运算 $b \oplus c$，得到数据分组 a。

3.2.1　Windows 套接字编程技术

Windows 的 API 提供了一系列的套接字编程函数，用于网络通信程序设计[17]。它的函数声明位于头文件 winsock2.h 中，其函数体包含在"W_32.lib"中，采用动态链接库的方式，从而程序中必须把相应的头文件和动态链接库加入。程序开始执行时，必须调用 WSAStartup 函数对动态链接库的调用进行初始化；当网络编程结束，必须调用 WSACleanup 函数来解除动态链接库的加载并释放一定的资源。

采用 C 语言实现网络通信程序设计的程序框架如下。

```
#pragma comment(lib,"ws2_32.lib")
#include <string.h>
#include <stdio.h>
#include <winsock2.h>
#include <windows.h>
void main()
{    WSADATA wsaData;
     WSAStartup(MAKEWORD(2,2),&wsaData);
          //数据发送或接收的程序段；
     WSACleanup();}
```

Windows API 提供了套接字编程方法来实现数据的发送与接收，有 3 种套接字：流式套接字、数据报套接字和原始套接字。其中流式套接字可以实现 TCP 协议，数据报套接字可以实现 UDP 协议，原始套接字可以实现 IP 协议。套接字是数据发送与接收的窗口，并与一个三元组相联系，这个三元组包括"网络协议、IP 地址和端口号"。当套接字与这个三元组相联系时，则可以通过该套接字发送或接收数据。当发送数据时，数据从该 IP 地址对应的网卡中以相应的端口号把数据发送至网络；当接收数据时，凡从网络上发往本机上相应端口号的数据，均可以从该套接字中读出。本文采用数据报套接字，其工作方式为阻塞模式。以下主要介绍数据报套接字的工作流程。

采用数据报套接字的工作流程如下：定义套接字变量；创建套接字；把套接字绑定一个三元组地址；采用 sendto 函数向指定三元地址发送数据或采用 recvfrom 函数接收数据；关闭套接字。

（1）套接字的类型为 SOCKET，用该数据类型可以定义套接字变量，例如：SOCKET s,t;//定义两个套接字变量

（2）用 socket 函数可以创建套接字，函数的返回值为套接字的编号，该函数的格式如下：

Socket (协议簇，套接字类型, 0)

其中，TCP/IP 协议簇为 AF_INET;套接字类型可以为 SOCK_STREAM、SOCK_DGRAM 和 SOCK_RAM，分别表示流式套接字(可以实现 TCP 协议)、数据报套接字(实现 UDP 协议)和原始套接字(实现 IP 协议)。事实上，AF_INET、SOCK_STREAM、SOCK_DGRAM、SOCK_RAM 是头文件 winsock2.h 中定义的

常量，它们的值分别为 2、1、2、3。

例：创建数据流式套接字

SOCKET sr;//定义套接字

sr=socket(AF_INET,SOCK_DGRAM,0);//相当于 socket(2,2,0);

（3）运用 bind 函数把套接字绑定一个本机的三元组地址，三元组地址是一个结构体，包括协议簇、IP 地址、端口号 3 个成员。

事实上，当用 socket 函数创建一个数据报套接字时，系统会为该套接字设置一个三元组地址。这个三元组地址的协议簇就为 AF_INET,IP 地址就是本机地址，端口号由系统自动指定。若创建的数据报套接字仅只用于发送数据时，则可以不用再把该套接字绑定另三元组地址，而若创建的套接字要用于接收数据时，则必须把创建的数据报套接字再绑定一个三元组地址，且必须把这个三元组地址告知数据的发送方，以便向该三元组地址发送数据。

bind 函数的格式如下：bind（套接字，三元组地址指针，地址长度）；

例：创建一个套接字，并与一个三元组地址绑定。

SOCKADDR_IN saddr;//定义一个三元组地址变量

saddr.sin_family=AF_INET;//TCP/IP 协议簇

int port=5050;

saddr.sin_port=htons(port);//端口号为 5050

saddr.sin_addr.S_un.S_addr= htonl(INADDR_ANY);//本机 IP 地址

int len1=sizeof(SOCKADDR);

bind(listens,(SOCKADDR*)&saddr,len1);//套接字绑定三元组地址

（4）发送数据 sendto 函数

函数格式：int sendto（套接字，发送缓冲区指针，发送数据最大字节数，0，接收方三元组地址指针，接收方三元组地址长度）；

功能：从指定缓冲区中发送数据到由三元组地址指定的服务器中，函数的返回值为实际发送的字节数。

（5）接收数据 recvfrom 函数

函数格式：int recvfrom（套接字，接收缓冲区指针，接收数据字节数，0，存放发送数据源三元组地址指针，数据源三元组地址长度指针）

功能：从指定套接字的端口读取数据至缓冲区中，可以测出发送源三元组地址。函数的返回值为实际接收的字节数。

例：发送数据

SOCKET client;　　　//定义套接字

client=socket(AF_INET,SOCK_DGRAM,0);//创建数据报套接字

char sbuff[100];　　　//定义发送缓冲区

```
SOCKADDR_IN saddr;      //定义一个三元组地址
saddr.sin_family=AF_INET;     //TCP/IP 协议簇
saddr.sin_port=htons(22222);     //端口地址
saddr.sin_addr.S_un.S_addr=inet_addr（"172.16.52.97"）; //IP 地址，这是接收
```
端主机的 IP 地址
```
scanf（"%s",sbuff);          //从键盘输入字符
int len1=sizeof(SOCKADDR);     //地址长度
sendto(client,sbuff,100,0,（SOCKADDR*)&saddr,len1);//把缓冲区的数据通过
```
套接字发送到指定的网络地址

例：接收数据
```
SOCKET server;        //定义套接字
server=socket(AF_INET,SOCK_DGRAM,0); //创建数据报套接字
char rbuff[100];     //定义接收缓冲区
SOCKADDR_IN addr1,addr2;      //定义两个三元组地址
addr1.sin_family=AF_INET;     //TCP/IP 协议簇
addr1.sin_port=htons(22222);      //端口地址
addr1.sin_addr.S_un.S_addr=htonl(INADDR_ANY) ;//本机地址
int len1=sizeof(SOCKADDR);     //地址长度
bind(server,addr1,len1);//绑定地址
int n=recvfrom(server,rbuff,100,0,（SOCKADDR*)&addr2,len1);//接收数据至缓
```
冲区 rbuff 中,n 为实际接收的字符数

（6）三元组地址

三元组地址包括 3 个组成部分：协议簇（TCP/IP）、IP、端口号。它在 windock2.h
中定义如下：
```
typedef struct sockaddr {
    short int sin_family;/*协议簇, AF_INET=2*/
    char sa_data[14];
} SOCKADDR; //16 byte
```
一般来说,调用函数要指定地址时用 SOCKADDR 类型,操作时用 SOCKADDR_IN
类型，因为这两个结构体所占内存相等，从而可以运用类型转换后相互赋值。
```
struct in_addr {
union{…;
    struct {unsigned short int S_w1,S_w2;} S_un_w;
    unsigned long S_addr;//无符号长整型
    } S_un;//结构体只有一个成员，成员是共同体
```

```
}
typedef struct sockaddr_in {
    short int sin_family;/*协议簇,AF_INET=2*/
    unsigned short int sin_port;/*端口号 2 byte*/
    struct in_addr sin_addr;/*IP 地址 4 byte */
    unsigned char sin_zero[8];//保留不用
} SOCKADDR_IN;
```

3.2.2　数据接收方的工作过程

（1）创建数据报套接字：采用 socket 函数创建数据报套接字。

SOCKET sockSrv=socket(AF_INET,SOCK_DGRAM,0)

（2）定义一个地址变量，用于保存本机 IP 地址和相应的端口号，并把该地址变量与创建的套接字绑定。

SOCKADDR_IN addrSrv;

int len=sizeof(SOCKADDR);

addrSrv.sin_addr.S_un.S_addr=htonl(INADDR_ANY);//本机 IP 地址

addrSrv.sin_family=AF_INET;//TCP/IP 协议

addrSrv.sin_port=htons(20012);//选定一个端口号

bind(sockSrv,(SOCKADDR*)&addrSrv,len);//把套接字与三元组地址绑定。

（3）从套接字上接收数据:调用 recvfrom 函数，从套接字中接收数据。

int datalen=recvfrom(sockSrv,rcvbuff,bufflen,(SOCKADDR*) &addrSrv,&len);

其中，rcvbuff 是接收数据缓冲区的首地址；bufflen 是一个整数，为接收数据缓冲区的长度；len 是一个整型变量，其值等于数据类型 SOCKADDR 的字节数。当函数调用结束，datalen 中保存了实际接收的字节数。

（4）关闭套接字：当数据接收完毕，则需要调用 closesocket(sockSrv)函数关闭套接字。

3.2.3　数据发送方的工作过程

（1）创建数据报套接字。

（2）把接收方的 IP 地址和相应的端口号保存在一个地址变量中。

（3）调用 sendto 函数，通过套接字向指定地址变量所属的主机发送数据。

sendto(sockClient,sendBuff,len1,0,(SOCKADDR*)&addrSrv,len);

其中，sockClient 是数据报套接字，sendBuff 是发送数据缓冲区的起始地址，len1

是要发送数据的字节数，addrSrv 是保存了数据接收方的三元组的地址变量。

（4）关闭套接字。

在发送和接收数据时，接收方的 IP 地址与端口号必须与发送方指定目标地址的三元组一致。

3.2.4　网络编码数据传输技术的仿真

针对图 1-2 所示的蝴蝶网络，在局域网络选定 7 个终端，不妨设这 7 个终端在同一个 C 类地址（网络号为 172.16.101）的网段内。在实验室同一个机房，均可能达到这个条件，其 IP 地址与端口号的设置如图 3-2 所示。

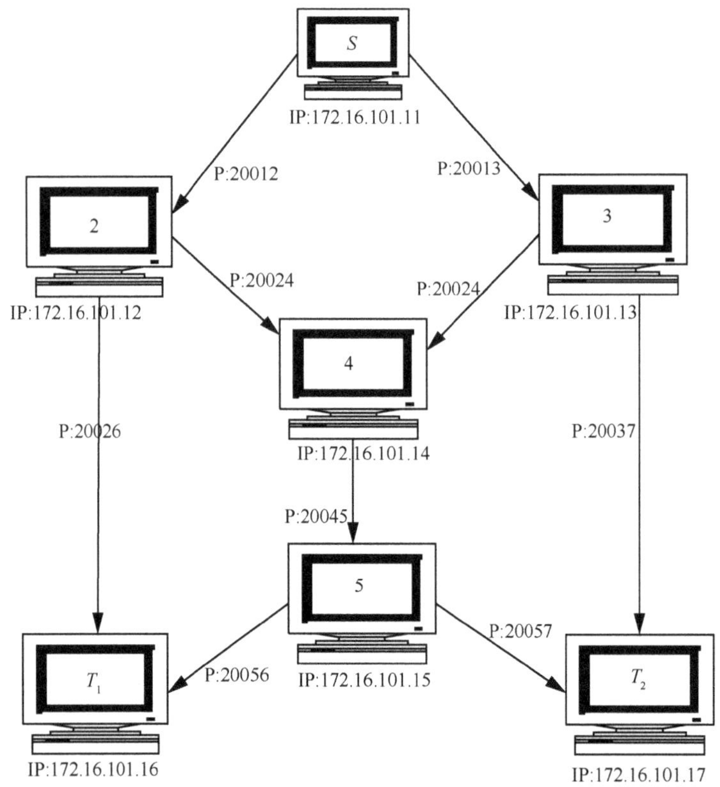

图 3-2　网络节点的 IP 地址和端口号分配

这 7 个终端的主机号分配如图 3-2 所示。源点 S：11，节点 2：12，节点 3：13，节点 4:14，节点 5: 15，宿点 T_1:16，宿点 T_2:17，从而 S 的 IP 地址为 172.16.101.11。其余节点的 IP 地址可以类推。假设需要从节点 S 发送数据至宿点 T_1 和 T_2，发送的数据是一个字符串"abcdefghijklmnopqrstuvwxyz"，也可以是内容任意的字符串，长度不加限制。若字符串的长度太长，可以采用多次发送。为了编程方便，限定字符串的长度为偶数。

在采用套接字编程时，还必须为套接字设置端口号，各数据传输链路的端口号如下：

$\langle S,2\rangle$:20012,$\langle S,3\rangle$:20013,$\langle 2,T_1\rangle$:20026,$\langle 2,4\rangle$:20024,$\langle 3,4\rangle$:20024,$\langle 3,T_2\rangle$:20037,$\langle 4,5\rangle$:20045, $\langle 5,T_1\rangle$:20056, $\langle 5,T_2\rangle$:20057。

（1）源点 S 的编程

定义存储字符串的缓冲区 senbuff，并把要发送的字符串存入该缓冲区中。把该字符串分成相等的两部分，每一部分的长度各为 strlen(sendbuff)/2,然后把每一部分作为 UDP 数据通过图 3-2 中指定的端口号发送至指定的节点，其程序段如下。

```
SOCKET sockClient=socket(AF_INET,SOCK_DGRAM,0);//创建数据报套
接字
Char sendBuff[]="abcdefghijklmnopqrstuvwxyz"; //发送缓冲区
SOCKADDR_IN addrSrv1,addrSrv2;
addrSrv1.sin_addr.S_un.S_addr=inet_addr("172.16.101.12");//节点 2 的 IP
地址
addrSrv1.sin_family=AF_INET;
addrSrv1.sin_port=htons(20012);//数据传输信道<S,2>的端口号
addrSrv2.sin_family=AF_INET;
addrSrv2.sin_addr.S_un.S_addr=inet_addr("172.16.101.13"); //节点 3 的 IP
地址
addrSrv2.sin_port=htons(20013);//数据传输信道<S,3>的端口号
int len=sizeof(SOCKADDR);
len1=strlen(sendBuff);
sendto(sockClient,sendBuff,len1/2,0,(SOCKADDR*)&addrSrv1,len);// 把 字
符串的前一半发送至节点 2
sendto(sockClient,sendBuff+len1/2,len1/2,0,(SOCKADDR*)&addrSrv2,len);
//把字符串的后一半发送至节点 3
closesocket(sockClient);
```

（2）节点 2 的编程

节点 2 从源点接收数据，然后分别转发至下游节点。可以定义两个套接字，一个套接字用于接收数据，另一个套接字用于发送数据。相应的收发数据的程序段如下。

```
SOCKET  sockSrv=socket(AF_INET,SOCK_DGRAM,0); //创建用于接收数据
```

的套接字

  SOCKET sockclient=socket(AF_INET,SOCK_DGRAM,0);//创建用于发送数据套接字

  char rcvbuff[100];//接收缓冲区

  int len=sizeof(SOCKADDR);

  SOCKADDR_IN addrSrv,addrclient1,addrclient2;//前一个为接收地址，后两个为发送地址

  addrSrv.sin_addr.S_un.S_addr=htonl(INADDR_ANY);//本机 IP 地址

  addrSrv.sin_family=AF_INET;

  addrSrv.sin_port=htons(20012);//接收数据的端口号，与 S 发送数据端口号一致

  addrclient1.sin_family=AF_INET;addrclient1.sin_port=htons(20024);

  addrclient1.sin_addr.S_un.S_addr=inet_addr("172.16.101.14");

  addrclient2.sin_family=AF_INET;addrclient2.sin_port=htons(20026);

  addrclient2.sin_addr.S_un.S_addr=inet_addr("172.16.101.16");

  bind(sockSrv,(SOCKADDR*)&addrSrv,len);//把套接字与三元组地址绑定

  int len3=recvfrom(sockSrv,rcvbuff,100,0,(SOCKADDR*)&addrSrv,&len);//接收数据

  rcvbuff[len3]='\0'; printf("\n%s\n",rcvbuff);

  sendto(sockclient,rcvbuff,len3,0,(SOCKADDR*)&addrclient1,len);//转发至节点 4

  sendto(sockclient,rcvbuff,len3,0,(SOCKADDR*)&addrclient2,len);//转发至节点 6

  closesocket(sockSrv);closesocket(sockclient);

（3）节点 4 的编程

节点 4 分别从端口号 20024 和端口号 20034 中接收 UDP 数据分组（这两个数据分组等长），然后对这两个数据分组的数据逐位做异或运算，再把异或的结果作为 UDP 数据发送至节点 5。程序段如下。

  SOCKET sockSrv=socket(AF_INET,SOCK_DGRAM,0);//创建接收数据的套接字

  SOCKET sockclient=socket(AF_INET,SOCK_DGRAM,0);//创建发送数据的套接字

  char rcvbuff1[100],rcvbuff2[100];//接收缓冲区

  int len=sizeof(SOCKADDR);

  SOCKADDR_IN addrSrv,addrclient；//前者用于接收数据，后者用于发送

数据

```
        addrSrv.sin_addr.S_un.S_addr=htonl(INADDR_ANY);//本机 IP 地址
        addrSrv.sin_family=AF_INET;
        addrSrv.sin_port=htons(20024);//与节点 2 和节点 3 发送数据时指定端口号
一致
        addrclient.sin_family=AF_INET;  addrclient.sin_port=htons(20045);
        addrclient.sin_addr.S_un.S_addr=inet_addr("172.16.101.15");
        int   len3=recvfrom(sockSrv,rcvbuff1,100,0,(SOCKADDR*)&addrSrv,&len);
//接收第一个数据分组
        rcvbuff1[len3]='\0'; printf("\n%s\n",rcvbuff1);
        int   len4=recvfrom(sockSrv,rcvbuff2,100,0,(SOCKADDR*)&addrSrv,&len);
//接收第二个数据分组
        rcvbuff2[len4]='\0'; printf("\n%s\n",rcvbuff2);unsigned char *pu1,*pu2;
        pu1=(unsigned char*)rcvbuff1;pu2=(unsigned char*)rcvbuff2;
        /*以下对接收到的数据分组进行按位异或运算*/
        for (int i =0;i<len3;i++)
        {    *pu1=(*pu1)^(*pu2);
             pu1++;pu2++;
        }
        sendto(sockclient,rcvbuff1,len3,0,(SOCKADDR*)&addrclient1,len);//发送
数据至节点 5
        closesocket(sockSrv);closesocket(sockclient);
```

（4）宿点 T_1 的编程

宿点 T_1 从指定端口接收 UDP 数据分组，析出数据部分，然后对两部分数据进行逐位异或运算。即分别接收来自端口号 20026 和 20056 的数据，它记为 M 和 N，显然，M 和 N 是等长的，然后做异或运算 $M \oplus N$，并把结果联接到 M 的后面，便是源点播出的完整数据。宿点 T_1 的程序段如下。

```
        SOCKET sockSrv 1 =socket(AF_INET,SOCK_DGRAM,0);//创建套接字
        char rcvbuff1[100],rcvbuff2[100];//接收缓冲区
        int len=sizeof(SOCKADDR);
        SOCKADDR_IN addrSrv; addrSrv.sin_addr.S_un.S_addr= htonl (INADDR_
ANY); //本地 IP 地址
        addrSrv.sin_family=AF_INET;
        addrSrv.sin_port=htons(20026);//接收来自信道<2,6>的数据
        bind(sockSrv,(SOCKADDR*)&addrSrv,len);//把套接字与三元组地址绑定
```

```
        int   len3=recvfrom(sockSrv,rcvbuff1,100,0,(SOCKADDR*)&addrSrv,&len);
//接收数据
        rcvbuff1[len3]='\0';
        printf("\n%s\n",rcvbuff1);
        addrSrv.sin_port=htons(20056);//接收来自信道<5,6>的数据端口
        bind(sockSrv,(SOCKADDR*)&addrSrv,len);//把套接字与三元组地址绑定
        int   len4=recvfrom(sockSrv,rcvbuff2,100,0,(SOCKADDR*)&addrSrv,&len);//
接收数据
        rcvbuff2[len4]='\0';
        unsigned char *pu1,*pu2;
        pu1=(unsigned char*)rcvbuff2;pu2=(unsigned char*)rcvbuff1;
        int i;
        for (i=0;i<len3;i++)
        {     *pu1=(*pu1)^(*pu2);
              pu1++;pu2++;
        }
        printf("\n%s\n",rcvbuff2);
        closesocket(sockSrv);
    }
```

以上只列出其中几个节点的工作过程和相应的程序段。从图 3-2 可以看出，节点 3、节点 5 与节点 2 的工作过程相同，宿点 T_2 与宿点 T_1 的工作过程相同，从而很容易地写出其他节点的程序段。

（5）程序的执行

当上述各节的程序录入后，则必须按一定的顺序运行各节点的程序，即按 T_1，T_2，5，4，3，2，S 的顺序启动程序运行。当节点 S 的程序运行后，宿点 T_1 和 T_2 收到源点 S 播出的信息。

3.3　确定性网络编码构造方法及其仿真实现

在网络拓扑已知的条件下，确定性网络编码数据传输方式是一种最好的选择方式，它通过收集网络拓扑知识，采用集中式的构造方式，确定编码方案，即确定各节点输出信道的局部编码向量，同时确定各宿点的解码矩阵，确保当宿点收到所有信息包后，通过解码矩阵可以恢复出源点播出的消息。关于确定性网络编码仿真实现，文献[18]讨论了这个问题。

3.3.1　确定性网络编码构造算法

算法由文献[7]提出。设多播率为 h（h 不超过多播容量），确定性网络编码构造算法利用向量空间正交补的思想来确定信道的局部编码向量，同时确保流向每一宿点的 h 条边不重叠路径对应的全局编码向量线性无关。因多播率不超过多播容量，则可以找到源点流向每一宿点的 h 条边不重叠的路径，对于同一宿点的 h 条路径，它们只可能在节点处相交，而边是不重叠的；而对于不同宿点之间的路径，则它们的边有可能相互重叠。因此，要保证从源点流向每一宿点的路径的全局编码向量线性无关，则当一条路径在流经某一条边后的全局编码向量由于节点的编码而改变时，要保证所有有路径流经该边的宿点的全局编码向量均线性无关。算法的步骤如下。

Step1　对于每一宿点 t，利用 Ford-Forkerson 算法分别求出源点 s 至宿点间的最小割 h_t，从而确定了最大多播率 $h = \min_{t \in T}\{h_t\}$，源点播出的信息字符设为 $\{x_1, x_2, \cdots, x_h\}$。

Step2　选定了多播率 h 后，对于每一宿点 t，再确定从源点 s 至宿点 t 的 h 条边不重叠的路径，并把这些路径构成的集合记为 f^t。

Step3　从源点开始，对每一节点的输出信道，分别确定信道的局部编码向量和全局编码向量，对每一宿点 t，需确保 f^t 上的全局网络编码向量线性无关。

该算法所需符号定义如下。

f^t：源点 s 至宿点 t 的 h 条边不重叠的路径构成的集合。

$T(e)$：代表一个集合，表示所有经过信道 e 的路径对应的宿点集合。如 f^t 中有一条路径经过信道 e，则称 $t \in T(e)$。

$f^t_{\rightarrow}(e)$：代表一条信道，表示宿点 t 的某条路径流入信道 e 的前一信道。

$P(e)$：信道的集合，表示所有 $f^t_{\leftarrow}(e)$ 构成的集合，即 $P(e) = \{f^t_{\leftarrow}(e) : t \in T(e)\}$。

C_t：h 条信道的集合，对于源点 s 至宿点 t 的某个割，切割 f^t 得到的 h 条信道。

B_t：由 C_t 中的每条信道对应的全局编码向量构成的集合。

$b(e)$：表示信道 e 的全局编码向量。

$m_e(p)$：表示信道 e 的局部编码向量对应于前趋信道 p 的编码系数。

$a_t(e)$：线性子空间 $B_t \backslash \{b(e)\}$ 的正交补向量。

$x(e)$：表示信道 e 传输的信息字符。

算法描述如下。

计算 $h = \min_{t \in T}\{\min\{|C|：C \text{ is s-t cut}\}\}$；

插入一个虚拟源点 s'；

插入 h 条虚拟信道连接 s' 至 s；

对于每一宿点 $t \in T$，分别找出从源点 s 至宿点 t 的 h 条边不重叠的路径，其路径集合记为 f'；

选定一有限域 GF(2^m)，并满足 $2^m > |T|$；

for all $i(1 \leq i \leq h)$ $\boldsymbol{b}(e_i)=[0^{i-1},1,0^{h-i}], x(e_i)=x_i$；

for all $t \in T$ do

    $C_t=\{e_1,e_2,\cdots,e_h\}$；

    $B_t=\{\boldsymbol{b}(e_1),\boldsymbol{b}(e_2),\cdots,\boldsymbol{b}(e_h)\}$；

For all $e \in C_t$: $\boldsymbol{a}_t(e)=\boldsymbol{b}(e)$

For all vertex $v \in V\backslash\{s'\}$ 按拓扑排序顺序 do

    For all v 的输出信道 e do

    选择 e 的局部编码向量 $\{m_e(p): p \in P(e)\}$；

    计算 $\boldsymbol{b}(e) = \sum_{p \in P(e)} m_e(p)\boldsymbol{b}(p)$ 和 $x(e) = \sum_{p \in P(e)} m_e(p)x(p)$，并满足下述条件：对

于每个宿点 $t \in T$，把 $\boldsymbol{b}(e)$ 替换 $\boldsymbol{b}(f_{\leftarrow}^t(e))$ 后，这 h 个向量仍是线性无关的。

    For all $t \in T$ do

    $C_t^{'}=\{C_t \backslash \{f_{\leftarrow}^t(e)\} \cup \{e\}$；

    $B_t^{'}=\{B_t \backslash \{\boldsymbol{b}(f_{\leftarrow}^t(e))\} \cup \{\boldsymbol{b}(e)\}$；

    $\boldsymbol{a}_t^{'}(e)=(\boldsymbol{b}(e)\boldsymbol{a}_t(f_{\leftarrow}^t(e)))^{-1}\boldsymbol{a}_t(f_{\leftarrow}^t(e))$；

    For all $c \in C_t \backslash \{f_{\leftarrow}^t(e)\}$ do

    $\boldsymbol{a}_t^{'}(c) = \boldsymbol{a}_t(c) - (\boldsymbol{b}(e)\boldsymbol{a}_t(c))\boldsymbol{a}_t^{'}(e)$；

    $\{C_t,B_t,\boldsymbol{a}_t\} = \{C_t^{'},B_t^{'},\boldsymbol{a}_t^{'}\}$；

    return $\{C_t,B_t,\boldsymbol{a}_t\}$

3.3.2　确定性网络编码构造的建模与仿真设计

Step1　构造一个单源多播网络，该网络用一个有向无环图表示，网络中有一个源点和多个宿点，应确保网络中所有信道均具有单位容量（这是为了编程和描述方便，对于多重边的情况，同样可以解决，附录中的程序可能适用于多重边的情况）。

Step2　运用 Ford-Forkerson 算法分别求出源点至每一宿点 t 的最大流 h_t，然后求出多播容量，并取多播率 h 为多播容量，即 $h = \min_{t \in T}\{h_t\}$。

Step3　构造一个虚拟源点 s'，从 s' 至 s 连接 h 条虚拟链路，分别记为 $\{e_1,e_2,\cdots,e_h\}$。

Step4　选定有限域 GF(2^m) 满足 $2^m > |T|$，确定源点播出的字符为 $x_1,x_2,\cdots,x_h$，分别从信道 $e_1,e_2,\cdots,e_h$ 播出，$e_1,e_2,\cdots,e_h$ 的全局编码向量分别为 $(1,0,\cdots,0)$，$(0,1,\cdots,$

$0),\cdots,(0,0,\cdots,1)$。

Step5　对于每一宿点 $t\in T$，找出从源点 s' 至 t 的 h 条边不重叠的路径。然后分别确定 $T(e)$，$f'_{\rightarrow}(e)$，$P(e)$ 的值（注意 $P(e)=\{f'_{\rightarrow}(e):t\in T(e)\}$）。

Step6　从源点开始，对网络各节点进行拓扑排序。

Step7　接下来从源点 s 开始，按拓扑顺序确定各节点输出信道的局部编码向量、全局编码向量、传输的字符。

若 $P(e)$ 为单个元素的集合时，不妨记该元素为 $f'_{\rightarrow}(e)$，表明只有某个宿点 t 的路径途经信道 e，则该信道不需要编码，采用路由传输方式，这时有 $b(e)=b(f'_{\rightarrow}(e))$，$x(e)=x(f'_{\rightarrow}(e))$。

当 $P(e)$ 具有两个以上的元素时，表明两个以上宿点的路径途经信道 e，这时信道 e 应采用网络编码传输。

对于所有的 $t\in T(e)$，需要在 C_t 中把 $f'_{\rightarrow}(e)$ 替换成 e，相应地，在 B_t 中把 $b(f'_{\leftarrow}(e))$ 替换成 $b(e)$，并使替换后的 $B'_t=\{B_t\backslash\{b(f'_{\leftarrow}(e))\}\cup\{b(e)\}$ 中 h 个向量是线性无关的，仍然构成 h 维向量空间的一个基。

记 h 维向量空间为 W，注意到对于 $c\in C_t$，$B_t/\{b(c)\}$ 是 $h-1$ 个线性无关的向量，则它们可以张成一个 $h-1$ 维的向量子空间，记为 W_c，$B_t/\{b(c)\}$ 就是该子空间的一组基向量，注意到 $a_t(c)$ 是线性子空间 $B_t/\{b(c)\}$ 的正交补向量，则由 $\{a_t(c)\}$ 张成的子空间是 W_c 的正交补 $W_c^{\perp}$，由正交补的定义，式（3-14）成立。

$$a_t(c)\bullet b(c')=\begin{cases}1, & c'=c\\0, & c'\in C_t\ \text{且}\ c'\neq c\end{cases}\tag{3-14}$$

定理 3.2　在某一阶段，宿点 t 的 h 条路径对应的信道所组成的集合为 C_t，各信道上的全局网络编码向量组成的集合为 B_t，且 B_t 中的向量线性无关，其中 $f'_{\rightarrow}(e)\in C_t$，则把 C_t 中的信道 $f'_{\rightarrow}(e)$ 换成信道 e，把 B_t 中的向量 $b(f'_{\rightarrow}(e))$ 换成 $b(e)$，只要 $b(e)$ 满足 $a_t(f'_{\leftarrow}(e))\bullet b(e)\neq 0$（其中，$\bullet$ 表示向量的内积，下同），则更换后 B_t 中的 h 个向量仍是线性无关的。

证明　只需证明 $b(e)$ 不能被 $\{B_t\backslash b(f'_{\leftarrow}(e))\}$ 线性表示即可。反证，若 $b(e)$ 能被 $\{B_t\backslash(f'_{\leftarrow}(e))\}$ 线性表示，则 $b(e)=\displaystyle\sum_{d\in\{C_t\backslash f'_{\leftarrow}(e)\}}m_d b(d)$（其中，$m_d$ 为 GF(2^m) 中的元素），根据式(3-14)，则 $a_t(f'_{\leftarrow}(e))\bullet b(e)=\displaystyle\sum_{d\in\{C_t\backslash f'_{\leftarrow}(e)\}}m_d b(d)\bullet a_t(f'_{\leftarrow}(e))=0$，矛盾，因此，$b(e)$ 不能被 $\{B_t\backslash b(f'_{\leftarrow}(e))\}$ 线性表示，从而 $\{B_t\backslash b(f'_{\leftarrow}(e))\}\cup\{b(e)\}$ 线性无关，构成了线性空间 W 上的一个基。证毕。

根据定理 3.2，可以得到选取 $b(e)$ 应满足的充要条件：确定局部编码向量 $\{m_e(f'_{\leftarrow}(e)):t\in T(e)\}$，计算

$$b(e) = \sum_{t \in T(e)} \boldsymbol{m}_e(f_{\leftarrow}^t(e)) \boldsymbol{b}(f_{\leftarrow}^t(e)) \tag{3-15}$$

满足

$$\boldsymbol{a}_t(f_{\leftarrow}^t(e)) \bullet \boldsymbol{b}(e) \neq 0 ，\forall t \in T(e) \tag{3-16}$$

有两种确定局部编码向量的方法。

方法 1　随机选取方法。对于所有的 $t \in T(e)$，随机选取 $\boldsymbol{m}_e(f_{\leftarrow}^t(e)) \in \mathrm{GF}(2^m)$，按式(3-15)计算 $\boldsymbol{b}(e)$，并验算式(3-16)是否成立，若式(3-16)成立，则进行下一步；若式（3-16）不成立，重新随机选取局部编码向量 $\{\boldsymbol{m}_e(f_{\leftarrow}^t(e)):t \in T(e)\}$，直到式（3-16）成立。当选择的伽罗华域的阶较大时，随机选取的局部编码向量满足式（3-16）的概率接近于 1。

方法 2　确定选取方法。确定方法可以由定理 3.3 保证，定理 3.3 的证明过程就是具体的选取局部编码向量的方法。

定理 3.3　设 $n<|\mathrm{GF}(2^m)|$，现有两组 h 维的向量 $\{u_1,u_2,\cdots,u_n\}$ 和 $\{v_1,v_2,\cdots,v_n\}$，且满足 $\boldsymbol{u}_i \bullet \boldsymbol{v}_i \neq 0(i=1,\cdots,n)$，则必定存在 $\{u_1,u_2,\cdots,u_n\}$ 的一个线性组合 r，满足

$$\boldsymbol{r} \bullet \boldsymbol{v}_i \neq 0(i=1,\cdots,n) \tag{3-17}$$

证明　采用归纳法进行证明。当 $n=1$ 时，取 $r_1=u_1$，显然满足式（3-17）；假设当 $n=k$ 时结论成立，即存在 r_k 是 $\{u_1,u_2,\cdots,u_k\}$ 的线性组合，且满足式（3-17）：$\boldsymbol{r}_k \bullet \boldsymbol{v}_i \neq 0(i=1,\cdots,k)$。当 $n=k+1$ 时，若 $\boldsymbol{r}_k \bullet \boldsymbol{v}_{k+1} \neq 0$（$r_k$ 为归纳假设中选定的），则结论成立，选取 $r_{k+1}=r_k$；否则有 $\boldsymbol{r}_k \bullet \boldsymbol{v}_{k+1} = 0$，选取 $\boldsymbol{r}_{k+1} = \lambda \boldsymbol{r}_k + \boldsymbol{u}_{k+1}$，其中 λ 为待定系数。注意到 $\boldsymbol{r}_{k+1} \bullet \boldsymbol{v}_{k+1} = (\lambda \boldsymbol{r}_k + \boldsymbol{u}_{k+1}) \bullet \boldsymbol{v}_{k+1} \neq 0$，现在的问题是如何选择待定系数 λ，使 $\boldsymbol{r}_{k+1} \bullet \boldsymbol{v}_i \neq 0(i=1,\cdots,k)$ 成立。

$\boldsymbol{r}_{k+1} \bullet \boldsymbol{v}_i = \lambda \boldsymbol{r}_k \bullet \boldsymbol{v}_i + \boldsymbol{u}_{k+1} \bullet \boldsymbol{v}_i$，记 λ_i 是满足 $\boldsymbol{r}_{k+1} \bullet \boldsymbol{v}_i = 0$ 的系数，即 λ_i 满足 $\lambda \boldsymbol{r}_k \bullet \boldsymbol{v}_i + \boldsymbol{u}_{k+1} \bullet \boldsymbol{v}_i = 0$，通过解方程，注意到有限域的减法运算与加法运算相同，则 $\lambda_i = (\boldsymbol{u}_{k+1} \bullet \boldsymbol{v}_i)/(\boldsymbol{r}_k \bullet \boldsymbol{v}_i)$，因此 λ 只要不取与 $\{\lambda_1,\cdots,\lambda_k\}$ 中的相同的值，则一定能保证 $\boldsymbol{r}_{k+1} \bullet \boldsymbol{v}_i \neq 0(i=1,\cdots,k)$ 成立。由定理的条件，因为 $k<n<|\mathrm{GF}(2^m)|$，则 $\mathrm{GF}(2^m)\backslash\{\lambda_1,\cdots,\lambda_k\}$ 必定非空，因此选取 $\lambda \in \mathrm{GF}(2^m)\backslash\{\lambda_1,\cdots,\lambda_k\}$ 必定满足式（3-17），从而结论成立，证毕。

因为 $\boldsymbol{a}_t(f_{\leftarrow}^t(e))$ 是 $\{B_t \backslash \boldsymbol{b}(f_{\leftarrow}^t(e))\}$ 的正交补基向量，从而有 $\boldsymbol{a}_t(f_{\leftarrow}^t(e)) \bullet \boldsymbol{b}(f_{\leftarrow}^t(e)) \neq 0, t \in T(e)$。根据定理 3.3，必存在 $\{\boldsymbol{b}(f_{\leftarrow}^t(e)):t \in T(e)\}$ 的线性组合，记为 $\boldsymbol{b}(e)$，使式（3-16）成立，定理 3.3 的证明过程表明了如何构造 $\boldsymbol{b}(e)$ 为 $\{\boldsymbol{b}(f_{\leftarrow}^t(e)):t \in T(e)\}$ 线性组合的方法。

图 3-3 给出了通往宿点的路径通过某一节点的几种典型情况。

（1）源点通往宿点 t_i 的一条路径经过节点 v，其输入与输出信道均为该路径

独享，在这种情况下，这条路径流入从信道 d 流入节点 v 并从信道 e 流出，若在集合 C_{t_i} 把信道 d 换成 e 时，不需要进行网络编码，只需把信道 d 的全局编码向量直接赋给 e 即可，即 $\boldsymbol{b}(e)=\boldsymbol{b}(d)$。操作结束后可保证从源点流向宿点 t_i 的 h 条路径上的全局编码向量仍是线性无关的。

（2）通往宿点 t_i 和 t_j 的两条路径均从信道 d 进入节点 v，分别从信道 e_1 和 e_2 流出，与前一种情况相同，节点 v 不需要编码，只需把信道 d 的全局编码向量直接赋给信道 e_1 和 e_2 即可。同样可以保证源点至宿点 t_i 和源点至宿点 t_j 的 h 条路径上的全局编码向量线性无关。

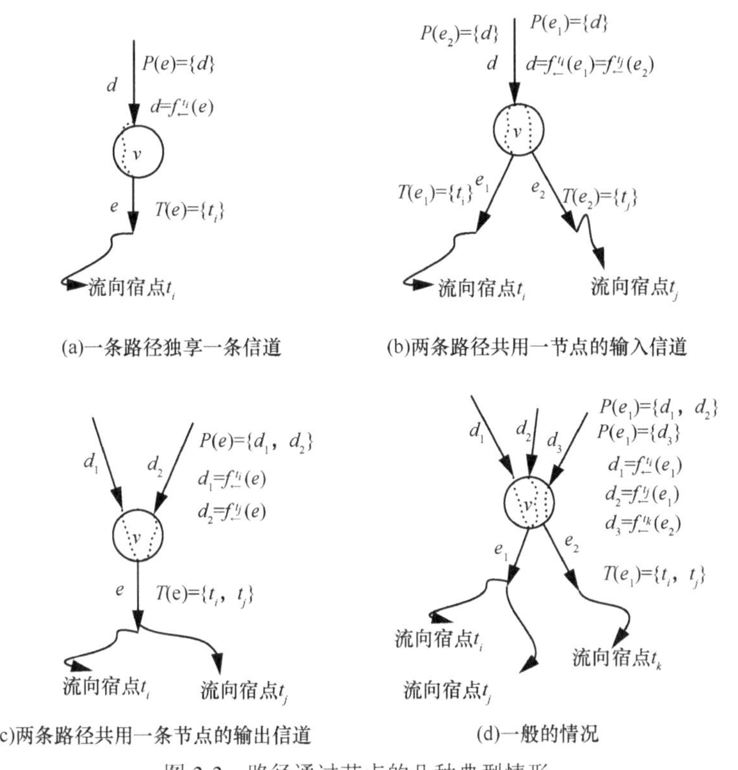

(a)一条路径独享一条信道　　　　　(b)两条路径共用一节点的输入信道

(c)两条路径共用一条节点的输出信道　　　　　(d)一般的情况

图 3-3　路径通过节点的几种典型情形

（3）通往宿点 t_i 和 t_j 的两条路径分别从信道 d_1 和 d_2 进入节点 v，从同一条信道 e 流出，这属于不同宿点的路径共享同一信道的情况。在这种情形下，节点 v 必须编码，即信道 e 的全局编码向量是信道 d_1 和 d_2 的全局编码向量的线性组合，其传输的字符也是两者传输字符的线性组合。在确定信道 e 的全局编码向量 $\boldsymbol{b}(e)$ 时，既要保证把 $\boldsymbol{b}(e)$ 替换 $\boldsymbol{b}(d_1)$ 后，使流向 t_i 的 h 条路径的全局编码向量线性无关，同时也要保证把 $\boldsymbol{b}(e)$ 替换 $\boldsymbol{b}(d_2)$ 后，使流向 t_j 的 h 条路径的全局编码向量线性无关。

（4）这是更为一般的情况，流向宿点 t_i 和 t_j 的路径分别从 d_1 和 d_2 流入节点 v，

从同一条信道 e_1 流出，这时节点 v 需要对信道 e 传输的字符进行编码，与（3）的情形相同；流向宿点 t_k 的路径由信道 d_3 流入节点 v，从信道 e_2 流出，信道 e_2 传输的字符不需要编码，它与（1）的情形相同。

针对（3）所示的情形，接下来讨论如何进行编码。这是 2 条路径共享一条输出信道的情形，多条路径的情形求解的方法相同。根据前面的定义，有 $T(e)=\{t_i,t_j\}$，$P(e)=\{d_1,d_2\}$，注意到 $d_1=f_{\leftarrow}^{t_i}(e)$，$d_2=f_{\leftarrow}^{t_j}(e)$。在流入节点 v 之前，源点流向宿点 t_i 的 h 条路径上的全局编码向量构成的集合为 B_{t_i}，$\boldsymbol{b}(d_1)$ 为信道 d_1 的全局编码向量，是属于 B_{t_i} 的一个向量。把 $\boldsymbol{b}(d_1)$ 看成是集合 B_{t_i} 的最后一个元素(集合中的元素可以随意交换顺序)，对 B_{t_i} 中的 h 个向量正交化[4]，则可以求出 h 个正交基向量，这 h 个正交基向量的最后一个向量必定是线性子空间 $B_{t_i} \setminus \{\boldsymbol{b}(d_1)\}$ 的正交补向量，记为 $\boldsymbol{a}_{t_i}(\boldsymbol{b}(d_1))$；同理，对源点流向宿点 t_j 的 h 条路径上的全局编码向量构成的集合为 B_{t_j} 进行相同的操作，可以得到 $\boldsymbol{a}_{t_j}(\boldsymbol{b}(d_2))$。设信道 e 的局部编码向量为(λ_1, λ_2)，从而 $\boldsymbol{b}(e)=\lambda_1\boldsymbol{b}(d_1)+\lambda_2\boldsymbol{b}(d_2)$。

接下的工作是如何选取(λ_1, λ_2)，使用 $\boldsymbol{b}(e)$ 替换掉 B_{t_i} 中的 $\boldsymbol{b}(d_1)$ 后，所得的 h 个向量仍然是线性无关的；用 $\boldsymbol{b}(e)$ 替换掉 B_{t_j} 中的 $\boldsymbol{b}(d_2)$ 后，所得的 h 个向量仍然也是线性无关的。

根据以上论述，若采用随机选取法，则随机选择λ_1，λ_2，使 $\boldsymbol{b}(e)\bullet\boldsymbol{a}_{t_i}(\boldsymbol{b}(d_1))$ 和 $\boldsymbol{b}(e)\bullet\boldsymbol{a}_{t_j}(\boldsymbol{b}(d_2))$ 均不能为 0。

若采用确定性选取法，则$\{\boldsymbol{b}(d_1),\boldsymbol{b}(d_2)\}$和$\{\boldsymbol{a}_{t_i}(\boldsymbol{b}(d_1))$，$\boldsymbol{a}_{t_j}(\boldsymbol{b}(d_2))\}$是两组向量，根据正交补的性质，$\boldsymbol{a}_{t_i}(\boldsymbol{b}(d_1))\bullet\boldsymbol{b}(d_1)\neq 0$，$\boldsymbol{a}_{t_j}(\boldsymbol{b}(d_2))\bullet\boldsymbol{b}(d_2)\neq 0$，从而满足定理 3.3 的条件，必定存在 $\boldsymbol{b}(d_1)$ 和 $\boldsymbol{b}(d_2)$ 的线性组合为 $\boldsymbol{b}(e)=\lambda_1\boldsymbol{b}(d_1)+\lambda_2\boldsymbol{b}(d_2)$，使 $\boldsymbol{b}(e)\bullet\boldsymbol{a}_{t_i}(\boldsymbol{b}(d_1))$ 和 $\boldsymbol{b}(e)\bullet\boldsymbol{a}_{t_j}(\boldsymbol{b}(d_2))$ 均不能为 0。定理 3.3 的证明方法揭示了系数λ_1和λ_2的选取方法。

若把 $\boldsymbol{B}_t$ 中的每一个向量看成是矩阵的一行，则构成一个 $h\times h$ 的矩阵 $\boldsymbol{B}_t$，把向量 $\boldsymbol{a}_t(c)(c\in C_t)$ 分别组成矩阵 $\boldsymbol{A}_t$ 的每一列，根据式（3-14），则必有 $\boldsymbol{A}_t\boldsymbol{B}_t=\boldsymbol{I}_h$($\boldsymbol{I}_h$ 为 h 阶的单位矩阵)，从而有 $\boldsymbol{A}_t=\boldsymbol{B}_t^{-1}$，即 $\boldsymbol{A}_t$ 为 $\boldsymbol{B}_t$ 的逆矩阵，因此 $\boldsymbol{A}_t$ 可以用在宿点 t 处进行解码运算。

对于每一宿点 t，设从 h 条链路中接收的数据分别为 $y_1^t,y_2^t,\cdots,y_h^t$，则必有 $(y_1^t,y_2^t,\cdots,y_h^t)^T=\boldsymbol{A}_t(x_1,x_2,\cdots,x_h)^T$ 成立，可以很容易地恢复出源点播出的信息。

3.3.3　仿真实现过程与结果

以下通过一个具体的实例来说明仿真实现过程。图 3-4 表示一个单源多播网络，其中，s 为源点，$T=\{t_1,t_2,t_3\}$ 为宿点集，其余为中间节点，每条链路均为单位容量的有向信道。

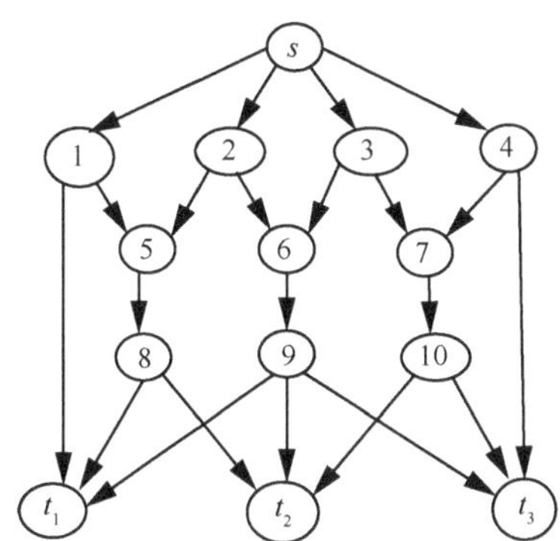

图 3-4　确定性网络编码仿真的单源多播网络

首先采用 Ford-Forkerson 算法求出源点至每一宿点的最小割均为 3，选定多播率 h=3。

确定伽罗华域为 GF(2^3)，相应的不可约多项式为 x^3+x+1。

设源点多播的数据为 GF(2^3) 上的 3 个字符为 $(x_1,x_2,x_3)=(110,011,101)$，构造一个虚拟源点 s' 和 3 条虚拟信道，虚拟信道播出的字符和全局网络编码向量如图 3-5 所示。

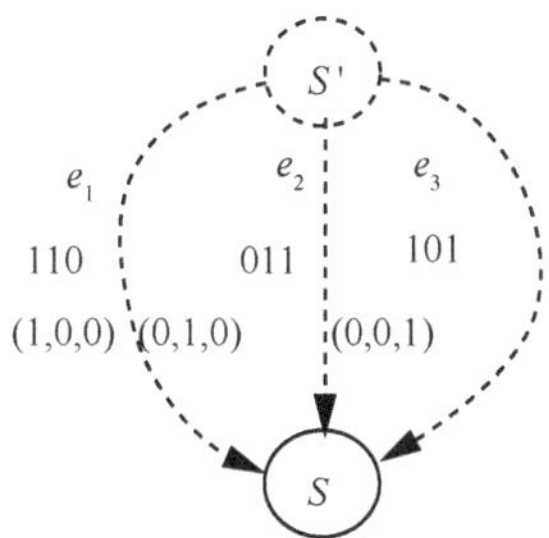

图 3-5　虚拟信道传输的字符和全局编码向量

采用 Ford-Forderson 算法分别求出源点到所有宿点的 h 条边不重叠的路径。

源点 s 至宿点 t_1 的 h 条边不重叠的路径为

$s\rightarrow 1\rightarrow t_1$；$s\rightarrow 2\rightarrow 5\rightarrow 8\rightarrow t_1$；$s\rightarrow 3\rightarrow 6\rightarrow 9\rightarrow t_1$。

源点 s 至宿点 t_2 的 h 条路径为

$s\rightarrow 1\rightarrow 5\rightarrow 8\rightarrow t_2$；$s\rightarrow 2\rightarrow 6\rightarrow 9\rightarrow t_2$；$s\rightarrow 3\rightarrow 7\rightarrow 10\rightarrow t_2$。

源点 s 至宿点 t_3 的 h 条路径为

$s\rightarrow 2\rightarrow 6\rightarrow 9\rightarrow t_3$；$s\rightarrow 3\rightarrow 7\rightarrow 10\rightarrow t_3$；$s\rightarrow 4\rightarrow t_3$。

从而可以得到各信道的 $T(e)$、$f'_{\rightarrow}(e)$、$P(e)$ 如表 3-1 所示。从表中可以看出，只有

<5,8>和<6,9>两条信道需要编码，其余信道采用路由传输方式。确定这两条信道的局部编码向量采用上一节所述的方法。

各节点的拓扑顺序为：s,1,2,3,4,5,6,7,8,9,10。

表 3-1　$T(e)$、$f_{\rightarrow}^{t}(e)$、$P(e)$的值

e	$T(e)$	$f_{\rightarrow}^{t_1}(e)$	$f_{\rightarrow}^{t_2}(e)$	$f_{\rightarrow}^{t_3}(e)$	$P(e)$
<s,1>	t_1,t_2	e_1	e_1		e_1
<s,2>	t_1,t_2,t_3	e_2	e_2	e_2	e_2
<s,3>	t_1,t_2,t_3	e_3	e_3	e_3	e_3
<s,4>	t_3			e_1	e_1
<1,5>	t_1,t_2	<s,1>	<s,1>		<s,1>
<1,t_1>	t_1	<s,1>			<s,1>
<2,5>	t_1,t_2	<s,2>	<s,2>		<s,2>
<2,6>	t_2,t_3		<s,2>	<s,2>	<s,2>
<3,6>	t_1,t_2	<s,3>	<s,3>		<s,3>
<3,7>	t_2,t_3		<s,3>	<s,3>	<s,3>
<4,7>					
<4,t_3>	t_3			<s,4>	<s,4>
<5,8>	t_1,t_2	<2,5>	<1,5>		<2,5>,<1,5>
<6,9>	t_1,t_2,t_3	<3,6>	<3,6>	<2,6>	<3,6>,<2,6>
<7,10>	t_2,t_3		<3,7>	<3,7>	<3,7>
<8,t_1>	t_1	<5,8>			<5,8>
<8,t_2>	t_2	<5,8>			<5,8>
<9,t_1>	t_1	<6,9>			<6,9>
<9,t_2>	t_2		<6,9>		<6,9>
<9,t_3>	t_3			<6,9>	<6,9>
<10,t_2>	t_2		<7,10>		<6,10>
<10,t_3>	t_3			<7,10>	<7,10>

根据上节所述的方法，按拓扑顺序确定各节点输出信道的局部编码向量、传输的字符、全局编码向量，所得结果如表 3-2 所示。

表 3-2　各信道的局部编码向量和全局编码向量

e	传输字符	局部编码向量	全局编码向量	$P(e)$
<s,1>	110	(001)	(001,000,000)	e_1
<s,2>	011	(001)	(000,001,000)	e_2
<s,3>	101	(001)	(000,000,001)	e_3
<s,4>	110	(001)	(001,000,000)	e_1
<1,5>	110	(001)	(001,000,000)	<s,1>
<1,t_1>	110	(001)	(001,000,000)	<s,1>
<2,5>	011	(001)	(000,001,000)	<s,2>

（续表）

e	传输字符	局部编码向量	全局编码向量	$P(e)$
$<2,6>$	011	(001)	(000,001,000)	$<s,2>$
$<3,6>$	101	(001)	(000,000,001)	$<s,3>$
$<3,7>$	101	(001)	(000,000,001)	$<s,3>$
$<4,7>$	—	—	—	—
$<4,t_3>$	110	(001)	(001,000,000)	$<s,4>$
$<5,8>$	000	(001,010)	(001,010,000)	$<2,5>,<1,5>$
$<6,9>$	001	(001,100)	(000,001,100)	$<3,6>,<2,6>$
$<7,10>$	101	(001)	(000,000,001)	$<3,7>$
$<8,t_1>$	000	(001)	(001,010,000)	$<5,8>$
$<8,t_2>$	000	(001)	(001,010,000)	$<5,8>$
$<9,t_1>$	001	(001)	(000,001,100)	$<6,9>$
$<9,t_2>$	001	(001)	(000,001,100)	$<6,9>$
$<9,t_3>$	001	(001)	(000,001,100)	$<6,9>$
$<10,t_2>$	101	(001)	(000,000,001)	$<6,10>$
$<10,t_3>$	101	(001)	(000,000,001)	$<7,10>$

从表 3-2 可以看出：宿点 t_1 从 3 条输入信道($<1,t_1>$、$<8,t_1>$、$<9,t_1>$)中接收到了 3 个字符分别为：110，000，001，而这 3 条链路对应的全局编码向量构成的矩阵 $\boldsymbol{B}_{t_1}$ 和各向量的正交补空间的基向量构成的矩阵 $\boldsymbol{A}_{t_1}$ 分别为

$$\boldsymbol{B}_{t_1} = \begin{pmatrix} 001\ 000\ 000 \\ 001\ 010\ 000 \\ 000\ 001\ 100 \end{pmatrix} \quad \boldsymbol{A}_{t_1} = \begin{pmatrix} 001\ 000\ 000 \\ 101\ 101\ 000 \\ 110\ 110\ 111 \end{pmatrix}$$

事实上有 $\boldsymbol{A}_{t_1} = \boldsymbol{B}_{t_1}^{-1}$ 成立，从而计算矩阵乘积：$\boldsymbol{A}_{t_1}\ (110\ 000\ 001)^{\mathrm{T}}$，便可以恢复出源点播出的字符(110,011,101)。

同理，其余宿点也可以根据其输入信道传输的字符和全局网络编码向量恢复出源点播出的信息。

3.4　随机网络编码构造及其仿真实现

3.4.1　随机网络编码数据传输策略

确定性网络编码需要在数据传输前确定编码方案，在数据传输过程中，各

中间节点按照编码方案指定的编码策略进行编码，宿点按指定的解码策略进行解码。

本节根据文献[2,8]对随机网络编码方法进行论述。随机网络编码方法在数据传输前不需要事先确定编码策略，而是由各节点在数据传输过程中临时产生局部编码向量，由于各节点不知道其他节点的情况，其产生的局部编码向量是选定的有限域中的随机数。节点通过各信道随机产生的局部编码向量进行编码，并计算出全局编码向量，为了方便宿点的解码，信道在传输编码信息的同时，还必须传输相应的全局编码向量。

对于一个节点 v，记 $\mathrm{In}(v)$ 为输入信道集，$\mathrm{Out}(v)$ 为输出信道集。

在一个单源多播网络上采用随机网络编码方法实现数据传输，设源点至宿点集的多播容量为 C，选定正整数 $h(h \leqslant C)$ 作为多播率，选定有限域为 $\mathrm{GF}(2^m)$（满足 $2^m > d$，d 为宿点个数），则在每一代（或称每一轮）的数据传输中，源点产生 h 个数据分组，记为 $(X_1, X_2, \cdots, X_h)$，每一个数据分组对应一个全局编码向量。

源点产生的数据分组对应的全局编码向量是一个 h 维的单位向量，记第 i 个数据分组对应的全局编码向量为 V_i，V_i 为单位向量，它除了第 i 个分量为 1 外，其余分量全为 0。如把这 h 个单位向量依次组成矩阵的一行，则形成一个单位矩阵。

数据分组 $(X_1, X_2, \cdots, X_h)$ 分别对应了 h 个单位向量，则这 h 个单位向量分别是

$$V_1 = (1, 0, \cdots, 0), \quad V_2 = (0, 1, \cdots, 0), \quad \cdots, \quad V_h = (0, 0, \cdots, 1)$$

一般来说，对于源点或中间节点，设其接收到（若为中间节点）或产生（若为源点）的数据分组为 $Y_1, Y_2, \cdots, Y_p$，当节点为源点时，则 $p = h$，当节点为中间节点 v 时，$p = |\mathrm{In}(v)|$。各个数据分组对应的全局编码向量为 $(T_1, T_2, \cdots, T_p)$，每个全局编码向量也是 h 维的。若该节点需要传输信息至 $n(n = |\mathrm{Out}(v)|)$ 条输出信道，则对于第 $i(1 \leqslant i \leqslant n)$ 条输出信道，节点在有限域 $\mathrm{GF}(2^m)$ 上分别随机产生 p 个随机数 $(\xi_{i,1}, \xi_{i,2}, \cdots, \xi_{i,p})$，分别与 $(Y_1, Y_2, \cdots, Y_p)$ 相对应。节点对第 i 条输出信道进行编码，产生输出数据分组为 $Z_i = \sum_{j=1}^{p} \xi_{i,j} Y_j$，该数据分组对应的全局编码向量为

$$TO_i = \sum_{j=1}^{p} \xi_{i,j} T_j。$$

节点向第 i 条输出信道发送全局编码向量 TO_i 和数据分组 Z_i，记为 $TO_i \| Z_i$（这里的 $\|$ 表示对两段数据的连接)。

对于宿点，至少需要从 h 条输入信道中接收数据分组和相应的全局编码向量，利用全局编码向量和数据分组构成一个 h 维线性方程组，采用高斯消元法求解线性方程组就可以恢复出源点播出的数据分组 $(X_1, X_2, \cdots, X_h)$。

设从 h 条输入信道中接收数据分组和相应的全局编码向量分别为 $(U_1,$

$U_2,\cdots,U_h)$，$(\boldsymbol{R}_1, \boldsymbol{R}_2,\cdots, \boldsymbol{R}_h)$，注意到 $\boldsymbol{R}_i$ 是一个 h 维向量，不妨记 $\boldsymbol{R}_i=(r_{i1},r_{i2},\cdots,r_{ih})$，由定理 3.1 给出的全局编码向量的含义，则有以下关系成立：

$$\begin{cases} r_{11}X_1 + r_{12}X_2 + \cdots + r_{1h}X_h = U_1 \\ r_{21}X_1 + r_{22}X_2 + \cdots + r_{2h}X_h = U_2 \\ \qquad\cdots\cdots\cdots \\ r_{h1}X_1 + r_{h2}X_2 + \cdots + r_{hh}X_h = U_h \end{cases} \tag{3-18}$$

这是一个线性方程组，采用高斯消元法很容易求出源点播出的数据分组（X_1，$X_2,\cdots, X_h$）。

在选择随机网络编码时应注意以下两点，其一是由于节点的局部编码向量随机选择，并不能保证各宿点从其输入信道收到的全局编码向量组成的矩阵的秩为 h，从而可能存在宿点不能解码，即宿点不能解码的概率大于零。文献[8]给出了以下定理，该定理对不能解码的概率进行了估算。

定理 3.4　对于单源多播连接，其宿点的个数为 d，采用的有限域其元素个数为 q，且必须要求 $q>d$，若采用随机线性网络编码数据传输，有 v 条信道均匀随机地在有限域上产生局部编码向量，则宿点按式(3-18)进行解码，解码成功的概率不小于 $\left(1-\dfrac{d}{q}\right)^v$。

定理 3-4 给出所采用有限域的最小元素的个数，即当宿点个数为 d 时，有限域的元素个数不能小于 d，这一点不仅是运用随机网络编码的要求，同时也是运用确定性网络编码的要求。

3.4.2　Java 数据报套接字的编程

在附录中提供的随机网络编码仿真实现程序是利用 Java 数据报数据传输方式实现的。在 Java 的 java.net 包中提供了两个类:DatagramSocket 类和 DatagramPacket 类，采用这两个类可能实现数据报数据传输。

无论是数据的发送端还是数据的接收端，必须创建这两个类的对象。其中 DatagramSocket 类的对象是数据报套接字对象，DatagramPacket 类的对象是数据分组对象。

（1）创建 DatagramSocket 类的对象

创建方式如下。

DatagramSocket udps=new DatagramSocket()

使用这种方式创建的数据报套接字一般用于发送数据报，它与本机的某一可用端口关联，端口与系统指定。

DatagramSocket udps=new DatagramSocket(int port)

使用这种方式创建的数据报套接字一般用于接收数据报，它与本机的指定端口号绑定。

（2）创建 DatagramPacket 类的对象

创建方式如下。

DatagramPacket packs=new DatagramPacket(byte[] data,int length,InetAddress address,int port)

这种方式创建的数据分组对象用于发送数据分组，其中，data 为发送的数据所在的内存地址，length 为发送数据的字节数，address 为接收端的 IP 地址，port 为接收端的端口号。

DatagramPacket packr=new DatagramPacket(byte[]data,int length)

这种方式创建的数据分组对象用于接收数据分组，其中，data 为接收数据所在的内存地址，length 为接收数据的字节数。

（3）调用 DatagramSocket 类的方法 send 发送数据分组

调用方法的格式为：udps.send(packs);

其中，udps 是一个 DatagramSocket 类的对象，packs 是一个 DatagramPacket 类的对象。

在执行 send 方法之前，必须要对 packs 对象所关联的发送数据缓冲区填入要发送的数据，而且要指时接收方的 IP 地址和端口号，这些在创建 packs 对象时进行指明。

（4）调用 DatagramSocket 类的方法 receive 接收数据报。

调用方法的格式：udpr.receive(packr);

其中，updr 是一个 DatagramSocket 类的对象，packr 是一个 DatagramPcket 类的对象。

在成功执行完 receive 方法后，可以通过相应的方法从对象 packr 中取出接收到的数据和相应发送方的 IP 地址、端口号。

public byte[] getData()：获取存放在数据报中的数据。

public int getLength()：获取数据的长度。

public InetAddress getAddress()：获取数据报中的 IP 地址。

public int getPort()：获取数据报中的端口号。

3.4.3　随机网络编码数据传输的仿真实现

本节以一个典型的单源多播网络为例（如图 3-6 所示）来说明如何在实验室

里构造随机网络编码数据传输的仿真实现模型，只要根据单源多播网络拓扑的节点和链路情况对模型的参数进行修改，构造出的模型也适合一般的单源多播网络，采用 Java 编程实现，本节内容的详细论述可参考文献[19]，本书的附录 3 给出了源代码及详细操作说明。

在图 3-6 所示的单源多播网络中，节点 S 是数据源点，节点 1、节点 2、节点 3、节点 4、节点 5 均为中间节点，节点 T_1 和 T_2 为宿点，源点产生信息经过网络编码后由输出信道传输至网络，中间节点把接收到信息进行网络编码后再由其输出信道进行转发，宿点通过输入信道接收数据分组后，析出各输入信道的全局编码向量和数据分组的内容构造线性方程组，通过求解线性方程组恢复出源点产生的信息。

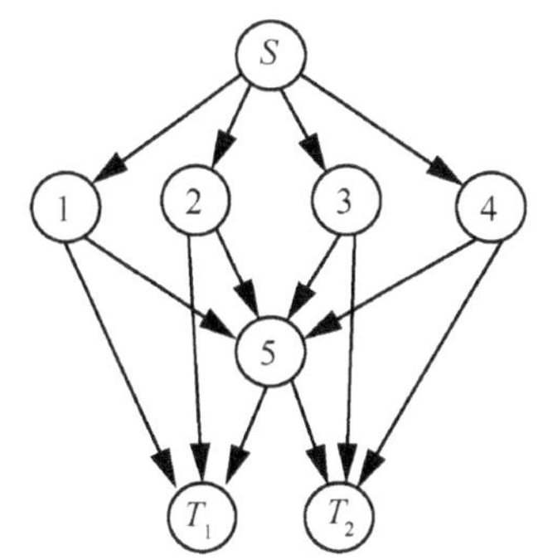

图 3-6　一个单源多播网络的逻辑图

为了对图 3-6 的网络拓扑进行模拟，在局域网内选择 8 个网络终端，它们同处在一个 C 类地址（172.16.101）的网段内，各网络终端采用集线器或交换机相连接，其 IP 地址的分配如图 3-7 所示。

用网络终端来代表单源多播网络的节点，用网络套接字（IP 地址+端口号）来代表节点间的有向信道，采用 UDP 数据通信来表示有向信道上的数据传输，并运用 Java 套接字编程来实现。由图 3-6 可以看出，源点 S 至宿点集的多播容量为 3，因此选定整数 3 为多播率，在每一代的数据传输过程中，源点产生 3 个数据分组，相当于源点分别从 3 条虚拟单位信道中接收到 3 个数据分组。

有向信道与套接字的对应关系如图 3-8 所示。在图 3-8 中，单源多播网络的每一条有向信道对应一个套接字，例如，源点至节点 1 的单位有向信道与套接字(172.16.101.11：10011)对应，从而源点向节点 1 传输数据相当于源点向该套接字发送一个 UDP 数据分组;同理，节点 2 至节点 5 的有向信道与套接字(172.16.101.15:1022)对应，节点 2 向节点 5 发送数据相当于节点 2 向该套接字发送一个 UDP 数据分组。因此，采用套接字来模拟有向信道，就可以在局域网内实现对图 3-6 的单源多播网络数据传输的仿真。

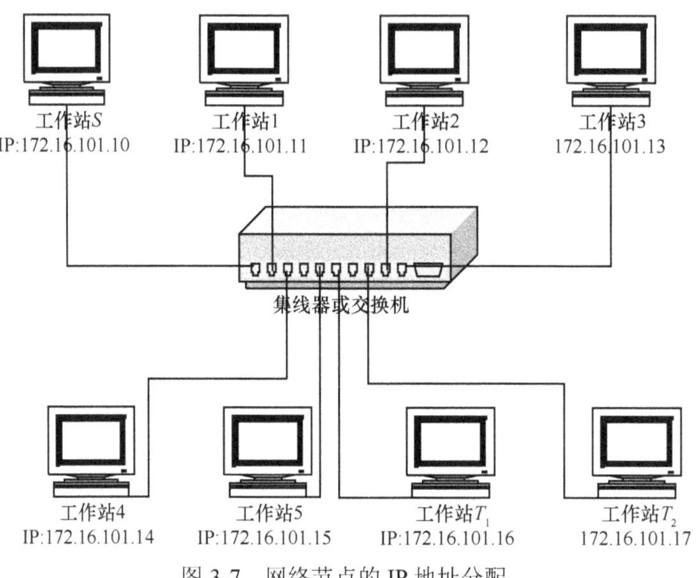

图 3-7　网络节点的 IP 地址分配

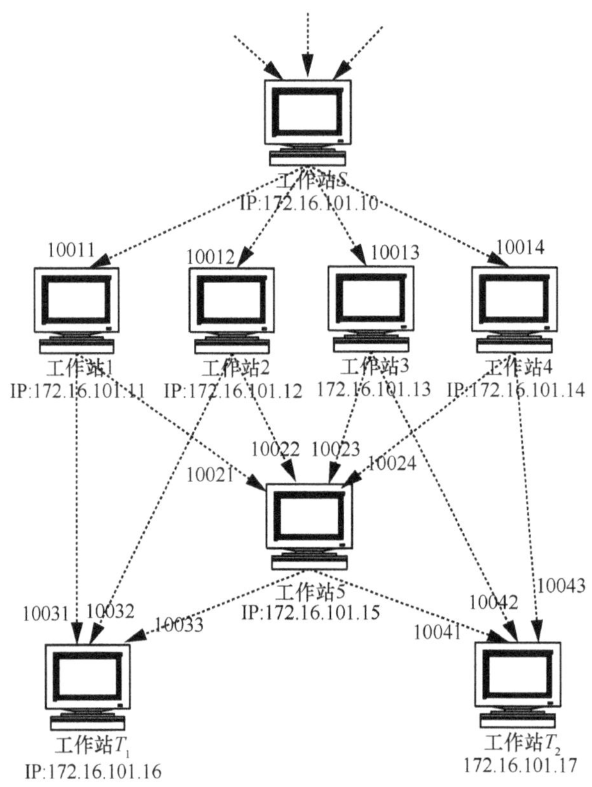

图 3-8　有向信道与套接字的对应关系

3.4.4　源点 S 的工作流程

源点需要确定每代产生的数据分组个数 h，也称之为多播率；同时需要确定输出信道数，每一个输出数据分组对应一条输出信道，而每一条输出信道与一个套接字相联系，因此需要确定每个输出数据分组送往的 IP 地址和端口号。为了使模型适应于一般的情况，在源点需要读入所针对的单源多播网络的拓扑信息，本文是采用邻接矩阵实现，采用文本文件的方式读入，同时邻接矩阵进行操作求出多播容量，并显示出多播容量以方便选取多播率。当以上工作完成后，把每代传输的数据等成 h 等分，每一等分构成一个输入数据分组，本文中采用键盘输入为每一个数据分组输入等长的数据内容，然后为每一个输出数据分组随机产生一个局部编码向量，并求出全局编码向量和编码后的数据分组，再通过 Java 套接字编程把编码后的数据分组和全局网络编码向量传输至指定的套接字。

源点的工作主要包括以下 5 个部分内容：

（1）键入多播率和输出信道数；

（2）键入输出信道对应的套接字；

（3）输入每一代要传输的数据；

（4）为每一输出信道运用随机网络编码方法随机产生局部编码，由局部编码向量求出全局编码向量和传输的数据分组；

（5）根据指定的套接字发送 UDP 数据分组。

3.4.5　中间节点的工作流程

中间节点分别从上游节点接收数据，然后分别转发至下游节点，根据网络拓扑确定输入信道数，以及每一输入信道对应的端口号；还需要确定输出信道数，以及每输出信道对应的套接字。例如，对于节点 5 来说，其输入信道数为 4，对应的端口号分别为 10021，10022，10023，10024。而输出信道数为 2，对应的套接字分别为(172.16.101.10033)和(172.16.101.17:10041)。

中间节点的工作流程如下：

（1）键入输入信道数以及各信道对应的端口号；

（2）键入输出信道数及各信道对应的套接字；

（3）从各输入信道对应的端口中接收数据分组；

（4）根据接收到的数据分组，采用随机网络编码方法为每一输出信道产生输出数据分组；

（5）根据给定的套接字发送 UDP 数据分组。

3.4.6　宿点的工作流程

宿点需要从输入信道接收数据，然后进行解码运算，再恢复出源点播出的信息，宿点的工作过程如下：

（1）键入输入信道数以及各信道对应的端口号；

（2）从各输入信道对应的端口中接收数据分组；

（3）根据接收到的数据分组，析出每一数据分组的全局编码向量，形成一个 h 维线性方程组，通过高斯消元法，求解该线性方程组，恢复出源点播出的信息。

附录 3 给出了随机网络编码的仿真实现系统，在这个系统中，宿点的运行界面如图 A3-11 所示，通过图 A3-11 的界面输入宿点输入信道的信息，而图 A3-19 的界面显示宿点恢复出源点产生的信息。

3.4.7　程序的执行

当上述各节的程序录入后，则必须按一定的顺序运行各节点的程序，即按 T_1，T_2，5，4，3，2，1，S 的顺序启动程序运行，当节点 S 的程序运行后，每一代输入 3 个数据分组的数据内容，当源点发送数据完毕，宿点 T_1 和 T_2 收到源点 S 播出的信息。

在实验室内构造出了一个随机网络编码数据传输的仿真实现模型，在局域网内选择若干相互连接的网络终端代表网络节点，以套接字代表节点间的有向信道，以 UDP 数据通信表示有向信道的数据传输，从而对单源多播网络进行了仿真，采用 Java 编程实现了有限域的算术运算，根据随机网络编码数据传输的算法分别编写源点、中间节点、宿点的编码和解码程序，形成了一个完整的软件系统，每一节点运行该系统并输入相应的信息，各节点相互作用便可以实现随机线性网络编码的数据传输。

本书给出了一个实例，仿真结果表明了方法的有效性，只要根据单源多播网络的链路情况修改本模型的参数，模型可以应用于一般的单源多播网络，给出的方法具有软硬件要求低、操作方便的特点，并易于掌握和实现。提出的方法为网络编码的实验环节与仿真计算提供了有效的方法。

3.5　小结

本章主要叙述了线性网络编码的原理，两种常见的线性网络编码的构造算法：确定性网络编码构造方法和随机网络编码构造方法。分别给出了最简单的网络编码仿真实现方法、确定性网络编码构造的仿真实现和随机网络编码数据传输的仿真实现方法，关于网络编码的仿真实现部分，可以参看附录中的相关内容。

参 考 文 献

[1] LI S Y R,YEUNG R W, CAI N.Linear network coding[J].IEEE Transactions on Information Theory, 2003, 49(2):371-381.

[2] 陶少国, 黄佳庆, 杨宗凯, 等, 网络编码研究综述[J]. 小型微型计算机系统, 2008, 29(4): 583-592.

[3] KOETER R, MEDARD M. Beyond routing: an algebraic approach to network coding[C]//2002 IEEE Infocom, 2012.

[4] 张禾瑞, 郝炳新. 高等代数[M]. 北京: 高等教育出版社, 2005.

[5] CHOU P A, WU Y N, JAIN K. Practical network coding[C]//The 41st Annual Allerton Conf on Communication, Control, and Computing. Monticello, IL, 2003.

[6] KOETTER R, MEDARD M. An algebraic approach to network coding[J]. IEEE/ACM Transactions on Networking, 2003, 11(5):782- 795.

[7] JAGGI S, Sanders P, CHOU A et al. Polynomial time algorithms for multicast network code construction [J].IEEE Transactions on Information Theroy, 2005, 51(6):1973-1982.

[8] HO T, MEDARD M, KOETTER R, et al. A random linear network coding approach to multicast[J]. IEEE Transactions on Information Theory, 2006, 52(10):4413-4430.

[9] CAMPO T A, GRANT A. On random network coding for multicast[C]//IEEE International Symposium on Information Theory. 2007: 1591-1595.

[10] CHI K, JIANG X J, HORIGUCHI S, et al. Topology design of network-coding-based multicast networks[J]. IEEE Transactions on Parallel and Distributed Systems, 2008, 19(5):627-640.

[11] 蒲保兴, 王伟平. 线性网络编码运算代价的估算与分析[J]. 通信学报, 2011, 32(5):47-55.

[12] WANG M, LI B C. How practical is network coding[C]//The 14th IEEE Int'1 Workshop on Quality of Service (IWQos 2006). New Haven, CT, 2006:274-278.

[13] 李令雄, 洪江守, 龙冬阳. NS 仿真器的一个网络编码扩展[J]. 计算机科学, 2009, 36(7): 71-73.

[14] GIBB G, LOCKWOOD J, NAOUS J, et al. NetFPGA - an open platform for teaching how to build gigabit-rate network switches and routers[J]. IEEE Transactions on Education, 2008, 51(3):364-369.

[15] 张明龙, 李挥, 李亦宁, 等. 基于网络编码多信源多播通信系统[J]. 电子产品世界, 2011, 3: 23-25.

[16] 沈明, 蒲保兴, 唐彬. 基于 Windows 套接字编程的网络编码仿真实现[J]. 软件, 2012, 33(2): 9-14.

[17] 王艳平. Windows 网络与通信程序设计[M]. 北京: 人民邮电出版社, 2006.

[18] 付卫平, 蒲保兴, 刘远军. 确定性网络编码构造的仿真实现[J]. 邵阳学院学报, 2013, 10(1):26-32.

[19] 罗星星, 蒲保兴, 赵颖. 随机网络编码数据传输的仿真实现[J]. 软件, 2014, 35(8),32-37.

第 **4** 章
线性网络编码的导出与扩展

4.1 引言

　　根据第 3 章的论述，运用线性网络编码进行数据传输必须构造编码方案，确定源点的数据传输速率（多播率）和各信道的编码系数。已有文献主要针对同一多播率下的编码方案进行研究，而对不同的多播率下的编码方案之间的关系研究较少。对于网络拓扑已知的环境，可以采用确定性网络编码方法来构造网络编码方案，然后采用确定性网络编码数据传输策略进行网络编码数据传输，这种方法是根据网络的全局拓扑知识以集中式的方法首先求出多播容量，由多播容量可以选定多播率 h，找出源点至每一宿点的 h 条边不重叠的路径，再确定路径上每一信道的编码系数。然后采用确定性网络编码传输方法传输数据，这是一种理想的数据传输方案。针对网络拓扑未知的环境，可以采用随机网络编码方法（RNC，Random Network Coding）实现网络编码的数据传输。

　　在实际应用中，运用线性网络编码技术面临以下问题：（1）对于同一单源多播网络，有时需要以不同的多播率进行网络编码数据传输，即在不同的代，所选定多播率不相同。如采用已有的方法，则针对不同的多播率需要设计不同的编码方案，一方面增加了计算量；另一方面，因所有编码节点需保存不同多播率下输出信道的编码系数，则占用了大量的存储空间；（2）尽管有文献[1~3]基于网络编码提出了以分布方式计算最小编码信道数的方法，即在假定信道具有反向传输能力的前提下，针对某一指定的可行的多播率（不超过多播容量），采用启发式方法与随机线性网络编码相结合的策略，给出了计算满足指定多播率条件下网络所需的最小编码信道数的方法，但必须事先给定一个可行的多播率，且只能求出最小编码信道数而不能构造相应的编码方案；（3）文献[3]研究了网络编码的最小花费问题，在一定的假设条件下给出了一个分布式求解方法，但同样假定多播容量是已知的；（4）文献[4,5]研究了网络拓扑动态环境下的线性网络编码问题，均假定多播容量是已知且不变的。而在实际应用中，若源点缺乏全局网络拓扑知识，获知网络的多播容量是一件困难的事情，从而选定一个可行的多播率也是困难的。此外，在数据传输过程中，因宿点的随机加入或离开，节点或链路的失效会造成网络拓扑随时间动态变化，从而导致了多播容量的变化。为使网络吞吐率尽可能地大，多播率应与多播容量值相等，因此在数据传输过程中需要动态地测试多播容量，以便动态地更改多播率。

针对单源多播网络，通过对线性网络编码的内在机理进行分析，提出了不同多播率下编码方案的导出与扩展技术，一个多播率（设为 h）较大的编码方案能导出一个多播率（设为 k，且 $2 \leqslant k \leqslant h$）较小的编码方案，而后者与前者的差别仅在于源点输出信道的编码系数略有不同；而一个多播率（设为 k）较小的编码方案仅扩展源点输出信道的编码系数便可以得到一个多播率（设为 h）较大的编码方案。运用线性代数的相关理论对互为导出与扩展关系的两个编码方案进行研究，可以发现，对于互为导出与扩展关系的两个编码方案，信道的全局编码向量之间具有确定的关系。运用这一关系，结合 RNC，推导出了几个重要的性质，这些性质对于运用线性网络编码技术具有一定的实用价值，为解决第 5 章和第 6 章所针对的问题提供了最基本的技术支撑。关于这一章的内容，可参考文献[6]。

4.2　线性网络编码的导出与扩展

对于一个单源多播网络 $G=(V,E,W)$，设 s 为源点，T 为宿点集，记 C 为多播容量，H 为源点的输出信道数，即 $H=|\mathrm{Out}(s)|$。由线性网络编码的基本性质，若要构造多播率为 h 的编码方案，则必须满足 $h \leqslant C$。$\mathrm{Out}(s)$ 是由源点所有输出信道构成的集合，由定义 2.8，$\mathrm{Out}(s)$ 也是分离源点与任一宿点的割集，从而必有 $C \leqslant H$。若选定的多播率超过了 H，则所有的宿点均不能解码。对于未知网络拓扑的单源多播网络，源点一方面无法获知多播容量，另一方面又需选定多播率，这是一个矛盾。但源点能获知其输出信道数 H，从而 H 为源点选定多播率提供了一个上界。

在选定了伽罗华域 $\mathrm{GF}(2^m)$ 的前提下，构造一个单源多播网络的编码方案需要确定多播率 h 和各信道的局部编码向量。由定义 3.4，一个单源多播网络的线性网络编码方案是所有信道的局部编码向量的集合，在本文中用 ξ、ψ、ζ 等符号表示编码方案[注1]。因每一编码方案必须对应于一个确定的多播率，而本章要研究不同多播率下的编码方案之间的关系，先给出如下定义。

定义 4.1　一个编码方案 ξ 对应的多播率记为 $\delta(\xi)$；在编码方案 ξ 下，对于信道 $e\in E$，其局部编码向量记为 $m(e,\xi)$，全局编码向量记为 $g(e,\xi)$；节点 v 的全局编码矩阵记为 $M(v,\xi)$。

请注意，关于节点 v 的全局编码矩阵的含义可参看定义 3.3。

由定义 3.2 和定理 3.1，针对某一编码方案 ξ，信道 e 的局部编码向量的维数为 $|\text{In(tail}(e))|$，全局编码向量的维数为 $\delta(\xi)$。

对于编码方案 ξ，不妨记其多播率为 $h(h=\delta(\xi))$，源点相当于具有 h 条虚拟输入信道，它们把要传输的 h 个字符以及 h 维向量空间上的 h 个单位向量分别通过虚拟信道注入源点，则对于源点的输出信道，其局部编码向量的维数也是 h，且全局编码向量与局部编码向量相等。源点的输出信道的局编码向量和全局编码向量的维数均与多播率 h 相关。除源点的输出信道外，其余信道的局部编码向量的维数与多播率 h 无关，即

$$|m(e,\xi)|=\begin{cases} |\text{In(tail}(e))| & , e\notin \text{Out}(s) \\ h & , e\in \text{Out}(s) \end{cases} \tag{4-1}$$

从式（4-1）可以看出，除了源点的输出信道，一条信道在不同多播率下的编码方案下的局部编码向量的维数相同，均为 $|\text{In(tail}(e))|$。一个多播率为 h 的编码方案 ξ 包含了多播率为 $k(2\leqslant k\leqslant h)$ 的编码方案（指在同一有限域下，以下同，不再说明）。

定义 4.2　编码方案的导出与扩展。对于一个编码方案 ξ，其多播率 $\delta(\xi)$ 记为 h，则称由式（4-2）确定的一个编码方案 ζ（其多播率 $\delta(\zeta)$ 记为 $k(2\leqslant k\leqslant h)$），它是由 ξ 导出的，而称 ξ 是由 ζ 扩展而成，并称 ξ 和 ζ 具有导出与扩展关系。

$$\zeta=\{m(e,\zeta):e\in E \text{ 且 } m(e,\zeta) \text{满足式（4-3）}\} \tag{4-2}$$

$$m(e,\zeta)=\begin{cases} \text{由 } m(e,\xi) \text{的前} k \text{个分量构成} , & e\in \text{Out}(s) \\ m(e,\xi) & , e\notin \text{Out}(s) \end{cases} \tag{4-3}$$

式（4-3）的含义为：当 e 是源点 s 的输出信道时，则信道 e 在编码方案 ζ 下的局部编码向量由在编码方案 ξ 下的局部编码向量的前 k 个分量构成；当 e 不是源点 s 的输出信道时，信道 e 的局部编码向量在两个编码方案下是相同的。例如，图 4-1 中列出了同一个单源多播网络中的两个编码方案的 ζ 和 ξ，可以看出，ζ 是由 ξ 导出的，而 ξ 是 ζ 的扩展。

从定义 4.1 可知，对于一个多播率为 k 的编码方案，源点输出信道的局部编

注1　编码方案是各信道的局部编码向量的集合，则这里的 ξ、ψ、ζ 表示集合变量。

码向量是 k 维的。对源点输出信道的局部编码向量增加维数，即在每一个局部编码向量尾部添加 $h-k$ 个分量，构成维数为 h 的向量，而对于其他信道，保持其局部编码向量不变，则形成了一个多播率为 h 的编码方案。

定理 4.1　对于一个多播率为 $k(2 \leqslant k)$ 的编码方案，可以由某一个多播率为 $h(k \leqslant h)$ 的编码方案导出；反之，一个多播率为 h 的编码方案可以由某一个多播率为 k 的编码方案扩展而成。

定理 4.1 显然成立。

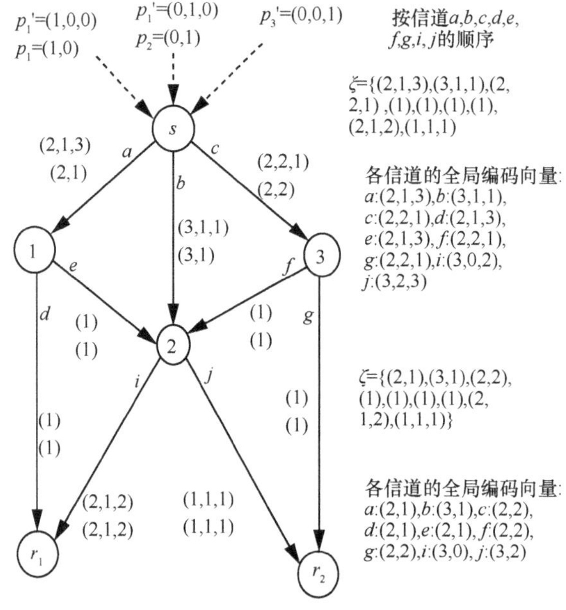

图 4-1　编码方案的导出与扩展

⚛ 4.3　几个重要性质

对于具有导出与扩展关系的两个编码方案，分别记为 ξ 和 ζ，其多播率分别记为 h 和 k，在这两个编码方案下，每一信道的全局编码向量可以唯一确定，对于同一信道，它们在这两个编码方案下的全局编码向量分别记为 $g(e, \xi)$ 和 $g(e, \zeta)$，那么这两个向量具有什么关系？以下讨论这个问题。

定理 4.2　设有两个整数 k 和 h，且满足 $2 \leqslant k \leqslant h$，$\xi$ 是某一个编码方案，且 $\delta(\xi)=h$，ζ 是由 ξ 导出的编码方案，且 $\delta(\zeta)=k$，则在这两个编码方案下，对于任意信道 $e \in E$，它的全局编码向量具有以下关系：$g(e, \zeta)$ 的 k 个分量与 $g(e, \xi)$ 的前 k 个

分量对应相同，即若 $g(e,\xi)=(g_1,g_2,\cdots,g_k,g_{k+1},\cdots,g_h)$，则 $g(e,\zeta)=(g_1,g_2,\cdots,g_k)$。

证明　采用归纳法证明。

（1）当 $e\in\mathrm{Out}(s)$ 时，由前所述，源点输出信道的局部编码向量与全局编码向量相等，则有 $g(e,\zeta)=m(e,\zeta)$，$g(e,\xi)=m(e,\xi)$ 成立。根据定义 4.2，结论成立。

（2）假设对于非源点的节点 $v(v\neq s)$，若 $d\in\mathrm{In}(v)$ 时结论成立，即 $g(d,\xi)=(g(d,\zeta)\ g')$，其中 g' 是一个含有 $h-k$ 个分量的向量[注1]。不妨记节点 v 的输入信道分别为 $d_1,d_2,\cdots,d_{|\mathrm{In}(v)|}$，记节点 v 在编码方案 ξ 和 ζ 下和全局编码矩阵分别为 $M(v,\xi)$ 和 $M(v,\zeta)$（特别注意与在第 3 章的记法不同，那时没有涉及不同的编码方案，因此节点 v 的全局编码矩阵简记为 M_v），并注意到定义 3.3，节点的全局编码矩阵是由其输入信道的全局编码向量组成，则

$$M(v,\zeta)=\begin{pmatrix}g(d_1,\zeta)\\g(d_2,\zeta)\\\vdots\\g(d_{|\mathrm{In}(v)|},\zeta)\end{pmatrix}\tag{4-4}$$

$$M(v,\xi)=\begin{pmatrix}g(d_1,\xi)\\g(d_2,\xi)\\\vdots\\g(d_{|\mathrm{In}(v)|},\xi)\end{pmatrix}=(M(v,\ \zeta)\ M')\tag{4-5}$$

其中，M' 是一个 $|\mathrm{In}(v)|$ 行，$h-k$ 列的矩阵。

因 ζ 是由 ξ 导出的，对于 $e\in\mathrm{Out}(v)$，由定义 4.2，有 $m(e,\zeta)=m(e,\xi)$。

假定 $m(e,\zeta)=(m_1,m_2,\cdots,m_{|\mathrm{In}(v)|})$，再根据式（3-9），则

$$g(e,\zeta)=m(e,\zeta)M(v,\zeta)=(m_1\cdots\ m_{|\mathrm{In}(v)|})\begin{pmatrix}g(d_1,\zeta)\\g(d_2,\zeta)\\\vdots\\g(d_{|\mathrm{In}(v)|},\zeta)\end{pmatrix}\tag{4-6}$$

$$g(e,\xi)=m(e,\xi)M(v,\xi)=(m_1\cdots m_{|\mathrm{In}(v)|})\begin{pmatrix}g(d_1,\xi)\\g(d_2,\xi)\\\vdots\\g(d_{|\mathrm{In}(v)|},\xi)\end{pmatrix}\tag{4-7}$$

结合式（4-5）～式（4-7），并根据分块矩阵相乘的性质，可得出

注 1　这里把向量写成了矩阵形式，并利用了矩阵分块的概念，把一个 h 维的向量看成是一个 1 行 h 列的矩阵。
　　例如：$(1,2,3,4)=(1\ 2\ 3\ 4)=((1\ 2)\ (3\ 4))$。

$$g(e,\zeta)= m(e,\zeta)M(v,\zeta)=m(e,\zeta)(M(v,\zeta)\ M')=(g(e,\zeta)\ m(e,\zeta)M')$$

因此 $g(e,\zeta)$ 写成了两部分，前一部分就是 $g(e,\zeta)$，共有 k 个分量；后一部分由 $m(e,\zeta)M'$ 求出，共有 $h-k$ 个分量。从而说明了对于节点 v 的输出信道，结论也成立。上面说明了这样一个事实：定理的结论对于源点输出信道的全局编码向量是成立的，而对于非源点的节点，只要定理的结论对于输入信道的全局编码向量是成立的，则定理的结论对其输出信道的全局编码向量必定是成立的。

因单源多播网络是一个有向无环图，所有的节点存在一个偏序，按照这个偏序反复使用式（3-9），可以把所有信道的全局编码向量求出（参看定理 3.1）。由归纳法原理，结论成立，证毕。

图 4-1 给出了定理 4.2 的一个示例。在图 4-1 中，各链路的容量均为 1，s 为源点，r_1 和 r_2 为宿点。ξ 是一个多播率为 3 编码方案，而 ζ 是由 ξ 导出且多播率为 2 的编码方案。采用的有限域为 $GF(2^2)$，其生成多项式为 x^2+x+1，其加法与乘法运算规则见表 2-1 和表 2-2。针对两个编码方案，分别采用式（3-9）计算各信道的全局编码向量，所得结果如图 4-1 所示，为书写方便，各分量写成 4 进制形式，显然满足定理 4.2 的结论。

节点 v 的全局编码矩阵 $M(v,\xi)$ 是一个 $|In(v)|$ 行，h 列的矩阵，若选取该矩阵的前 k 列，则可构成一个 $|In(v)|$ 行，k 列的矩阵。

定义 4.3　$N(A,k)$。设 A 是一个矩阵，而 k 是一个不超过矩阵 A 的列数的正整数，记 $N(A,k)$ 是由矩阵 A 的前 k 列构成的矩阵。

$N(A,k)$ 是一个这样的矩阵，其行数与 A 的行数相同，列数为 k。

推论 4.1　若 ξ 是多播率为 h 的一个编码方案，而 ζ 是由 ξ 导出且多播率为 k 的编码方案，则对于任一节点 $v \in V$，v 的全局编码向量具有这样的性质：在编码方案 ζ 的全局编码矩阵是由在编码方案 ξ 下的全局编码矩阵的前 k 列组成，即

$$M(v,\zeta)=N(M(v,\xi),k) \tag{4-8}$$

证明　由定理 4.2，并根据定义 3.3，节点的全局编码矩阵由其输入信道的全局编码向量组成，每一个向量组成了矩阵的一行，显然结论成立。证毕。

推论 4.2　若 ξ 是多播率为 h 的一个编码方案，而 ζ 是由 ξ 导出且多播率为 k 的编码方案，则 ζ 是可行编码方案的充分必要条件是对于每一个宿点 $r \in T$，有 $R(N(M(r,\xi),k))=k$，其中 $R(\cdot)$ 表示矩阵的秩。

证明　根据推论 4.1，对于每一宿点 $r \in T$，它在编码方案 ζ 下的全局编码矩阵为 $N(M(v,\xi),k)$，即 $M(r,\zeta)=N(M(r,\xi),k)$，再根据定义 3.5，结论成立。证毕。

推论 4.3　若 ξ 是一个多播率为 h 的可行编码方案，且 $2 \leqslant k \leqslant h$，则由 ξ 导出且多播率为 k 的编码方案 ζ 必定是可行的。

证明　因 ξ 是可行的，从而任一宿点 $r \in T$ 在 ξ 下的全局编码矩阵的秩为 h，

即 $R(M(r,\xi))=h$ 成立，注意到这个矩阵只有 h 列，且矩阵的行数不小于 h，从而这个矩阵的 h 个列向量必定线性无关，那么该矩阵的前 k 个列向量必定线性无关，从而由这个矩阵的前 k 列构成的矩阵的秩必为 k，即 $R(N(M(v,\xi),k))=k$ 成立，再由推论 4.1，则任一宿点在编码方案 ξ 下的全局编码矩阵的秩必为 k，由推论 4.2，结论成立。证毕。

推论 4.3 给出了一个重要的性质，当单源多播网络具有一个多播率为 h 的可行编码方案，若以较小的多播率 $k(2\leqslant k\leqslant h)$ 进行数据传输，则不用重新构造编码方案，只需选择原编码方案的导出编码方案即可，而由定义 4.2，若一个编码方案存在，从中导出一个多播率较小的编码方案是非常容易的。

源点 s 能获知其输出信道数 $H=|\mathrm{Out}(s)|$，H 为源点选定多播率提供了一个上界。记 $V_s=\{s\}$，则 $<V_s,\overline{V_s}>$ 是分离源点 s 与所有宿点的一个割集，其割值为 H，因 C 为多播容量，由定义 2.8，下列式子成立：$C\leqslant H$。

根据定义 2.8，记 $\mathrm{mincut}(s,r)$ 为分离源点 s 与宿点 r 的最小割值。在单源多播网络中，若以多播率 H 采用随机网络编码方法多播数据至所有宿点，相当于随机构造了一个多播率为 H 的编码方案，不妨记其编码方案为 ψ，且满足 $\delta(\psi)=H$。

引理 4.1　设 ψ 是一个多播率为 H 的编码方案，则在编码方案 ψ 下，每一宿点 $r\in T$ 的全局编码矩阵的秩不会超过 $\mathrm{mincut}(s,r)$，即

$$R(M(r,\psi))\leqslant \mathrm{mincut}(s,r),r\in T \tag{4-9}$$

其中，$R(.)$ 为矩阵的秩。

证明　由最大流—最小割定理，对于宿点 $r\in T$，必存在一个分离源点 s 与宿点 r 的最小割，该割中有且只有 $\mathrm{mincut}(s,r)$ 条信道，这 $\mathrm{mincut}(s,r)$ 条信道携带的全局编码向量张成了 H 维向量空间的一个子空间，该子空间的秩不超过 $\mathrm{mincut}(s,r)$，由线性网络编码的特点，宿点 r 的每一输入信道的全局编码向量一定可以表示成这个最小割中的信道所携带的全局编码向量的线性组合，由线性代数知识，宿点 r 的全局编码矩阵的秩不能超过 $\mathrm{mincut}(s,r)$，从而不等式（4-9）成立。证毕。

对不等式（4-9）两边取最小值，再由式（2-2），则有式（4-10）成立

$$\min_{r\in T}\{R(M(r,\psi))\}\leqslant \min_{r\in T}\{\mathrm{mincut}(s,r)\}=C \tag{4-10}$$

文献[7,8]指出，在单源多播网络中以多播率 C 采用随机线性网络编码方法多播数据，且采用的有限域的阶为 $q(q>|T|$，$|T|$ 为宿点个数），则所有宿点全局编码矩阵的秩均为 C 的概率大于 0，当有限域的阶足够大时，这个概率接近于 1，不妨记这个概率为 P_q。注意到当所有宿点的全局编码矩阵的秩均为 C 时，则对应一

个多播率为 C 的可行编码方案，由于随机线性网络编码产生编码系数的均匀性和随机性，从而随机地从多播率为 C 的所有编码方案中选择一个编码方案，其编码方案是可行的概率为 P_q。

文献[8]给出了 P_q 的一个下界，该下界为 $P_q \geqslant \left(1-\dfrac{d}{q}\right)^u$，其中，$d$ 为宿点的个数，q 为伽罗华域的元素个数，u 参与编码的信道数。该文进一步指出，当所采用伽罗华域的阶 q 增大时，P_q 会相应地增大。

定理 4.3 在单源多播网络中以多播率 H 采用随机线性网络编码方法多播数据，且采用的有限域的阶为 $q(q>|T|)$，记相应的编码方案为 ψ，宿点 $r \in T$ 的全局编码矩阵的前 C 列构成的矩阵记为 $N(M(r, \psi), C)$，则对于所有宿点 r，矩阵 $N(M(r, \psi), C)$ 的秩等于 C 的概率为 P_q，即

$$\Pr\left\{ \psi : \bigwedge_{r \in T}(R(N(M(r,\psi),C)) = C) \right\} = P_q \tag{4-11}$$

其中，$\Pr(\cdot)$ 表示概率，$\wedge$ 表示逻辑与。

证明 在其阶为 q 的有限域下，不妨假设有 α 个多播率为 C 的编码方案，其中有 β 个是可行的。注意到随机产生一个多播率为 C 的编码方案，相当于在 α 个多播率为 C 的编码方案中均匀随机地选择一个，那么选中的编码方案可行的概率为 $\dfrac{\beta}{\alpha}$，如上所述，采用随机网络编码方法多播数据至网络，相当于随机生成了一个编码方案，则 $P_q = \dfrac{\beta}{\alpha}$。再注意到 $C \leqslant H$，并由定理 4.1，所有多播率为 C 的编码方案均可以由多播率为 H 的编码方案导出，所有多播率为 H 的编码方案均可由多播率为 C 的编码方案扩展而成。则对多播率为 C 的编码方案，只需对源点输出信道的局部编码向量进行扩展，每一向量扩展 $H-C$ 个分量，便构成了多播率为 H 的编码方案，注意到源点有 H 条输出信道，在对多播率为 C 的编码方案扩展至多播率为 H 的编码方案时，源点每一输出信道的局部编码向量扩展了 $H-C$ 个分量，则多播率为 H 的编码方案比多播率为 C 的编码方案多了 $H(H-C)$ 个分量，由随机线性网络编码方法在 q 阶有限域上取各分量值的均匀性和随机性，再根据乘法原理，则多播率为 H 的编码方案数为 $\alpha q^{H(H-C)}$，其中，有 $\beta q^{H(H-C)}$ 个编码方案是由多播率为 C 的可行编码方案扩展而成的，因而随机构造一个多播率为 H 的编码方案，它是由多播率为 C 的可行编码方案扩展而成的概率 P_q，由推论 4.2，结论成立。证毕。

定理 4.4 对于单源多播网络，以多播率 H 采用随机线性网络编码方法传输数据，不妨记其编码方案为 ψ，则宿点 $r \in T$ 接收到所有的数据分组后，析出全局编码矩阵，并按式（4-12）计算 $\chi(r, \psi)$，再按式(4-13)计算 $\sigma(\psi)$，则：（1）$\sigma(\psi)$

不超过 C；（2）当采用的有限域足够大时，$\sigma(\psi)=C$ 的概率接近于 1。

$$\chi(r,\psi) = \max_{1\leqslant h\leqslant H} \{h: R(N(M(r,\psi),h)) = h\} \tag{4-12}$$

$$\sigma(\psi) = \min_{r\in T}\{\chi(r,\psi)\} \tag{4-13}$$

证明　根据定义 4.3，对于任一宿点 $r\in T$，$N(M(r,\psi),h)$ 是由 $M(r,\psi)$ 前 h 列构成的矩阵，由矩阵的性质，当 $h\leqslant H$ 时，必有 $R(N(M(r,\psi),h))\leqslant R(M(r,\psi))$ 成立，再根据式（4-12），从而有 $\chi(r,\psi)=\max\limits_{1\leqslant h\leqslant H}\{h: R(N(M(r,\psi),h)) = h\}\leqslant R(M(r,\psi))$ 成立，对上式的两端取最小值，有 $\min\limits_{r\in T}\{\chi(r,\psi)\}\leqslant\min\limits_{r\in T}\{R(M(r,\psi))\}$ 成立，再根据式（4-10）、式（4-13），必定有 $\sigma(\psi)\leqslant C$，从而结论 1）成立。再根据定理 4.3，则 $\sigma(\psi)\geqslant C$ 的概率为 P_q，从而当有限域较大时，$\sigma(\psi)=C$ 的概率接近于 1。证毕。

显然，由式(4-13)求出的 $\sigma(\psi)$ 是一个整数，且对于任一宿点 r，有 $\sigma(\psi)\leqslant\chi(r,\psi)$，而由式(4-12)，$M(r,\psi)$ 的前 $\chi(r,\psi)$ 列构成的矩阵其秩必为 $\chi(r,\psi)$，从而 $M(r,\psi)$ 的前 $\sigma(\psi)$ 列构成的矩阵其秩必为 $\sigma(\psi)$，所以可以从 ψ 导出一个多播率为 $\sigma(\psi)$ 的可行编码方案。

若存在整数 k，且满足 $\sigma(\psi)<k\leqslant H$，由式（4-13），则必存在一个宿点 r'，有 $k>\chi(r',\psi)$，即 $M(r',\psi)$ 的前 k 列构成的矩阵其秩小于 k，由推论 4.2，则编码方案 ψ 导出的一个多播率为 k 的编码方案必定是不可行的，因此，$\sigma(\psi)$ 是所有从 ψ 中导出的可行编码方案的最大多播率。从而以下定理显然成立。

定理 4.5　对于一个多播率为 H 的编码方案 ψ，按式（4-13）计算 $\sigma(\psi)$，则可以从 ψ 中导出一个多播率为 $\sigma(\psi)$ 的可行编码方案，且 $\sigma(\psi)$ 是所有从 ψ 中导出的可行编码方案的最大多播率。

式（4-12）的含义是：对于任一宿点 r，寻找一个最大的 h，且满足全局编码矩阵 $M(r,\psi)$ 的前 h 列构成的矩阵的秩为 h。可以通过对矩阵 $M(v,\psi)$ 作行初等变换，把矩阵化为上三角形式来计算式（4-12），设矩阵为 $(a_{i,j})_{n\times m}$，其中，m 为行数，n 为列数，则求式（4-12）中 $\chi(r,\psi)$ 的算法如下。

算法 4-1　找一个最大的列数 h，使矩阵 $(a_{i,j})_{n\times m}$ 的前 h 列构成的矩阵 M 的秩为 h。

输入：矩阵 $(a_{i,j})_{n\times m}$

输出：最大的 h

Step1　置 $i=1$，mark=1；

Step2　若 mark 为 0 或 $i\geqslant\min(m+1, n+1)$ 转 Step 6

Step3　检查第 i 列中自第 i 行至第 m 行的元素 $(a_{i,i},a_{i+1,i},\cdots,a_{m,i})$，若所有元素

全为零，置 mark=0；否则找出其不为零的元素所在的行号（记为 k）；

Step4　若 mark=1，则进行下述工作：

Step4.1　把第 i 行与第 k 行交换；

Step4.2　把第 $j(i<j<m+1)$ 行与第 i 行乘一个系数后相加，使第 j 行第 i 列的元素变为 0；

Step4.3　$i+1 \rightarrow i$；

Step 5　转 Step 2；

Step 6　输出 $i-1$；

Step 7　结束。

该算法的时间复杂度为 $O(h^2)$，其中，h 是满足条件的最大者。

定理 4.4 在理论与应用中具有重要的作用，它可以用于测试单源多播网络的多播容量，也可以用于测试可行的编码方案。当源点不具有网络的全局拓扑知识，也不能获知多播容量时，若以多播率 H 采用随机线性网络编码方法多播数据，对应的编码方案记为 ψ，并对每一宿点按式（4-12）进行计算，再按式（4-13）计算 $\sigma(\psi)$。若采用的有限域较大时，则单次数据传输得到的 $\sigma(\psi)$ 与多播容量 C 相等的概率较大，如进行多次多播数据传输，并记录各次测试中的最大者，则能得到多播容量值的概率将更大。若测试出的 $\sigma(\psi)$ 与 C 相等，由定理 4.5，则能从 ψ 导出一个多播率为 C 的编码方案；不仅如此，根据推论 4.3，则可以导出任一多播率 $k(2 \leq k \leq C)$ 的可行编码方案。

定理 4.5 也具有重要的理论与应用价值，可以采用分布式方法测试出多播容量，还可以采用分布式方法构造出可行的编码方案。与 LIF 算法[9~11]相比，该方法具有非集中性、操作简单的特点，且不需要网络的全局拓扑知识。定理 4.5 为后续章节在求解问题时提供了坚实的理论基础，且为第 5 章和第 6 章提供了最基本的技术支撑。

4.4　仿真测试

尽管上述建立了一套完整的理论，并采用数学方法严格证明了其定理、推论和性质的正确性，为使理论更为可信，需通过仿真测试进一步证明上述定理、推论的正确性和有效性。

测试目标是为了验证推论 4.3、定理 4.3、定理 4.4 的正确性和有效性。

采用 4 个测试用例，每一个测试用例是一个单源多播网络，采用 2.6 节所述的方法随机产生，各测试用例的邻接矩阵见附录 2，分别对应于单源多播网络 1 至单源多播网络 4，各测试用例的参数如表 4-1 所示。

表 4-1　各测试用例参数

测试用例序号	$\|V\|$	$\|E\|$	$\|T\|$	H	C
1	36	175	10	11	10
2	41	202	10	12	9
3	47	237	10	13	12
4	52	261	10	14	11

每一个测试用例的宿点个数$|T|$均为 10，$|V|$为总的节点个数， $|E|$为总的信道数，H 为源点的输出信道数，C 为多播容量值。

测试方法如下：对每一测试用例，在选定的伽罗华域 $GF(2^m)$下，以多播率 H 采用随机网络编码方法多播数据至网络，称为一次测试。如上所述，一次测试相当于随机产生了一个多播率为 H 的编码方案，不妨记为ψ。每一测试用例在不同的伽罗华域下分别测试 500 次，统计出所有宿点全局编码矩阵的前 k 列构成的矩阵 $N(M(r,\psi),k)$的秩为 k 的概率，即统计 $\Pr\{\psi : \underset{r\in T}{\wedge}(R(N(M(r,\psi),k))=k)\}$，所得结果如表 4-2 所示。

表 4-2　仿真结果

m	测试用例 1		测试用例 2		测试用例 3		测试用例 4	
	$k=9$	$k=10$	$k=8$	$k=9$	$k=10$	$k=12$	$k=10$	$k=11$
4	0.846	0.274	0.980	0.702	0.994	0.328	0.998	0.918
5	0.964	0.612	0.996	0.838	0.998	0.628	1	0.954
6	0.996	0.832	0.998	0.918	1	0.782	1	0.990
7	0.998	0.896	1	0.962	1	0.900	1	0.992
8	1	0.952	1	0.986	1	0.952	1	1
9	1	0.972	1	0.990	1	0.978	1	1
10	1	0.980	1	0.992	1	0.986	1	1
11	1	0.994	1	0.998	1	1	1	1
12	1	1	1	1	1	1	1	1

根据前面的阐述，事实上，在每次测试过程中，随机产生了 3 个编码方案，其多播率分别为 k_1、C、H，当 $H>C$ 时，第 3 个编码方案必定是不可行的，前 2 个编码方案均为第 3 个编码方案的导出编码方案，第 1 个编码方案也是第 2 个编码方案的导出编码方案。在测试过程中，笔者还检验当第 2 个编码方案是可行时，第 1 个编码方案的可行性。

例如，对于测试用例 1，选定一个伽罗华域 GF(2^4)，其生成多项式见附录 1，以多播 11 从源点采用随机线性网络编码方法多播数据至网络 500 次，每一次数据传输相当于随机产生了一个编码方案，不妨记为 ψ，每一宿点 r 对应的全局编码矩阵为 $M(r,\psi)$，然后分别计算 $N(M(r,\psi),9)$ 和 $N(M(r,\psi),10)$ 的秩。对于所有的宿点 $r\in T$，若 $N(M(r,\psi),9)$ 的秩均为 9，称之为命中一次，表 4-2 中的 0.846 就是 500 次测试中，所有宿点的全局编码矩阵的前 9 例构成的矩阵其秩为 9 的频率。同理 0.274 是 500 次测试中每一宿点的全局编码矩阵的前 10 列构成的矩阵的秩为 10 的频率。

整数 10 为测试用例 1 的多播容量，从而说明了对于测试用例 1，若采用伽罗华域为 GF(2^4)，式(4-11)的概率仅为 0.272；注意到若采用的伽罗华域为 GF(2^{11})，则式(4-11)的概率达到了 0.984，若采用定理 4.4 的方法计算 $\sigma(\psi)$，则 $\sigma(\psi)=10$ 的概率为 0.984，从而说明了若采用定理 4.4 的方法测试多播容量，则在 500 次测试中，有 492 次能测试出多播容量，从而当有限域较大时，式(4-11)的概率较大，采用定理 4.4 方法能测试出多播容量也是一个大概率事件。

对于其他的测试用例，结合表 4-1 中的多播容量值对表 4-2 的仿真结果进行观察，得到了相似的结论，从而验证了定理 4.3、定理 4.4 的正确性。

实验结果还表明，每当第 2 个编码方案是可行的，第 1 个编码方案也是可行的，从而验证了推论 4.3 的正确性。

从表 4-2 可以看出，所采用的有限域只需 $m>7$，对于每一个测试用例，无论式(4-11)的概率，还是定理 4.4 中 $\sigma(\psi)=C$ 的概率均接近于 1。即对于所选的测试用例来说，并不需要很大的有限域。

注意到以下事实：采用式(4-13)求 $\sigma(\psi)$，则 $\sigma(\psi)\geqslant k(k\leqslant C)$ 的充要条件是对于所有的 $r\in T$，有 $R(N(M(r,\psi),k))=k$ 成立。从表 4-2 中可以看出：对于单次测试，能测试出多播容量是一个大概率事件，即使式(4-13)中的 $\sigma(\psi)$ 达不到 C，必定与 C 接近。例如对于测试用例 2 和测试用例 4，当 $m>6$ 时，每一次测试均使 $\sigma(\psi)$ 的值不低于 $C-1$。

4.5　小结

针对单源多播网络，通过对线性网络编码的内在机理进行分析，提出了不同多播率下编码方案的导出与扩展的技术，对具有导出与扩展的两个编码方案进行研究，导出了信道全局编码向量之间的确切关系，利用这个关系，结合随机线性网络编码方法，得出了几个重要的性质，这些性质有助于有效地运用线性网络编码技术，具有一定的应用价值，为在第 5 章和第 6 章解决问题时提供了最基本的技术支撑。仿真结果验证了理论分析的结论。

参 考 文 献

[1]　KIM M, M'EDARD M, AGGARWAL V, et al. A doubly distributed genetic algorithm for network coding[C]//2007 ACM Genetic and Evolutionary Computation Conference (GECCO 2007). London, UK, 2007: 1272-1279.

[2]　JABBARIHAGH M, LAHOUTI F. A decentralized approach to network coding based on learning[C]//Information Theory for Wireless Networks, 2007 IEEE Information Theory Workshop. 2007:1-5.

[3]　LUN D S, RATNAKAR N, MEDARD M, et al. Minimum-cost multicast over coded packet networks[J]. IEEE Transactions on Information Theory, 2006, 52(6):2608-2623.

[4]　TRACEY H, BEN L, MURIEL M, et al. On the utility of network coding in dynamic environments[C]//Informational Workshop on Wireless Ad-hoc Networks (IWWAN). 2004:196-200.

[5]　ZHAO F, M′EDARD M. Online network coding for the dynamic multicast problem[C]//ISIT 2006. Seattle, USA, 2006:1753-1757.

[6]　蒲保兴, 杨路明, 王伟平. 线性网络编码的导出与扩展[J]. 软件学报, 2011, 22(3):558-571.

[7]　HO T, KARGER, D R, MEDARD M, et al. Network coding from a network flow perspective[C]// IEEE International Symposium on Information Theory, 2003:441-445.

[8]　HO T, MEDARD M, KOETTER R, et al. A random linear network coding approach to multicast[J]. IEEE Transactions on Information Theory, 2006,52(10):4413-4430.

[9]　SANDERS P, EGNER S, TOLHUIZEN L. Polynomial time algorithms for network information flow[C]//The 15th Annual ACM Symposium on Parallel Algorithms and Architectures. 2003:286-294.

[10]　JAGGI S, CHOU P A, JAIN K. Low complexity optimal algebraic multicast codes[C]//Proc Int'l Symp. Information Theory Yokohama, Japan, 2003.

[11]　JAGGI S, SANDERS P, CHOU A et al. Polynomial time algorithms for multicast network code construction[J]. IEEE Transactions on Information Theroy, 2005, 51(6):1973-1982.

第 5 章
未知网络拓扑环境下最大
吞吐率的网络编码多播

5.1 引言

如前所述，采用网络编码实现单源多播连接有两种方法：确定性网络编码数据传输方法与随机网络编码数据传输方法。针对网络拓扑已知的环境，确定性网络编码数据传输方法能实现单源多播网络的最大传输速度，且构造出的编码方案能保证各宿点正确地解码，因各信道的局部编码向量是事先确定的，则各宿点的解码矩阵也可以事先确定，并可事先求出解码矩阵的逆，从而在数据传输过程中不需要进行矩阵求逆的运算，也不用传输信道的全局编码向量，这是一种理想的数据传输方法。

针对网络拓扑未知环境下的单源多播连接，可以采用随机网络编码方法，随机网络编码方法是在数据传输过程中由节点随机地产生各输出信道的局部编码向量，由于各信道的局部编码向量的随机性，宿点不能解码的概率大于零；为使各宿点能够解码，信道不仅要传输信息的线性组合，还要传输相应的全局编码向量，因而增加了传输耗费。尽管如此，许多文献通过理论和实验研究表明，当选取的有限域的阶较大且多播率不超过多播容量时，各宿点解码不成功的概率可忽略不计[1,2]，从而说明了随机网络编码方法的有效性，即随机网络编码方法为未知网络拓扑环境下的单源多播网络提供了一个有效的途径。

在未知网络拓扑环境下，采用随机网络编码方法除了具有上述提及的缺点外，更为严重的是难以选取合适的多播率，因为在网络拓扑未知的环境下，获知单源多播网络的多播容量是比较困难的，为使网络吞吐率达到最大，多播率应与多播容量相等。若多播率大于多播容量，所有的宿点均不能解码；若多播率小于多播容量，则不能达到最大流，浪费了网络资源。这一章研究了网络拓扑未知环境下的单源多播网络的线性网络编码传输策略，所考虑的单源多播网络具有以下特点：源点不能获知整个网络的全局拓扑知识，每一宿点存在至源点的反馈路径，可以通过该反馈路径向源点传输反馈信息。分两种情况分别进行研究：其一，网络拓扑是静态的，即在整个数据传输过程中网络拓扑不会发生改变；其二，网络拓扑是动态变化的，即在数据传输过程中网络拓扑随时间动态变化。

情形 1：宿点具有至源点的反馈路径，源点不能获知整个网络的全局拓扑知识；每一节点具有足够的存储空间能保存相应的信息，并具有任一阶有限域的计算能力；在整个数据传输过程中网络拓扑不会发生变化。

情形 2：宿点具有至源点的反馈路径，源点不能获知整个网络的全局拓扑知识；每一节点具有足够的存储空间以保存相应的信息，并具有任一阶有限域的计算能力；在整个数据传输过程中网络拓扑会发生变化。

本章所解决的问题是第 4 章所提出技术的两个具体应用，主要用到了线性网络编码的导出与扩展技术，并结合了随机线性网络编码方法。

针对情形 1，本章提出了一个确定性网络编码数据传输策略，可参考文献[3]。把单源多播连接分为两个阶段：试播测试阶段和数据传输阶段。在试播测试阶段，利用宿点至源点存在反馈链路的特性，采用随机线性网络编码方法发送试验分组至网络，各编码节点采用随机线性网络编码方法转发试验分组，宿点对接收到的全局编码矩阵进行计算并通过反馈路径把计算结果反馈至源点，源点接收各宿点的反馈信息后计算其最小值，这一过程称为一次试播。本章证明了若采用的有限域较大且试播次数较多时，将以较大的概率测试出吞吐率达到最大的可行编码方案，且各信道的编码向量保存在相应的节点中；在数据传输阶段，利用试播阶段测试出的编码方案，采用确定性的网络编码数据传输策略传输数据。

针对情形 2，考虑到网络拓扑的变化会影响多播容量的变化，则数据传输的多播率应根据网络拓扑的变化进行相应的改变。为了达到较大的吞吐率，有效的方法是根据多播容量的变化更改多播率，使多播率贴近多播容量。其基本思想是利用宿点存在至源点反馈路径的特性，在数据传输过程中动态地测试多播容量，并根据多播容量的测试值，动态地修改多播率，使数据传输的多播率贴近单源多播网络的多播容量，适应网络拓扑的变化，从而最大限度地利用网络资源。如宿点要求完整正确地接收源点的信息，则可以采用重传策略，当宿点不能解出源点播出的信息时，通知源点进行信息重传。仿真结果表明：若多播容量的变化不是很频繁时，则重传的次数是较小的，表明了所提方法的有效性。这部分内容可参看文献[4]。

5.2　未知网络拓扑环境下确定性网络编码数据传输策略

假设单源多播网络是一个有向无环图，并且每一宿点均存在至源点的反馈路径，既可以是有线网络，也可以是无线网络；假设信道是无错的，除了链路有可能失效外，网络在完成某一多播任务的过程中其链路的容量不会发生变化，即网络是静态的；每一节点具有任意阶有限域运算的计算能力且有足量的存储空间。在单源多播网络中，源点 s 的输出信道数记为 $H=|\text{Out}(s)|$，多播容量记为 C，共有 d 个宿点，各宿点分别记为 $r_k(1\leqslant k\leqslant d)$；使用的有限域为 q 阶伽罗华域，记为 $\text{GF}(2^m)(q=2^m)$。

5.2.1　基本思路

把单源多播连接分为两个阶段:试播测试阶段和数据传输阶段。试播测试阶段的目标是采用分布式方式构造可行的网络编码方案，各节点保存测试过程中相应的局部编码向量。为了获得最大吞吐量的编码方案，采用多次试播的方法；在数据传输阶段，利用试播阶段测试出的编码方案，采用确定性网络编码数据传输方法传输数据。

试播测试阶段的理论依据是定理 4.4，源点以多播率 $H=|\text{Out}(s)|$ 采用随机线性网络编码的方法多播数据至网络，中间节点随机产生各信道的局部编码向量，计算各输出信道转发的数据信息并转发；一次随机线性网络编码的数据传输相当于产生了一个编码方案，记为 ψ。宿点 r 从其所有输入信道接收到数据分组后，从接收到的数据分组中析出全局编码矩阵 $M(\psi,\ r)$，然后找一个最大的列数 h，使全局编码矩阵的前 h 列构成的矩阵的秩为 h，并把其值通过反馈路径传输至源点；源点收到所有宿点的反馈信息后，从所有的反馈信息中找到一个最小者，由定理 4.3 和定理 4.4，该最小值等于多播容量的概率为 P_q，当选取的有限域的阶较大时，P_q 的概率是比较大的，从而有限次试播能够测试出多播容量 C。在有限次试播中，源点记住其所有试播中测试出的最大值，各节点保存相应的各输出信息的局部编码向量，根据定理 4.4，则不仅可以测试出多播容量，还可能测试出可行的编码方案，其所得的编码方案，就是在最好的一次试播中所产生的编码方案的一个导出编码方案，即源点的输出信道的局部编码向量取其前 C 列，且其余信道的局部编向量保持不变，从而构造出了多播率为 C 的编码方案,在数据传输过程中,可以按照这一编码方案进行数据传输，是一种确定性的网络编码数据传输方法。

5.2.2　试播法确定编码方案

一次试播相当于采用随机线性网络编码方法进行一次数据传输，但试播仅关心宿点收到的全局编码向量而不必关心传输的数据，则数据段可以为空，从而每一信道携带的实验分组的格式如图 5-1 所示。

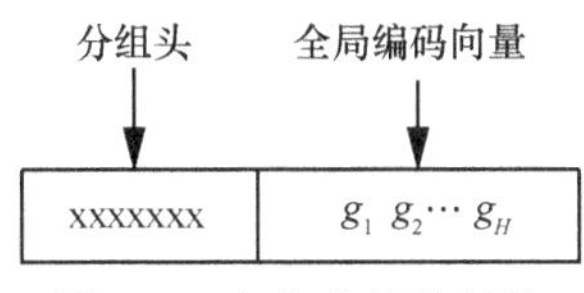

图 5-1　实验分组的结构

分组头可以嵌入控制信息，分组头的长度与所采用的网络协议有关，编码节点输出信道的全局编码向量由式（3-9）计算。

从源点多播实验分组至网络，相当于随机产生了一个多播率为 H 的编码方案，记为 ψ，宿点收到所有的测试分组后，从各测试分组中析出全局编码向量，并采用式（4-12）进行计算，然后通过反馈路径反馈其计算结果至源点，源点收到所有宿点的反馈信息后，按式（4-13）计算 $\sigma(\psi)$，这一过程称之为一次试播，一次试播可能找不到最优解，本节采用蒙特卡罗法[5]进行多次试播。

源点设定一个变量 mf，初始时置 mf 为 0，在试播过程中比较 mf 与 $\sigma(\psi)$ 的值，若 mf 的值小于 $\sigma(\psi)$ 的值，则用 $\sigma(\psi)$ 的值替换 mf 的值，在多次试播中，找到的最大 $\sigma(\psi)$ 保存在 mf 中。源点还需设置一个标志 mark， 其初值为 0，在每次试播结束，若 mf 的值小于 $\sigma(\psi)$ 的值，则置 mark 为 1，且在下次试播时把 mark 值嵌入至数据分组的包头发送至各节点，以便通知各节点。

中间节点（包括源点）的内存需求：每一节点开辟两个缓冲区：buffer1 和 buffer2，其中，buffer1 用于存放当前试播中各输出信道的局部编码向量，buffer2 用于保存历次试播中最优一次试播对应的各输出信道的局部编码向量。宿点设置两个缓冲区，分别用于保存本次试播的全局编码矩阵和历次试播中最优一次试播对应的全局编码矩阵。其目的是为了保存最优一次试播的编码方案，以便在数据传输过程中，可以采用相应的编码向量进行编码。每一节点在接收到数据后，从分组头中取出 mark 值后，若 mark 值为 1，则把 buffer1 的数据保存至 buffer2 中；同理宿点也要进行相似的操作。

关于试播停止条件，可以设定一个最大试播次数，当试播达到该指定试播次数后停止；也可设定一个阈值，当 mf 的值连续不改变的试播次数等于该阈值时，则停止。因此，试播阶段采用分布方式操作，各节点必须相互配合，执行相应的操作。源点为中心控制节点，不仅参与试播操作，还负责指挥、协调工作。试播阶段的分布式算法如下。

算法 5-1　分布式测试吞吐量最大编码方案的算法

Step1　算法初始化：选定伽罗华域，$mf\leftarrow0$；mark$\leftarrow0$；

Step2　REPEAT

Step3　源点以多播率 H 发送实验分组至网络；

Step4　各编码节点从所有输入信道收到数据分组后，从数据分组的分组头中检测 mark 值，若其值为 1，则把 buffer1 的内容复制到 buffer2 中，否则不用复制；

Step5　各编码节点为其所有输出信道随机产生局部编码向量并保存在 buffer1 中，按式（3-9）计算输出信道的全局编码向量并转发实验分组；

Step6　每一宿点 r 从其所有输入信道收到数据分组后，从数据分组的分组头中检测 mark 值，若其值为 1，则把 buffer1 的内容复制到 buffer2 中；

Step7　每一宿点 r 从收到的数据分组中析出全局编码向量，并保存在 buffer1 中，然后按式（3-12）计算 $\chi(r,\psi)$，并通过反馈路径发送至源点；

Step8　源点按式（4-13）计算 $\sigma(\psi)$；

Step9　源点判断:若 $mf<\sigma(\psi)$，则 $mf\leftarrow\sigma(\psi)$ 且 mark$\leftarrow1$；否则保持 mf 值不变且置 mark 为 0。

Step10　UNTIL 试播停止条件为真；

Step11　源点记住 mf 值并导出一个多播率为 mf 的编码方案。

Step12　源点把 mf 值通知各节点，各节点保存该值；

Step13　宿点计算其全局编码矩阵的逆矩阵；

Step14　结束。

当试播结束后，其最好的测试结果保存在 mf 中，由定理 4.4，当有限域较大且试播次数较多时，mf 值必为单源多播网络的多播容量值，且各节点的 buffer2 中保存了最好一次试播所产生的编码向量（中间节点的保存局部编码向量，宿点保存其全局编码矩阵）。接下来的工作是从最好一次试播的编码方案中导出一个多播率为 mf 的编码方案，由定义 4.2，只需对源点输出信道的局部编码向量进行处理，而其余信道的局部编码向量保持不变。然后源点把 mf 值传输至各节点，各节点记住这个值，宿点从其全局编码矩阵中取出前 mf 列，按算法 4-1 找出 mf 行的极大无关组，形成一个 mf 阶的矩阵，然后求该矩阵的逆矩阵，接下来便可以进行数据传输了。

5.2.3　算法的有效性分析

文献[6,7]表明了随机网络编码方法的有效性，当采用的有限域的阶为 q 时，源点以多播率 C 采用随机线性网络编码方法多播数据至网络，则多播连接成功的概率为 P_q，当有限域的阶较大时，P_q 接近 1，从而说明了随机线性网络编码的有效性。定理 4.3 表明，在有限域的阶为 q 的条件下，源点以多播率 H 采用随机线性网络编码方法多播试验分组至网络，按定理 4.4 提出的方法进行测试，则单次测试能测出多播容量的概率为 P_q，当有限域的阶比较大时，这个概率接近于 1。算法 5-1 采用蒙特卡罗法进行多次测试，由贝努里公式，若进行 n 次试播，则能找到多播容量($mf{=}C$)的概率为 $1-(1-P_q)^n$，因此，当有限域较大，且试播次数较多时，则找到多播容量是一个大概率事件，而在试播过程中，各节点把最好的一次试播对应的编码向量保存在 buffer2 中。那么可以从中导出多播率为 mf 的编码方案，由定理 4.5，该编码方案必定是可行的。

5.2.4　确定性网络编码数据传输

当试播阶段的工作完成后，有限域的次为 m，多播容量以及各信道的编码向量已完全确定，并分别保存在各节点中。由于网络编码的参数完全确定，传输过程中不需要附加信息，信道只需传输信息字符，采用这种方法连续多次传输数据，直到数据传输结束。每一次传输的数据量为 Lmh bit，L 称为块长，信道传输的数据分组的格式如图 5.2 所示。

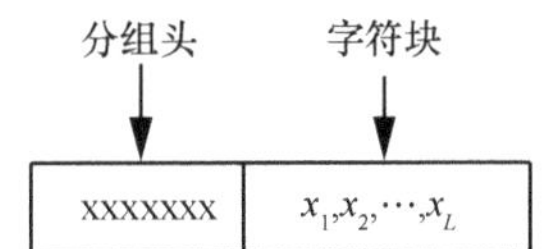

图 5-2　确定性网络编码数据传输的数据分组结构

5.2.5　与已有方法的比较

理想的网络编码数据传输方法必须在源点知道网络拓扑的前提下使用，能够求出多播容量，并在最优的多播率下求出各信道的编码向量，数据传输过程中不需要传输全局编码向量，宿点能正确地解码。随机网络编码方法可以适用于未知网络拓扑环境，但不能求出多播容量，从而不能以最优的多播率传输数据，数据传输过程中需传输全局编码向量，且宿点不能解码的概率大于零。本节方法适用于宿点具有反馈路径的未知网络拓扑环境，除了需要一个试播阶段外，传输数据的方式与理想方法相同。

因采用步机制，从源点传输一个文件至所有宿点，则需要分多批传输。在每一批传输过程中，各信道流过的比特流长度是相等的，因此，传输完一个文件后，各信道流过的比特流的长度是相同的，则可以用信道流过的比特数来衡量传输方法的有效性。

采用本节方法把一个文件 F 从源点多播至每一宿点，其长度记为 $|F|$，单位为 bit，数据分组的分组头为 L_1 bit，字符块含有 L 个字符，测试可行的编码方案需进行 c_1 次试播，则传输完这个文件，每一信道流过的比特数为

$$B_1 = c_1(L_1 + mH) + \left\lceil \frac{|F|}{mLh} \right\rceil L_1 + \frac{|F|}{h} \tag{5-1}$$

如图 5-1 所示，试播阶段数据分组的长度为 L_1+mH bit，一共进行 c_1 次试播，从而信道流过的比特数为 $c_1(L_1 + mH)$，而在数据传输阶段，对于每一批数据传输，源点能多播 mhL bit 的信息（设多播率为 h），从而需要进行 $\left\lceil \dfrac{|F|}{mLh} \right\rceil$ 批数据传输。

如图 5-2 所示，而每批数传据传输时，信道流过的比特数为（L_1+Lm）bit（最后一批可能不满），从而信道流过的比特数可采用式（5-1）计算。

若采用随机网络编码方法进行单源多播的数据传输，其参数的设置与上述相同，则传输完这个文件，每一信道流过的比特数为

$$B_2 = \left\lceil \frac{|F|}{mLh} \right\rceil (L_1 + mh) + \frac{|F|}{h} \tag{5-2}$$

若采用理想的数据传输方法，其参数的设置与上述相同，则传输完这个文件，每一信道流过的比特数为

$$B_3 = \left\lceil \frac{|F|}{mLh} \right\rceil L_1 + \frac{|F|}{h} \tag{5-3}$$

从上述公式可以看出：在相同的多播率下，显然有 $B_1>B_3$，$B_2>B_3$，从而理想的网络编码传输方法（确定性网络编码传输方法）是最优的。现比较本节方法与随机网络编码方法：B_1 和 B_2 的比较结果取决于 c_1 和 $|F|$，直观可以看出，当测试次数较小且要传输的文件长度较大（传输批次较多）时，本节方法优于随机网络编码方法。除此之外，对于网络拓扑未知的网络单源多播网络，显然理想的数据传输方法是不适用的，而随机网络编码方法尽管可用，但不能获知多播容量，所选取多播率不一定是最佳的，因此式（5-2）的 h 难以取到 C。此外，若采用随机网络编码方法，宿点不能解码的概率大于零，而本文提出的方法是一个确定性的方法，宿点能完全解出源点播出的信息。

5.2.6　仿真测试

对两个单源多播网络（两个测试用例）进行仿真测试，其中，测试用例 1 如图 2-1 所示，测试用例 2 采用 2.6 节的方法随机产生，其邻接矩阵见附录的单源多播网络 6。即在源点不知道网络拓扑的前提下采用本节方法分别对这两个测试

用例进行仿真测试。

测试用例 1：s 是源点，节点 1，2,$\cdots$,20 是中间节点，r_1 至 r_5 是宿点，每一宿点均具有至源点的反馈路径（图中未画出），H=10，多播容量 C=6。由文献[8]，所采用的有限域的阶 q 必须大于 5，从而 m 必须大于或等于 3。

测试用例 2：共有 24 个节点，其中第 1 个节点是源点，最后 10 节点是宿点，假设每一宿点均具有至源点的反馈路径，H=13，多播容量 C=7。所采用的有限域的阶 q 必须大于 10，从而 m 必须大于或等于 4。

实验环境如下：Pentium D CPU 2.8 GHz，448 MB 内存。

（1）仿真测试 1：可行性测试

测试多播容量：源点以多播率 H 采用随机网络编码方法多播试验分组至网络，运用算法 5-1 进行试播。停止条件为：当 mf 的值不改变的连续试播次数等于 3 时停止试播。在不同的有限域下分别仿真 100 次，统计出所需的平均试播次数，结果如表 5-1 所示。

表 5-1　不同的伽罗华域下所需的平均试播次数

测试用例	m=4	m=5	m=6	m=7	m=8
测试用例 1	4.32	4.12	4.04	4	4
测试用例 2	5.66	4.55	4.27	4.17	4.02

测试出的多播容量分别为 C=6、C=7，采用 Ford-Fulkerson 算法进行验证，表明结果正确。

（2）仿真测试 2：与已有方法比较测试

为验证方法的有效性，与随机网络编码方法和理想方法进行比较。理想方法与本文方法均为确定性的数据传输方法，多播连接不成功是一个不可能事件；而采用随机网络编码方法不能得出多播容量，只能靠估计的方法确定多播率，假定估计出的多播率分别为 h=5、h=6（测试用例 1），h=6、h=7（测试用例 2），共传输 200 批数据，其多播连接不成功的概率如表 5-2 所示。

表 5-2　多播连接不成功的概率

测试用例	方案	m=4	m=5	m=6	m=7	m=8
测试用例 1	理想方案	—	—	—	—	—
	本节方法	—	—	—	—	—
	随机网络编码 h=5	0.080	0.035	0.015	0.005	0.000
	随机网络编码 h=6	0.560	0.285	0.150	0.080	0.065
测试用例 2	理想方案	—	—	—	—	—
	本节方法	—	—	—	—	—
	随机网络编码 h=6	0.060	0.035	0.015	0.010	0.005
	随机网络编码 h=7	0.645	0.420	0.210	0.100	0.050

　　分别采用理想方法、本节方法与随机网络编码方法传输同一个文件所需的时间，在基于网络编码的多播连接中，由于采用同步传输机制，每一信道流过的比特数是相等的，并可以采用任一信道流过的比特数来衡量多播所需的时间。取 H=10，m=5，L=200，h=6，L_1=160，c_1=5，c_2=2（其中，c_1 取表 5-1 中的平均试播次数），分别采用 3 种方法在两个测试用例上传输同一文件时，按式（5-1）～式（5-3）分别计算信道传输的比特数，如表 5-3 和表 5-4 所示，并见图 5-3 和图 5-4。

表 5-3　在测试用例 1 上采用不同的方法时信道流过的比特数

文件长度/KB	本节方法/bit	随机网络编码法(h=6)/bit	随机网络编码法(h=5)/bit	理想方案/bit
10	16 943	16 313	19 529	15 893
40	64 463	65 063	77 746	63 413
70	111 983	113 813	135 963	110 933
100	159 503	162 563	194 180	158 453
130	207 023	211 313	252 397	205 973
160	254 543	260 063	310 799	253 493
190	302 063	308 813	369 016	301 013
220	349 583	357 563	427 233	348 533
250	397 103	406 313	485 450	396 053
280	444 623	455 063	543 667	443 573
310	492 143	503 813	601 884	491 093
340	539 663	552 563	660 286	538 613
370	587 183	601 313	718 503	586 133
400	634 703	650 063	776 720	633 653
430	682 223	698 813	834 937	681 173
460	729 743	747 563	893 154	728 693
490	777 263	796 313	951 371	776 213
520	824 623	844 873	1 009 590	823 573

表 5-4　在测试用例 2 上采用不同的方法时信道流过的比特数

文件长度/KB	本节方法/bit	随机网络编码法(h=7)/bit	随机网络编码法(h=6)/bit	理想方案/bit
10	14 747	14 042	16 313	13 622
40	55 456	55 976	65 063	54 331
70	96 165	97 910	113 813	95 040
100	137 033	140 038	162 563	135 908
130	177 742	181 972	211 313	176 617
160	218 450	223 905	260 063	217 325
190	259 159	265 839	308 813	258 034
220	299 867	307 772	357 563	298 742

（续表）

文件长度/KB	本节方法/bit	随机网络编码法(h=7)/bit	随机网络编码法(h=6)/bit	理想方案/bit
250	340 576	349 706	406 313	339 451
280	381 285	391 640	455 063	380 160
310	421 993	433 573	503 813	420 868
340	462 702	475 507	552 563	461 577
370	503 570	517 635	601 313	502 445
400	544 279	559 569	650 063	543 154
430	584 987	601 502	698 813	583 862
460	625 696	643 436	747 563	624 571
490	666 405	685 370	796 313	665 280
520	707 113	727 303	844 873	705 988

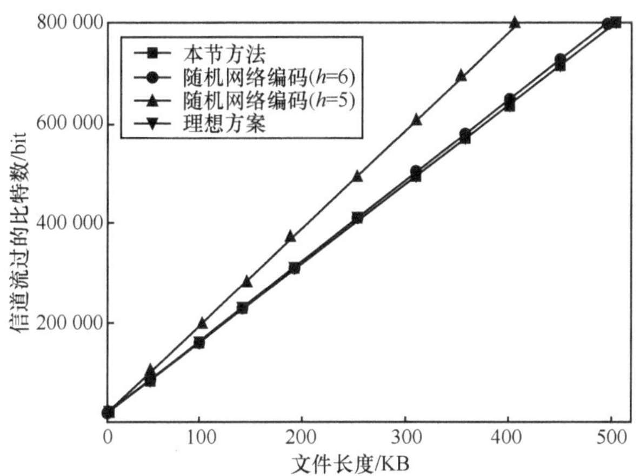

图 5-3　在测试用例 1 上采用不同的方法时信道流过的比特数

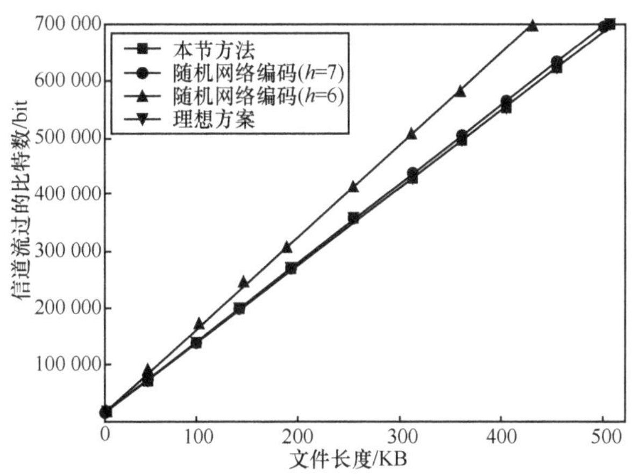

图 5-4　在测试用例 2 上采用不同的方法时信道流过的比特数

从表 5-3 中可以看出，采用理想方案信道流过的比特数最少，其次是本节提出的方法。进一步计算表明，若文件长度大于 25 KB，本文方法优于随机网络编码方法(h=6)，当传输的文件长度小于 25 KB，本文方法劣于随机网络编码方法(h=6)。

从表 5-4 中可以看出相似的结果。进一步计算表明，若文件长度大于 27 KB，本文方法优于随机网络编码方法(h=7)，当传输的文件长度小于 27 KB，本文方法劣于随机网络编码方法(h=7)。因此传输的文件较大时，本节方法明显优于随机网络编码方法，且与理想方案的性能接近，从图 5-3 和图 5-4 并分别结合表 5-3 和表 5-4 可以看出，当传输文件长度增大时，理想方案与本节方法所对应的直线几乎重合。

5.3　网络拓扑动态变化环境下网络编码的数据传输策略

5.3.1　问题描述

在实际应用中，对单源多播网络来说，一方面源点很难获知网络拓扑信息，另一方面，因链路失效，或者因存在多个数据传输任务而相互竞争网络资源，从而实现同一传输任务的网络拓扑是动态变化的。此外对于某些单源多播传输任务来说，宿点要求完整、正确地接收源点播出的信息。

假设源点不能获知整个网络的全局拓扑知识；每一节点具有足够的存储空间以保存相应的信息，并具有任一阶有限域的计算能力；在整个数据传输过程中网络拓扑会发生变化。信道是无错的，即信道要么传输信息正确，要么信道无效，不传输任何信息。本节的目标是设计一种有效的网络编码数据传输策略，使网络的吞吐率尽可能地大，并使所有宿点能完整正确地接收源点播出的信息。

5.3.2　总体思路

针对这类问题，每次数据传输时，源点选取合适的多播率是提高吞吐率的关键，只有当多播率不超过且接近多播容量时，才能使网络的吞吐率达到最大。若多播率大于多播容量，必定会有宿点不能恢复出源点的信息，若多播率小于多播容量，则浪费了网络资源。由于网络拓扑的动态变化导致了多播容量的变化，显然，单纯采用随机线性网络编码方法不能解决上述问题，因为采用随机线性网络编码方法的前提是必须事先确定多播率。这一节利用线性网络编码的导出与扩展技术，针对网络拓扑动态变化的单源多播网络，在假设宿点至源点存在反馈路径的前提下，提出了一种基于重传和变多播率的随机线性网络编码方法(RNC-RVMR, Random Linear Network Coding Based on Retransmission and Variable Multicast Rate)，利用宿点能反馈信息至源点的特性，采用重传与测试多播容量相结合策略，动态地更改多播率并重传宿点不能解码的信息。提出的方法具有以下特点：（1）采用随机网络编码方法进行数据传输，当宿点不能恢复出源点播出的信息时，通知源点进行信息重传；（2）信道传输的全局编码向量的维数与源点的输出信道数 H 相等，在这种传输方式下，一方面，宿点可以利用全局编码矩阵的前 h(h 为多播率)列进行解码，另一方面，宿点对其全局编码矩阵进行计算并把计算结果反馈至源点，源点可以通过获知各宿点的反馈信息来测试网络的多播容量，并据此调整下一批数据传输的多播率，以便适应网络拓扑的变化而引起多播容量的变化。提出方法的理论依据主要来自于定理4.4 和定理 4.5。仿真测试结果表明，在网络拓扑的变化具有一定的连续性且采用较大阶伽罗华域的条件下，所提方法是有效的，与 RNC 相比，提高了网络的吞吐率。

RNC-RVMR 的基本思想是：采用随机网络编码方法同时实现两个多播率 H 与 h 的数据传输，以多播率为 H 的编码方案测试多播容量，因测试多播容量仅关心宿点的全局编码矩阵的秩，从而只需传输全局编码向量，不用传输数据。以多播率为 h 的编码方案实现数据传输。因此在一次数据传输过程中，相当于随机产生了两个编码方案，其中一个编码方案的多播率为 H，而另一个编码方案的多播率为 h，它们两者是互为导出与扩展的编码方案，并共享信道的局部编码向量和全局编码向量。

记这两个编码方案为 ξ、ψ，其中有 $\delta(\psi)=H$、$\delta(\xi)=h$，且 ξ 是由 ψ 导出的编码方案。取定 ψ 是很容易的，因为源点能获知 $H=|\text{Out}(s)|$，从而只需让源点输出信道的局部编码向量是 $|\text{Out}(s)|$ 维即可，而其余信息的局部编码向量的维数由式（4-1）确定，采用随机网络编码方法，便可以得到一个多播率为 $H=|\text{Out}(s)|$ 的编码方案，记为 ψ。

ξ 是 ψ 的导出编码方案，当 ψ 确定后，其关键是如何选取 $\delta(\xi)$，由定义 4.2，当确定了多播率后，导出编码方案可唯一确定，且由定理 4.2，在导出编码方案下的各信道的全局编码向量可以从 ψ 下的全局编码向量导出。此外，因编码方案 ξ 是用于传输数据的，必须保证 $\delta(\xi) \leqslant C$。

在数据传输过程中，一方面相当于采用编码方案 ξ 进行数据传输，另一方面相当于采用编码方案 ψ 测试多播容量，当宿点按式（4-12）对其全局编码矩阵进行计算后，把计算结果反馈给源点，源点收到所有宿点的反馈信息后，按式（4-13）计算 $\sigma(\psi)$，由定理 4.4，$\sigma(\psi)$ 不超过多播容量 C，且当采用的有限域较大时，$\sigma(\psi)$ 达到 C 的概率接近于 1。从而可以把 $\sigma(\psi)$ 当成网络的多播容量，在下次数据传输中，源点可以根据 $\sigma(\psi)$ 来选定多播率，以便使多播适应网络拓扑的变化。

设一次数据传输（或重传）所需的时间为一个时间单位，称为一个时间段，在整个数据传输过程中用序号 t 来标识各时间段，假设在每一时间段传输一批数据，因为数据传输是分批次进行的，不同的时间段对应的网络拓扑互不相同，导致了多播容量的互不相同，从而其多播率应互不相同。把第 t 个时间段的多播率记为 $h(t)$（简记为 h），网络的多播容量记为 $c(t)$，则采用 RNC-RVMR，每一信道的全局编码向量是 H 维的，其中，前 $h(t)$ 个分量相当于以多播率 $h(t)$ 进行数据传输的全局编码向量，而整个全局编码向量用于测试多播容量。信道上传输的数据分组格式如图 5-5 所示。

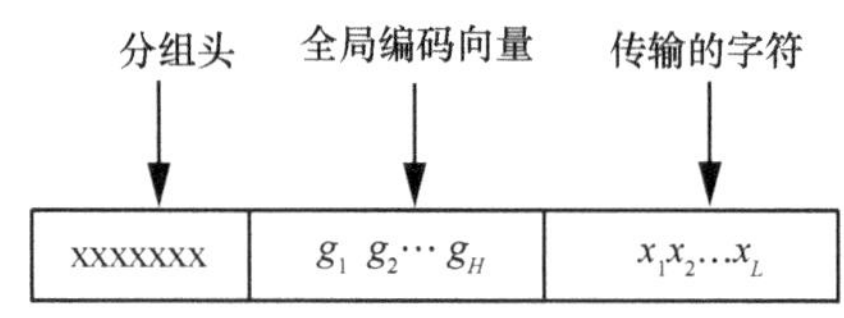

图 5-5　RNC-RVMR 的数据分组格式

为使宿点能区分是重传还是新传输的信息，数据分组的分组头应携带传输的批号，当宿点发现数据分组中的批号与上一批传输的数据分组的批号相同时，则能判断出是重传的数据分组。

5.3.3　方法描述

如第 2 章所述，在实际应用中，数据分组携带了多个字符，即传输的是一个字符块，这些字符共用信道的局部编码向量和全局编码向量，这里只考虑一个字符的情况，多个字符只需分别进行处理，原理大致相同，如式(3-11)和式(3-12)所示。RNC-RVMR 描述如下。

（1）源点的虚拟输入信道。对于源点，各输出信道的局部编码向量是 H 维的，源点相当于具有 H 条虚拟输入信道，而播出的字符 x_1，x_2，$\cdots$，x_h 由前 h 条虚拟输入信道注入，其余的 $H{-}h$ 条虚拟输入信道注入的字符为空；各条虚拟输入信道携带的全局编码向量分别为 H 维向量空间的单位向量，分别记为 p_1，p_2，$\cdots$，p_H，其中，p_i 的第 i 个分量为 1，其余分量为 0，如图 5-6 所示。

（2）信道的编码方法。记信道 e 传输的全局编码向量为 $g(e)$（其维数为 H），局部编码向量为 $m(e)$，传输的字符为 $y(e)$。编码方法如下：若 $e \in \mathrm{Out}(s)$，因 $m(e)$ 是一个 H 维的向量，设 $m(e)=(m_{e,1}, \cdots, m_{e,H})$，各分量由源点随机产生，则信道 e 转发的全局编码向量与字符分别按式（5-4）和式（5-5）计算。

$$g(e) = \sum_{i=1}^{H} m_{e,i} p_i = m(e) \tag{5-4}$$

$$y(e) = \sum_{i=1}^{h} m_{e,i} y_i \tag{5-5}$$

若 $e \in \mathrm{Out}(v)(v \neq s)$，其局部编码向量如式（3-1）所示，各分量由节点 v 随机产生，信道 e 传输的全局编码向量和字符分别按式（3-9）和式（3-4）计算。

（3）宿点的操作：宿点接收到所有的数据分组后，从中析出全局编码矩阵 $M(r,\psi)$。注意到 $M(r,\psi)$ 是一个 $|In(r)|$ 行 H 列的矩阵，由推论 4.1，该矩阵的前 h 列恰好是宿点在编码方案 ξ 下的全局编码矩阵，记为 $M(r,\xi)$，宿点利用 $M(r,\xi)$ 来进行解码。为了向源点报告是否能解码，设置一个变量 fr，若 $R(M(r,\xi))$ 为 h，则宿点能解出源点播出的信息，置 fr 为 1；若 $R(M(r,\xi))$ 小于 h，则不能解码，置 fr 为 0，并把接收到的信息分组保存于缓冲区中。宿点再按式（4-12）计算 $\chi(r,\psi)$，然后把 fr 值和 $\chi(r,\psi)$ 值通过反馈路径发送至源点。

（4）源点接收到反馈信息后的操作：计算

$$mark = \prod_{r \in T} fr \tag{5-6}$$

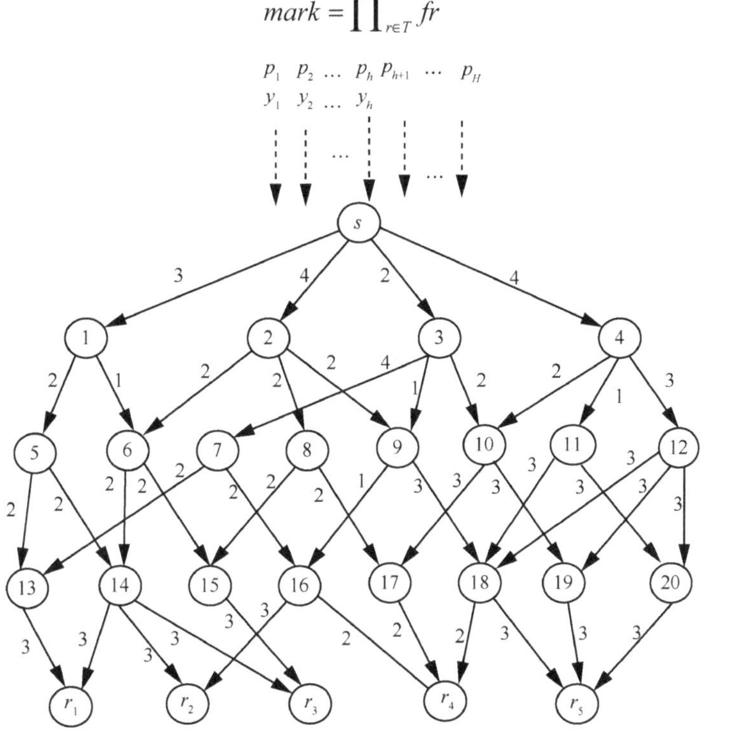

图 5-6　源点虚拟信道注入的向量与字符

若 *mark* 等于零，则说明存在宿点不能解出源点的信息，需要重传；否则不需要重传，并按式（3-13）计算 $\sigma(\psi)$。

当需要重传时，源点以相同的多播率重传该批信息，否则传输下一批信息。在传输下一批信息时，源点可以通过计算出的 $\sigma(\psi)$ 值来调整多播率，有校正和不校正两种方法，采用不校正的方法时，取多播率为 $\sigma(\psi)$，即让下一批数据传输的多播率与测试值 $\sigma(\psi)$ 相等；采用校正的方法是让多播率略低于 $\sigma(\psi)$。

若 t 时间段的编码方案为 ψ，调整下一批数据传输（$t+1$ 时间段）的多播率为

$$h(t+1) = \begin{cases} \sigma(\psi) & , \ 不校正 \\ \sigma(\psi) - k & , \ 校正 \end{cases} \qquad\qquad (5\text{-}7)$$

其中，k 为调整量。事实上，$\sigma(\psi)$反映了上一批数据传输时的网络的多播容量；由引理 4.1，有$\sigma(\psi)\leqslant c(t)$，由定理 4.4，当伽罗华域的阶比较大时，$\sigma(\psi)$以接近于 1 的概率达到 $c(t)$。若网络的拓扑变化具有一定的连续性，即相邻两个时间段的网络多播容量变化不是很频繁时，可以采用不校正的办法；当相邻两个时间段的网络多播容量变化较频繁时，可以采用校正的办法。

RNC-RVMR 只是源点和宿点的操作与随机网络编码方法不同，而中间节点的操作与随机网络编码方法是相同的，图 5-7 给出了源点与宿点的操作流程图。其中对于第一批数据传输，因源点还没有测试出多播容量值，可选取多播率为[0, H]之间的一整数值，这里取 $\dfrac{H}{2}$。

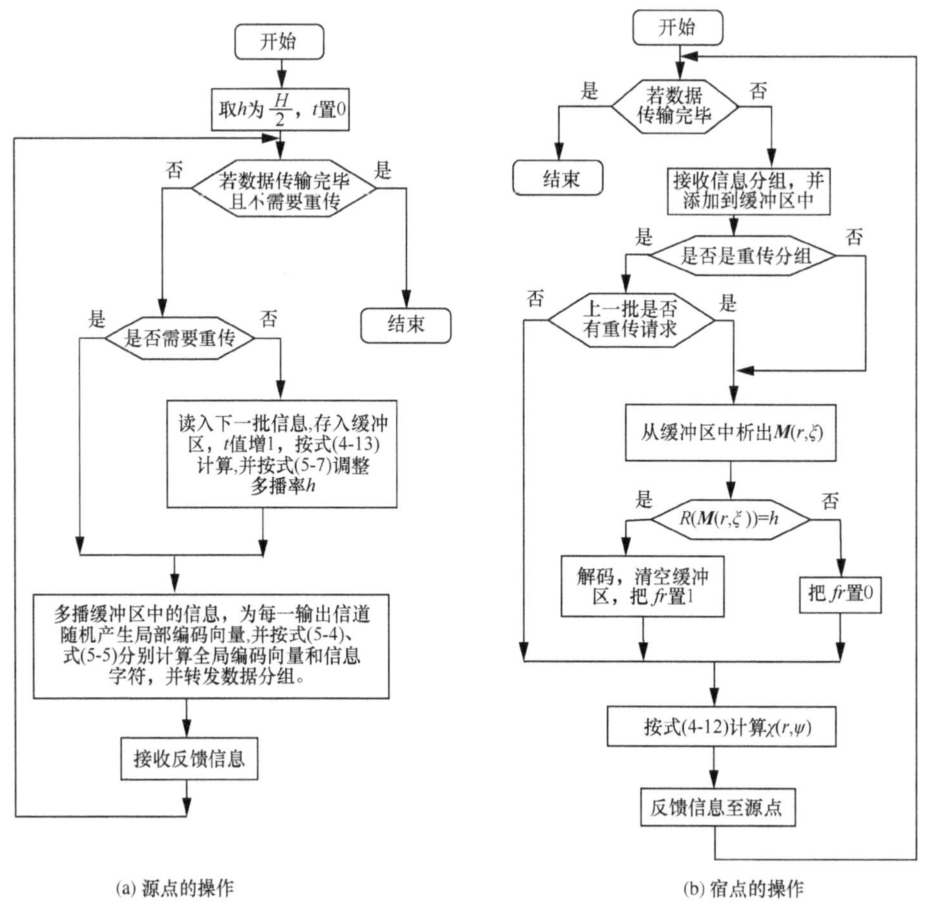

图 5-7　源点和宿点的操作流程

当传输一批数据时，只要有一个宿点不能解码，则源点重传这一批信息。宿点设置一个缓冲区，用于保存接收到的且不能解码的信息，以便与重传的信息一同进行解码，这样能够提高重传时信息的解码概率。由第 2 章所述，对于一次数据传输，宿点 r 可以从其输入信道接收信息而形成 $|In(r)|$ 个线性方程。

定理 5.1　当源点以相同的多播率采用随机线性网络编码的方法对同一批信息进行两次或多次传输时，宿点可以把两次或多次接收到的方程联立成方程组，以解出源点播出的信息。

证明　因传输的是同一批信息，源点播出的字符对应相同，并采用相同的多播率，宿点两次或多次收到的全局编码向量均是同一个向量空间的向量，结论显然成立。证毕。

由前面所述，对于一次数据传输，宿点 r 只能接收到 $|In(r)|$ 个线性方程。若发生重传时，若把原来前一批（或多批）不能解码的方程一同联立，则所得到的方程数增加，那么从较多的方程中找到秩为 h 的极大无关组的概率也相应地增大。例如，设多播率为 10，假设某一宿点第一次收到了 9 个的数据分组，而这 9 个数据分组构成的线性方程组的秩小于 10，不能解出源点的信息，则要求源点重传，当宿点收到重传的 9 个数据分组后，连同原来的数据分组将可以构成 18 个线性方程，其中后 9 个方程时是重传时接收到的，显然从这 18 个方程中选择 10 个线性无关的方程比仅从后 9 个方程中选择将具有较大的概率。

因采用了重传策略，RNC-RVMR 能保证宿点完整、正确地接收源点播出的信息；且在数据传输过程中测试了多播容量，并对多播率加以调整，使多播率适应网络拓扑的变化，因此 RNC-RVMR 的有效性取决于以下因素：为使测试出的多播容量能反映实际值，必须采用较大阶的有限域；为使传输第 $t+1$ 批数据时网络的多播容量与传输第 t 批数据时网络的多播容量接近，要求相邻两个时间段的多播容量的变化不很频繁。

确定性网络编码数据传输策略能以最佳的多播率进行数据传输，既不需要传输全局编码向量，且宿点的全局编码矩阵的秩恒等于多播率，从而不需要重传，称之为理想方案（采用理想方案时，假设每批数据传输时都已知多播容量，并取多播率为多播容量）。尽管这种理想方案不适合于网络拓扑变化的环境，但可以用于和本节方法进行比较；而随机网络编码方法（简称 RNC）不能确定多播容量，只能通过猜测随机地选取某一多播率，则所选取的多播率不一定是最佳的；而 RNC-RVMR 使多播率贴近多播容量，充分地利用了网络的资源，提高了吞吐率。

与 RNC 相比，RNC-RVMR 传输的全局编码向量要增加 $H-h$ 个分量，且宿点需要对矩阵进行两次计算，第一次是计算 $M(r, \xi)$ 的秩，第二次是按式（4-12）进行计算。但一般来说传输的数据块较长，则全局编码向量增加的部分相对较小，另外，网络编码的宗旨是用节点的计算能力提高网络的吞吐率，当宿点计算速度较快时，提出的方法是有效的。

5.3.4　仿真测试

对两个单源多播网络进行仿真测试，分别称为测试用例 1 和测试用例 2，图 5-6 是一个单源多播网络（与图 2-1 所示的单源多播网络相同），s 是源点，$r_1 \sim r_5$ 是宿点，每一宿点均具有至源点的反馈路径（图中未画出）。假设网络中还有其他的数据传输任务（图中未画出）竞争网络的信道。在每一批数据传输过程中，让节点 1~节点 12 的部分输出信道失效来模拟网络拓扑的动态变化，假定节点 1~节点 12 的每一输出信道的失效概率为

$$Pr = \frac{(t-30)^2}{Z} \tag{5-8}$$

式（5-8）中 t 是指时间段的序号，Z 是一个参数，控制了相邻两个时间段之间的信道失效率的差别，若 Z 越大，则同一信道在相邻两个时间段的失效率的差别越小，从而导致了网络拓扑变化越小。当网络是静态时，通过 Ford-Fulkerson 算法求出网络的多播容量为 6。实验环境如下：Pentium D CPU 2.8 GHz，448 MB 内存，采用不校正的方法。

取 $Z=600$，记录网络拓扑的变化，用文件保存，然后在变化的网络拓扑环境下多播一个长度为 80 KB 的文件 F 至各宿点，分别采用理想方案、RNC-RVMR 和 RNC 进行数据传输，当文件传输完毕，统计信道流过的比特数（如发生数据重传，则信道流过的比特数累加），为使实验环境相同，RNC 也采用重传技术，参数设置如下：数据分组的分组头长度为 20 byte，整个数据分组的长度为 1 020 byte，在不同阶的伽罗华域(GF(2^m))下进行实验，每种方法实验 50 次，统计出信道流过的平均比特数，仿真结果如图 5-8 所示。

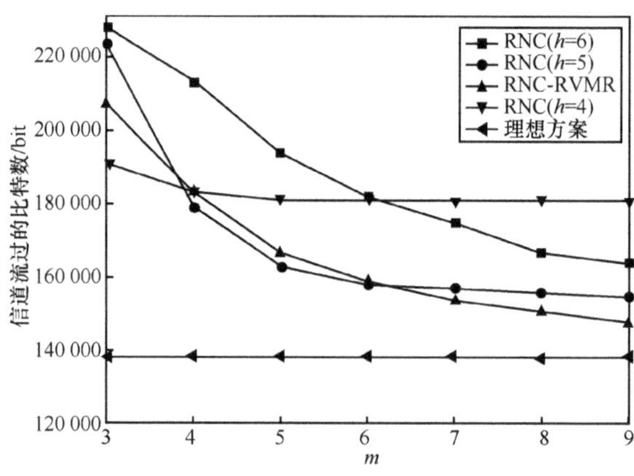

图 5-8　不同的 m 值下信道流过的平均比特数($Z=600$)

因采用同步传输方式，且每批传输的数据分组长度相等，在数据传输过程中，信道流过的比特数与数据传输时间成正比，因而可以用信道流过的比特数来衡量传输时间，并与理想方案相比较。对于信道流过的比特数，若与理想方案的结果较接近，则能说明重传次数较少且较充分地利用了网络的带宽，即网络的吞吐率较大。

在伽罗华域 $GF(2^8)$ 下，让式（5-8）中的 Z 变化，在同一 Z 值下保存 50 组网络拓扑变化的数据，参数设置的与上述相同，分别采用理想方案，RNC-RVMR，RNC 传输一个 80 KB 的文件 F，统计信道流过的平均比特数，仿真结果如图 5-9 所示。

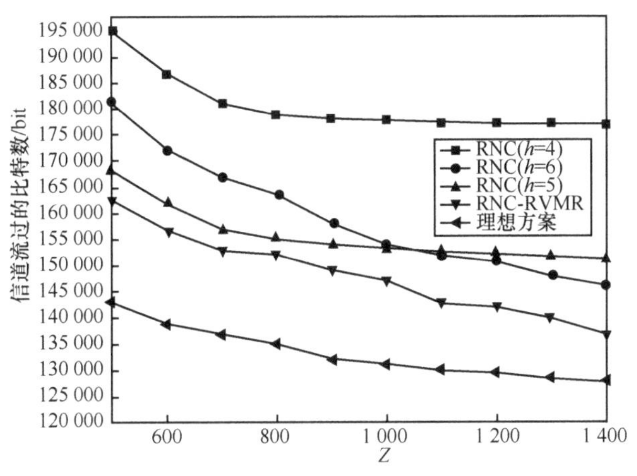

图 5-9　不同的 Z 值下信道流过的平均比特数(m=8)

因 RNC 不能以最佳的多播率进行数据传输，分别采用不同的多播率进行试验。从图 5-9 以看出，在相同的网络拓扑变化的环境下，伽罗华域的阶越高，RNC-RVMR 的性能越优于 RNC，且越接近理想方案的性能。

从图 5-9 可以看出，RNC-RVMR 的吞吐量比 RNC 高。Z 越大，RNC-RVMR 的性能越接近理想方案的性能。尽管 RNC(h=6)的性能随着 Z 的增大也越来越好，但在实际应用中，因 RNC 只能靠猜测的办法选取多播率，从而难以取到这一较合适的值。以上仿真测试结果验证了理论分析的结论。

对附录中第 6 个单源多播网络进行仿真测试，称为测试用例 2，假设静态时网络的邻接矩阵如附录如示，现构造动态变化的网络拓扑如下：在 t=1,11,21,31 时让网络拓扑突变，而在接下来的数据传输中网络拓扑不发生变化，而突变时在静态网络的基础上让每一信道的失效率为 $\dfrac{(t-15)^2}{800}$，通过计算机模拟记录每一批数据传输时网络拓扑的变化，以邻接矩阵的形式记录下来，并求出各批次对应的网络拓扑的多播容量，如表 5-5 所示。

表 5-5　各批数据传输时网络的多播容量

t	C	t	C
1	5	22	6
2	5	…	…
…	…	31	3
11	7	32	3
12	7	…	…
…	….	40	3
21	6		

　　然后在变化的网络拓扑环境下多播一个长度为 90 KB 的文件 F 至各宿点，分别采用理想方案、RNC-RVMR 和 RNC 进行数据传输，当文件传输完毕，统计信道流过的比特数(如发生数据重传，则信道流过的比特数累加)，为了使实验环境相同，RNC 也采用重传技术，参数设置如下：数据分组的分组头长度为 20 byte，整个数据分组的长度为 1 020 byte，在不同阶的伽罗华域(GF(2^m))下进行实验，每种方法实验 50 次，统计出信道流过的平均比特数，仿真结果如图 5-10 所示。

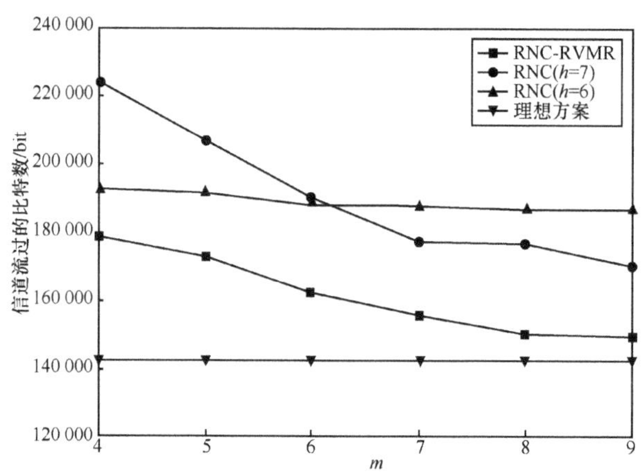

图 5-10　测试用例 2 在不同的 m 值下信道流过的平均比特数

　　注意到理想方案是不需重传，且每一批数据传输都以最大的多播率进行，则其充分利用了网络的资源。

　　从图 5-10 可以看出，RNC-RVMR 明显优于随机网络编码方法，且当采用的有限域的次增大时，RNC-RVMR 接近理想方案的性能。这也说明当采用的伽罗华域增加时，一方面，每次数据传输时均能测试出多播容量，从而使网络能以最大的多播率进行数据传输；另一方面，每次数据传输时，宿点能解码的概率较大，从而重传的次数较少。而随机网络编码方法，因没有使多播率贴近多播容量，从而要么多播率较大，必定会引起重传，要么多播率较小，没有充分利用网络资源。

5.4　小结

针对源点无法获知网络的全局拓扑知识且宿点具有至源点反馈路径的单源多播网络，分两种情形分别给出了网络编码数据传输策略。

对于静态网络情形，运用线性网络编码的导出与扩展技术，提出了一个确定性的网络编码数据传输策略，采用蒙托卡罗法从源点多播实验分组至网络，宿点对其全局编码矩阵进行计算并把计算结果反馈至源点，则源点可以获知多播容量，并能测试出使多播率达到最大的可行编码方案，且该编码方案的相应编码系数保存在各节点中，从而可以采用确定性网络编码数据传输方法传输数据。理论分析与仿真测试结果表明了方法的有效性。

针对时变网络拓扑的单源多播连接问题，在宿点具有至源点的反馈路径的条件下，给出了基于重传及变多播率的随机线性网络编码方法，分析和仿真测试结果表明：当采用的有限域较大，且相邻两个时间段间的多播容量变化不是很频繁时，提出的方法是有效的，它能以较合适的多播率进行数据传输，一方面通过较小的重传次数使宿点完整地接收源点播出的信息，另一方面较充分地利用了网络带宽，与 RNC 方法相比，提高了网络的吞吐率，仿真结果表明了方法的有效性。

参 考 文 献

[1]　CHOU P A, WU Y N, JAIN K. Practical network coding[C]//The 41st Annual Allerton Conf on Communication, Control, and Computing. Monticello, IL, 2003.

[2]　HO T, MEDARD M, KOETTER R, et al. A random linear network coding approach to multicast[J]. IEEE Transactions on Information Theory, 2006, 52(10):4413-4430.

[3]　蒲保兴, 杨路明, 王伟平. 网络拓扑未知环境下确定性网络编码数据传输[J]. 电子学报, 2009, 37(10): 2119-2124.

[4]　蒲保兴, 杨路明, 王伟平. 线性网络编码的导出与扩展[J]. 软件学报, 2011, 22(3):558-571.

[5]　王晓东.计算机算法设计与分析[M]. 北京: 电子工业出版社,2004.

[6]　WU Y, JAIN K, KUNG   S Y. An unification of network coding and tree-packing (routing) theorems[J]. IEEE Transactions on Information Theory, 2006, 52(6):2398-2409.

[7]　HO T, KARGER, D R, MEDARD M, et al. Network coding from a network flow perspective[C]//IEEE International Symposium on Information Theory, 2003:441-445.

[8]　KOETTER R, MEDARD M. An algebraic approach to network coding[J]. IEEE/ACM Transactions on Networking, 2003, 11(5):782-795.

第**6**章
网络编码优化构造研究

⪡ 6.1 引言

本章在符合指定多播率的条件下，研究如何使编码信道数达到最少的网络编码优化构造问题。因网络编码技术是路由技术的推广，若一个节点需要编码，则该节点在能实现路由传输配置的基础上，还需要增加编码能力才能进行网络编码数据传输；若节点不需要编码，则可以利用已有的路由设备进行数据传输。此外，参与编码的节点数或信道数越多，则编码运算量将越大，不仅影响了数据的传输速度，还会造成宿点接收信息的延迟增加。因此在满足指定多播率的前提下，减少编码的节点数或编码的信道数具有重要的意义。许多研究者都纷纷关注这一问题，文献[1~4]的研究表明，在满足指定吞吐率的条件下，计算单源多播网络所需的最小编码节点数是一个 NP 难问题，同时指出，因节点是否需要编码完全取决于其输出信道是否需要编码，则通过研究网络所需的编码信道数更能有效地描述这个问题。基于这一结论，文献[5~7]基于启发式算法提出了计算单源多播网络所需最小编码信道数的方法，这些算法稍加修改也适合计算单源多播网络所需的最小编码节点数。但它们都存在如下缺点：（1）必须事先指定多播率，或者只适用于网络拓扑已知的环境，能根据网络的全局拓扑知识求出多播容量，进而能确定多播率；（2）只能求出所需的最小编码信道数，而不能构造出相应的编码方案。在实际应用中，通常面临的是未知网络拓扑环境，不仅需要计算网络所需的最少编码节点数或最少编码信道数，还需构造出相应的编码方案，以便运用优化的编码方案进行数据传输。

本章对文献[6]提出的方法进行了扩展，在网络拓扑未知的环境下，针对文献[6]给出的网络拓扑模型（即每一信道不仅可以从源点到宿点的方向传输信息，还可以沿相反的方向传输信息），提出了基于最少化编码信道数的分布式网络编码构造方法，该方法构造出的编码方案在实现最大吞吐率的条件下，能使编码的信道数达到最少。与文献[6]的提出的方法相比，所提方法具有以下特点：不仅能计算出所需的最少编码信道数，还能构造出相应的编码方案；不用事先指定多播率并能达到最大的多播率。其基本思想是首先运用第 4 章所述的方法分布式地测试出多播容量，然后采用分布式遗传算法构造出使编码信道数达到最少的编码方案，各节点保存了其输出信道的局部编码向量，宿点保存了其全局编码矩阵，从而可以采用确定性网络编码数据传输策略进行数据传输。

假设在单源多播网络中，每一条信道可以按从源点至宿点的方向传输数据分组，还可沿相反的方向传输反馈信息；假设节点工作于猝发式（Burst-Oriented Mode），只有接收了所有输入的数据分组后，才开始更改数据分组[6]；在完成整个传输任务的过程中，网络拓扑不会发生改变；源点不具有网络的全局拓扑知识。

本章针对的目标是减少编码代价，与文献[4~7]相似，通过减小网络的编码信道数达到减少编码代价的目标，从而优化目标是使网络所需的编码信道数达到最少，提出的方法稍加改动也可以适合于使网络所需的编码节点数达到最少。

6.2　相关技术基础

由于计算网络所需的最少编码节点数是 NP 难的，从而启发式搜索是一种较好的方法，本章采用遗传算法求解。遗传算法是一种智能搜索方法，必须在整个问题空间内进行搜索。对于本章所考虑的问题，问题空间是所有多播率为 C 的可行编码方案，其求解目标是在所有可行的编码方案集合中搜索出一个可行的、多播率为 C 且编码信道数达到最少的编码方案。因源点无法获知网络拓扑的全局知识，从而难以获知多播容量 C，因此，首先必须测试出网络的多播容量，因所有宿点均可以通过反向传输路径传输信息至源点，从而利用定理 4.4，可以事先测试出多播容量。当测试出多播容量 C 以后，则以多播率为 C 采用随机线性网络编码方法进行测试，相当于一个搜索过程。因此源点需要以多播率 R 进行试播，测试多播容量时取 $R=H$，在构造编码方案时，取 $R=C$。在搜索过程中，还需对搜索点进行适应度评估，其评估的指标有两个：编码方案是否可行和所需的编码信道数。因此，解决本章问题必须具备以下 2 个基础：（1）对于给定的编码方案，能计算出该编码方案所需的编码信道数；（2）针对遗传算法，如何实现问题空间与编码空间的转换。

6.2.1　统计编码方案所需的编码信道数

对于一个编码方案 ξ，其中，信道 e 是否需要编码完全取决于该信道的局部编码向

量，记 v=tail(e)，In(v)为节点 v 的输入信道集，则信道 e 的局部编码向量不妨记为 $\boldsymbol{m}(e, \xi)$，其维数是|In(v)|。该信道是否需要编码，则可以根据 $\boldsymbol{m}(e, \xi)$ 按以下准则来判断。

（1）当局部编码向量为 $\boldsymbol{0}$ 向量，即所有分量均为 0 时，则该信道不用传输数据，显然不是编码信道。

（2）当局部编码向量只有某一个分量为 1，其余分量均为 0，则该信道转发了其尾节点的某一输入信道的信息，是路由传输方式，该信道不是编码信道。

（3）若局部编码向量是属于除（1）和（2）外的情形，则该信道为编码信道。

6.2.2 遗传表示

文献[5~7]研究了在给定多播率下采用了遗传算法计算单源多播网络的最少编码信道数的问题，其遗传表示如下：对于每一条信道 e，记 v=tail(e)，为信道 e 定义一个长度为|In(v)|的二进制串，称为信道 e 的编码指示模板，记为 $\{x_{d,e} \in \{0,1\} : d \in \text{In}(\text{tail}(e))\}$，其中每一位分别与该节点的输入信道对应。因需要实现多播率为 R 数据传输，源点输出信道的编码指示模块为 R bit，其余信道的编码指示模块为|In(tail(e))|bit。在遗传搜索过程中，通过交叉、变异操作对每一信道的编码指示模板进行操作，每一信道再根据其编码指示模板按式（6-1）的规则随机产生局部编码向量：凡编码指示模板中的分量值为 0，则其局部编码向量对应分量为 0，否则是一个 GF(2^m)中的随机数。如图 6-1 所示，若信道 e 的局部编码向量如式（3-2）所示，则其分量满足式（6-1）[5]。

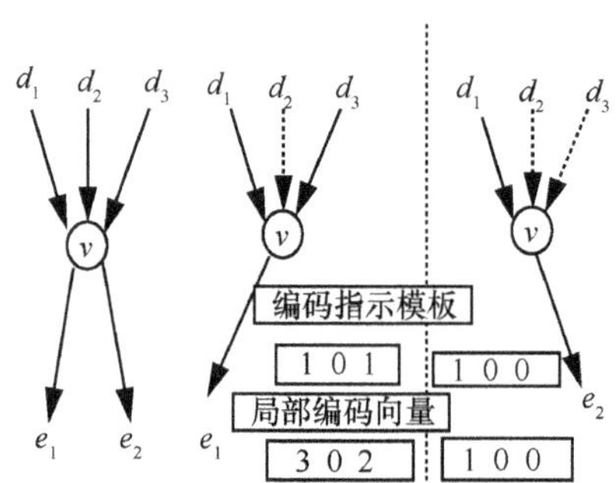

图 6-1　编码指示模板和局部编码向量

$$m_{d,e} = \begin{cases} 0 & , \ x_{d,e} = 0 \\ \text{rand}(\text{GF}(2^m)) & , \ x_{d,e} = 1 \end{cases} \tag{6-1}$$

其中，rand(GF(2^m))是 GF(2^m)上的一个随机数。

所有信道的编码指示模板的组合构成了一个染色体（个体），一个染色体也是一个编码模式。每一节点的所有输出信道的编码指示模板构成了个体的一部分，形成了个体的基因串，该基因串只能在该节点上进行操作，从而是一种分布式遗传算法。

定义 6.1　一个信道 $e(e \in E)$ 的编码指示模板是一个长度为 $|\text{In}(\text{tail}(e))|$ 的二进制串，记为 $\{x_{d,e} \in \{0,1\} : d \in \text{In}(\text{tail}(e))\}$，用于指导生成该信道的局部编码向量，各分量按式（6-1）生成；所有信道的编码指示模板组合成一个编码模式，一个编码模式构成了遗传操作的一个个体（染色体）。

为了求个体的适应度，每一个体对应一次随机线性网络编码的数据传输，节点的局部编码向量按式（6-1）确定，宿点收到数据分组后，析出全局编码向量，并计算其全局编码矩阵的秩，然后沿反馈路径发送信息(全局编码矩阵的秩)，当反馈信息通过中间节点时，按编码指示模板来统计节点的编码信道数，然后形成新的反馈信息，再沿反馈信道进行传输，当源点收到所有的反馈信息后，便可以知道每一宿点是否能解码，以及网络所需的编码信道数之和；然后根据反馈信息计算个体的适应度，采用遗传算法为搜索引擎，最后得到所需的最小编码信道数。

这种方法只能求出最少的编码信道数，编码信道数最少的个体不能导出最优编码方案，因为当编码指示模块只有一个分量为 1，按式（6-1）形成的局部编码向量时，尽管输出信道传输的信息只与某一条输入信道的信息有关，但其对应的局部编码向量的分量不一定是 1，如按该编码方案进行数据传输时，需要对该信道进行编码（进行乘法运算），而在统计编码信道数时，该信道被当成非编码信道。其原理来源于文献[3]的一个结论：在一个编码方案中，对于某些信道，若其局部编码向量只有一个分量不为 0，尽管该分量不为 1，也把它纳入不用编码的信道，因为必定能找到另一个编码方案，其所需的编码信道数相同且所有的非编码信道的局部编码向量或者为零向量或者只有一个分量为 1。尽管能找到这样符合要求的编码方案，但如何找到这样的编码方案，在分布式环境下未见具体的实施方法。

本章的目标不仅能计算出所需的最少编码信道数，还能构造出相应的编码方案，从而需要修改由编码指示模板生成局部编码向量的规则：记 $l = \displaystyle\sum_{d \in \text{In}(\text{tail}(e))} x_{d,e}$，即 l 为编码指示模板中各分量之和，局部编码向量的产生规则如下。

$$m_{d,e} = \begin{cases} 0 & , \ l \neq 1 \ \text{且} \ x_{d,e} = 0 \\ \text{rand}(\text{GF}(2^m)) & , \ l \neq 1 \ \text{且} \ x_{d,e} \neq 0 \\ x_{d,e} & , \ l = 1 \end{cases} \tag{6-2}$$

若 $l \neq 1$ 时，按式（6-1）的规则产生局部编码向量的分量；若 $l = 1$ 时，说明编码指示模板中只有一个分量为 1，则相应的局部编码向量与编码指示模板向量相同。这样处理后，既能求出最小编码信道数，且其相应的编码方案即为最优编码方案。

遗传算法采用群体进化，而群体由若干个体组成，这里一个个体就是所有信道的编码指示模板组成的一个二进制串，注意到源点输出信道的编码指标模板为 $R(R=H$ 或 $R=C)$位。每一个体根据式（6-2）产生一个多播率为 R 的编码方案，再从该编码方案中导出多播率最大的可行编码方案，然后根据式（4-13）计算出该可行编码方案的多播率，再计算该编码方案所需的编码信道数，从而确定该编码方案的适应度，并把该编码方案的适应度看成是个体的适应度，然后根据遗传算法的进化规则进行进化操作。

6.3　未知网络拓扑环境下基于信道数最少的分布式网络编码优化构造

6.3.1　基本思想

为了使网络的吞吐率达到最大，首先必须测试多播容量，这里采用与 5.2 节相同的方法，即源点以多播率 $R(R=H)$采用随机线性网络编码方法多播数据至网络，宿点反馈信息至源点的办法来测试出多播容量。当得到多播容量后，则以 $R=C$ 进行试播，在试播过程中，编码节点需要对各输出信道的编码指示模板进行遗传操作，按编码指示模板随机产生局部编码向量，并计算信道的全局编码向量，且保存局部编码向量，转发数据分组，宿点必须保存其全局编码矩阵。

因源点不能获知网络的全局拓扑知识，本章采用分布式遗传算法来解决这个问题，该分布式遗传算法与一般的粗粒度模型[8]不同，它不是把不同的个体分布在不同的处理器上，而是把每一个体的不同基因片断保存在不同的网络节点中，对个体的操作必须通过各节点的协同操作来完成，以源点为中心控制节点，通过信息的传输来实现通信。编码节点 v 有$|Out(v)|$条输出信道，则该节点不仅要对其输出信道的编码指示模板进行操作，同时还需对其相应的局部编码向量进行操作；因进化过程中采用精英保留策略，从而节点必须保存最优个体对应的基因片断和相应的编码方案对应的局部编码向量；每一个体对应一个编码方案，宿点必须保存每一编码方案对应的全局编码矩阵和最优个体对应的全局编码矩阵。

设群体规模为 N，为操作方便，置 N 为奇数。每一编码节点开辟 3 个缓冲区 B_1、B_2 和 B_3，各缓冲区的功能如下：B_1 有 N 个存储单元组，分别保存个体对应的基因串；B_2 用于保存与个体对应的各信道的局部编码向量；B_3 用于保存与精英个体对应的各信道的局部编码向量。每一宿点设置两个缓冲区 B_1 和 B_2，分别用于保存个体对应的全局编码矩阵和精英个体对应的全局编码矩阵。

一个个体对应一次线性网络编码的数据传输。其传输的方法如下：各编码节点按式（6-2）产生各信道的局部编码向量，形成了一个多播率为 R 的编码方案。因衡量个体的适应度只与信道的编码向量相关，从而不用传输数据。为操作方便，采用分批传输方式，每批相当于进行 N 次数据传输，分别与 N 个个体对应，即一批数据传输相当于进化了一代，也称为一次测试。则信道传输的测试分组的格式如图 6-2 所示。

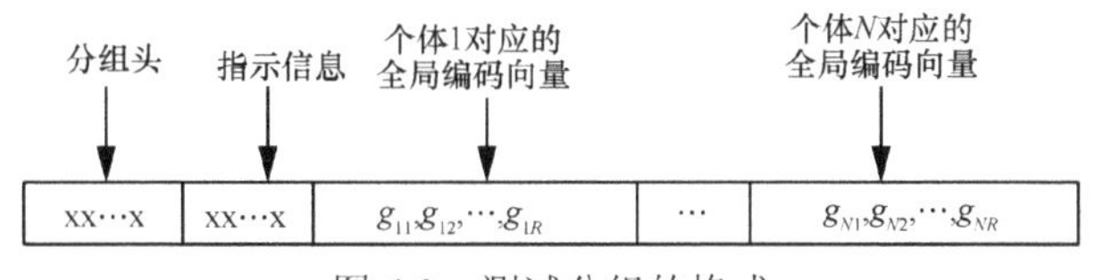

图 6-2 测试分组的格式

其中，指示信息栏用于传输控制信息，如"精英个体序号"，交叉操作的"个体序号对"等内容。该栏内容由源点设定，其他节点不能更改。因进化一代对应 N 次数据传输，则数据分组中含有 N 次数据传输时的全局编码向量。

6.3.2 初始群体的产生

源点以多播率 $R(R=H)$ 发送测试分组至网络，编码节点(包括源点，下同)收到所有的数据分组后，析出全局编码向量（图 6-3 中第 1 步）；产生 N 个个体对应的基因串，基因串中每一位均为 1，并保存在缓冲区 B_1 中（第 2 步）；以产生的基因串为编码指示模板，按式（6-2）为各输出信道产生局部编码向量（第 3 步），保存在 B_2 中；按式（3-9）计算输出信道的全局编码向量（第 4 步）；形成输出信

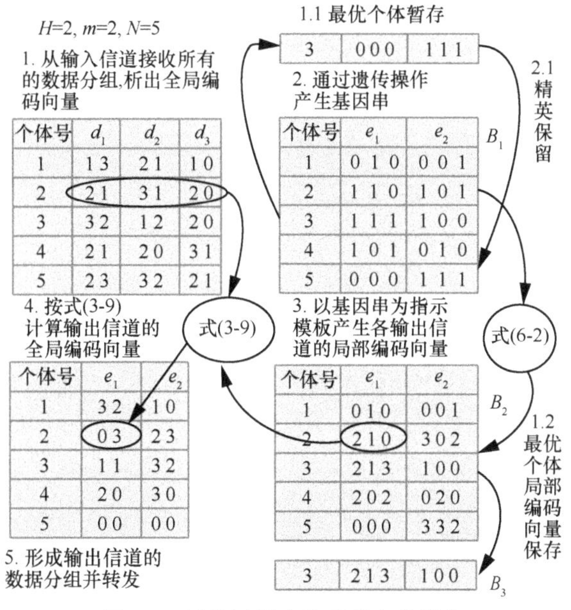

图 6-3 进化过程中编码节点的操作

道的测试分组，分别从不同的输出信道转发（第 5 步）。

产生初始群体不仅是进化的开始，同时还具有测试多播容量的作用，因此各个体的基因串均为 1，即允许所有信道均参与编码。

图 6-3 列出了测试过程中节点 v（如图 6-1 所示）的操作示意，因不要精英保留，则不需做图中 1.1 步、1.2 步和 2.1 步等 3 个操作步。在进化过程中，节点的操作类似，只是对基因串的遗传操作不同。图 6-3 中采用的伽罗华域的生成多项式为 $x^2 + x + 1$，表中均为 4 进制数，其运算规则见表 2-1 和表 2-2。

6.3.3　信息反馈

每一进化代相当于一次数据传输，宿点能收到相应的测试分组。当宿点 r 收到所有的测试分组后，析出 N 个全局编码矩阵，它们分别与 N 个个体对应。对每一全局编码矩阵，分别按式（4-12）计算 χ，所有全局编码矩阵处理完毕，则形成一个向量，不妨记为 $\boldsymbol{\mu} = (\chi_{r,1}, \chi_{r,2}, \ldots, \chi_{r,N})$，称为多播率向量。为统计编码信道数，再设置一个 N 维的向量 $\boldsymbol{\lambda}$，称为编码信道数向量，每个分量的初值置为 0，把这两个向量加入到反馈数据分组，沿宿点 r 的每一输入信道的相反方向传出。

每一中间节点 v 接收到所有反馈数据分组后（一共有 $|Out(v)|$ 个反馈数据分组，原来的输入信道变为输出信道，原来的输出信道变为输入信道），分别从每个反馈分组中析出多播率向量和编码信道数向量，设第 $i(1 \leqslant i \leqslant |Out(v)|)$ 个反馈分组的多播率向量和编码信道数向量分别为 $(\chi_{i,1}, \chi_{i,2}, \ldots, \chi_{i,N})$ 和 $(f_{i,1}, f_{i,2}, \ldots, f_{i,N})$，则进行以下操作。

（1）求多播率向量中每一个分量的最小值

$$\mu_i = \min_{1 \leqslant j \leqslant |Out(v)|} \{\chi_{i,j}\} (1 \leqslant i \leqslant N) \tag{6-3}$$

由它们形成的向量记为 $\boldsymbol{\mu} = (\mu_1, \mu_2, \ldots, \mu_N)$。

（2）求所有编码信道数向量中各分量的和

$$\lambda_i = \sum_{j=1}^{|Out(v)|} f_{i,j} (1 \leqslant i \leqslant N) \tag{6-4}$$

（3）根据 B_1 中保存的基因串，分别求出该节点中每一个体对应的编码信道数，分别累加至相应的 $\lambda_i (1 \leqslant i \leqslant N)$ 中，并形成一个新向量，记为 $\boldsymbol{\lambda} = (\lambda_1, \lambda_i, \cdots, \lambda_N)$。

然后构造所有输出反馈数据分组，每个输出反馈分组中含有多播率向量和编码信道数向量，其中每个反馈分组的多播率向量均为 $\boldsymbol{\mu}$，任选一个输出反馈数据分组，其编码信道数向量置为 $\boldsymbol{\lambda}$，其余反馈数据分组的编码信道数向量置为零向量，然后把这些反馈包沿各自的反馈信道输出。这样处理后，可以保证每个节点的编码信道数只被累加了一次，且每一宿点的多播率向量均参与了比较，从而源点能够得到符合式（4-13）的多播率向量。

当源点收到所有反馈分组并进行了处理后，能得到两个向量 $\boldsymbol{\mu}=(\mu_i)$ 和 $\boldsymbol{\lambda}=(\lambda_i)$。其中每一分量分别对应一个个体的可行最大多播率和编码信道数。

如果是第一代进化结束，则可以从 $\boldsymbol{\mu}=(\mu_i)$ 的各分量中找到一个最大者，即源点进行如下计算

$$C' = \max_{1\leqslant i\leqslant N}\{\mu_i\} \tag{6-5}$$

产生初始群体相当于采用蒙特卡罗法进行了 N 次多播容量的测试，当 N 较大且采用的有限域的阶较大时，由定理 4.4，C' 为多播容量是一个大概率事件，当 N 较小时，可以采用多次产生初始群体的操作，相当于增加贝努里实验的次数。每次均按式（6-5）计算，然后记住其最大者，必定能测试出多播容量。对于其后的进化代，因求出了多播容量，不需要做这一步。

对于每一进化代，还要计算每一个体的适应度，其计算公式如下。

$$fitnees_i = (\max_{1\leqslant i\leqslant N}\{l_i\}+10)m_i - l_i \tag{6-6}$$

6.3.4　群体进化

当产生初始群体完毕，源点计算出了 C'。为了节省时间，在以后的进化代中，源点以多播率 C' $(R=C')$进行数据传输。

群体的进化是通过个体的交叉与变异操作产生子代群体而完成的，也与一批数据传输相对应，各节点的操作与产生初始群体的操作类似，所不同的是对基因串的遗传操作不同。当源点运用式（6-6）计算出每一个体的适应度后，找出群体中的"最优个体的序号"。为了实现交叉，采用锦标赛选择策略[9]选出 $\left\lfloor\dfrac{N}{2}\right\rfloor$ 对"个体的序号对"。源点把这些信息加载到测试分组的指示信息栏中，所有编码节点从所有输入信道收到测试分组后，从指示信息栏中取出信息，把最优个体对应的基因串暂存（图 6-3 中的 1.1 步），并把最优个体对应的局编码向量保存至 B_3 中（图 6-3 中的 1.2 步）。然后根据配对序号对 B_1 中的基因串以交叉概率 Pc 进行单点交叉操作，以变异概率 Pm 进行逐位变异操作，得出 $N-1$ 个子个体（注意 N 为奇数），分别按顺序保存在 B_1 的前 $N-1$ 个存储单元组中，再把暂存的最优个体基因串保存在最后一个存储单元组中（2.1 步）；然后执行图 6-3 中的第 3、4、5 步。宿点在进化过程中，根据"最优个体序号"保存最优个体的对应的全局编码矩阵。当以上工作完成后，从宿点开始，实施信息反馈操作，如此往复，直至进化终止。

6.3.5　算法描述

算法 6-1　分布式构造优化编码方案的算法

Step 1　算法初始化；

Step 2　产生初始群体；

Step 3　信息反馈；

Step 4　REPEAT

Step 5　计算个体适应度，确定最优个体，选择交叉对；

Step 6　群体进化；

Step 7　信息反馈；

Step 8　UNTIL　进化终止条件为真；

Step 9　结束。

算法初始化(Step1)的任务由源点完成，由源点选择算法的参数，包括有限域的次 m、群体规模 N、交叉概率 Pc、变异概率 Pm 等参数，这些参数由源点输入至网络，节点收到信息后，保存这些信息，并把它们传送至下游节点。Step2、Step3、Step6、Step7 的操作如上所述，由网络各节点协同工作来完成，Step5 由源点完成。Step8 也由源点完成，可以由源点设置最大进化代数，当达到指定的进化代数后结束，或设置一个阈值，当精英个体的适应度连续不变地进化代数与该阈值相等时，则停止进化。

当算法结束，源点可以测试出多播容量，且能得到网络吞吐率达最大条件下，编码信道数达到最小的最优编码方案，各节点保存了最优编码方案下相应的编码系数，从而可以采用确定的网络编码数据传输策略传输数据。它具有如下优点：能使网络的吞吐率达到最大的条件下，编码的信道数达到最小，数据传输时不需要传输全局编码向量，宿点解码成功是一个确定性事件。关于这一节内容的详细论述，可参考文献[11]。

6.3.6　实验与分析

文献[6]的方法只能在指定多播率的条件下，计算其最小编码的信道数，而本章方法不需要指定多播率，且能计算出达到最大吞吐率条件下所需的最小编码信道数，并能构造出相应的编码方案。以下的测试是为了比较两者的收敛速度和运行时间。在相同的遗传参数条件下，分别采用两种方法计算，记录所求得的最小编码信道数以及算法的运行时间，因为遗传算法是一种随机算法，单次运行的比较结果不足以说明问题，需要对同一测试用例进行多次运算，统计出最小编码信道数的平均值和算法执行时间的平均值，并给出本文方法与文献[6]方法的平均运行时间的比率。

首先采用由 2.6 节介绍的方法所产生的 5 个单源多播网络。对每一单源多播网络，第一个节点为源点，最后 10 个节点为宿点，各节点的链路容量($i<j$)随机产生。每一个单源多播网络称为一个测试用例，其相应的邻接矩阵分别于附录 2 中列出（分别为附录 2 中的第 5,6,7,1,2 等 5 个网络），并对每一测试用例进行如下操作：采用 Ford-Fulkerson 算法求出多播容量 C，采用文献[6]的方法求出多播率为 C 的最小编码信道数。参数设置如下：群体规模 $N=51$，最大进化代数 $P=50$，交叉概率 $P_c=0.8$，变异概率 $P_m=0.051\ 2$，采用 q 竞争选择策略[10]($q=30$)，采用的伽罗华域为 GF(2^8)。对每一测试对象分别运行 50 次，统计平均结果（所得的最小编码信道数的平均值和算法的平均运行时间）。

采用本章方法求出最大多播率下的最小信道数（本章方法不需要提供多播率），并构造相应的编码方案。在相同的参数设置条件下，对每一测试对象分别运行 50 次，统计出平均结果（所得的最小编码信道数的平均值和算法的平均运行时间）。限于篇幅，所求得的编码方案没有列出。表 6-1 列出了两种方法下所求得的最小编码信道数的平均值，并列出了本章方法所需的平均运行时间与文献[6]方法所需的平均运行时间之比。

表 6-1　仿真结果

测试用例序号	附录中的序号	$\|V\|$	$\|E\|$	H	C	文献[6]编码信道数	本章方法		平均运行时间的比率
							编码信道数	C'	
1	5	15	115	19	6	76.8	72.3	6	105.89%
2	6	24	136	13	7	83.3	78.2	7	102.84%
3	7	28	170	13	9	111.5	101.3	9	100.45%
4	1	36	175	11	10	107.3	103.4	10	101.76%
5	2	41	202	12	9	116.4	113.2	9	101.92%

从仿真结果可以看出，本章算法的收敛速度略优于文献[6]的算法，这是因为文献[6]在求个体的适应度时，采用罚函数法，把不满足多播率条件的相应的个体的适应度置为 0，并采用锦标选择策略，这种简单的罚函数方法，使一大批与较优个体接近的染色体丢弃，而由于本章方法的适应度计算规则不一样，从而这样的个体有可能不被丢弃。此外，采用本章方法设置编码系数，更适宜问题的求解。运行结果表明，本章方法在 GF(2^8)下，每次运行均能测试出多播容量。

当采用文献[6]的方法时，多播率 C 是运用 Ford-Fulkerson 算法计算出来的，而采用本章的方法时，多播率 C' 是源点根据各宿点的反馈结果通过式（6-5）计算出来的，结果表明两者是相等的，从而说明了本章方法的有效性。

表 6-1 中列出的运行时间比率是指与文献[6]方法的运行时间之比，从表中可以看出，本章方法的运行时间较文献[6]方法略有增加，主要表现在两个方面：其

一，在进化的第一代，文献[6]的全局编码向量的维数为 C，而本文方法的全局编码向量的维数为 H；其二，若采用本章方法，各节点需要保存精英个体对应编码向量，从而需多花费一定的时间。但从表中可以看出，增加时间并不多，但其算法的功能得到了增强（能测试多播容量，并构造出最优编码方案）。

以上测试结果采用集中式仿真完成，各节点串行操作，存储为集中式。正如文献[6]所指出，本章方法也可以工作于分布式方式，能实现各节点并行操作和存储的分布操用。对于全局网络拓扑知识缺乏的环境，本章方法是一种实用的在线构造最优网络编码方案的方法。

6.4 网络编码的多播率与编码节点数的平衡研究

对于单源多播网络，提高网络的多播率将有助于提高网络的吞吐率，一般来说，在不超过网络最大流界的前提下，应尽可能地提高网络的多播率，从而达到提高网络吞吐率的目标。另一方面，提高网络的多播率是否对参与编码的节点数具有负面影响，即提高网络的吞吐率是否会增加编码的节点数。文献[12]研究了网络编码的多播率与编码节点数的平衡问题，对网络编码的多播率与编码节点数之间的关系进行了分析，指出了提升网络编码的多播率与减少编码节点数是两个互相制约的目标，从而归结为一个双目标优化问题。

采用网络编码实现指定多播率的数据传输，若合理地构造编码方案，仅部分节点需要进行网络编码传输，而其余节点采用路由传输方式或者不用进行数据传输。

如图 6-4 所示的蝴蝶网络，若多播率为 1，则所有节点均不需要进行网络编码传输；若多播率为 2，则只需对节点 3 进行网络编码传输。

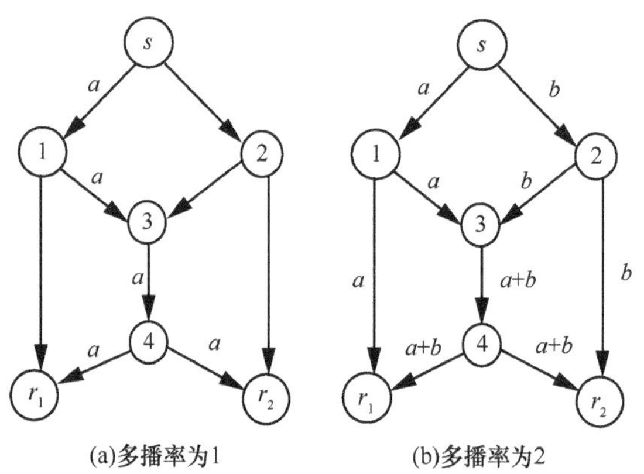

图 6-4　不同多播率下对应的编码节点数不同

从图 6-4 可以看出，减少多播率可以使编码节点数减少。

定义 6.2　如果一条信道的局部编码向量满足：（1）所有分量全为 0；（2）存在一个分量为 1，其余分量全为 0，则称该信道为非编码信道，否则称之为编码信道。

事实上，编码信道采用网络编码传输方式，非编码信道采用路由传输方式或者没有传输数据。

定义 6.3　如果一个节点至少有一条输出信道为编码信道，则称该节点为编码节点，否则，一个节点的所有输出信道均为非编码信道，则称该节点为非编码节点。

定义 6.4　对于给定的一个单源多播网络 G，其多播容量记为 C，选定多播率 $h(h \leq C)$，对于所有多播率为 h 的可行编码方案，必定存在编码节点数达到最少的编码方案，该可行编码方案对应的编码节点数称作多播率为 h 的最小编码节点数，记为 $OPT(G,h)$。

定理 6.1　若多播率为 k 的编码方案 ζ 是由多播率为 $h(2 \leq k \leq h)$ 的编码方案 ξ 导出的，则编码方案 ζ 对应的编码节点数不会超过编码方案 ξ 对应的编码节点数。

证明　若节点不是源点，根据线性网络编码的导出策略，因该节点的输出信道的局部编码向量在两个编码方案下对应相同，再根据定义 6.2 和定义 6.3，则该节点在两个编码方案下同为编码节点或同为非编码节点；对于源点 s，设某一输出信道在编码方案 ξ 下的局部编码向量为 $(l_1, l_2, \cdots, l_k, \cdots, l_h)$，由"线性网络编码的导出"规则，则在编码方案 ζ 下的局部编码向量必定为 $(l_1, l_2, \cdots, l_k)$，根据定义 6.2 和定义 6.3，若源点 s 在编码方案 ζ 下为编码节点，则源点 s 在编码方案 ξ 下必定为编码节点，若源点 s 在编码方案 ξ 下为编码节点，则源点 s 在编码方案 ζ 下不一定为编码节点。综上所述，结论成立，证毕。

定理 6.2　单源多播网络 G 的线性网络编码所需的最小编码节点数 $OPT(G,h)$ 随多播率 h 单调递增。

证明　只需证明这样一个事实：对于两个整数 k 和 h，且 $2 \leq k \leq h \leq C$，$OPT(G,k) \leq OPT(G,h)$。

根据定义 6.5，对于两个正整数 h 和 k（$2 \leq k \leq h \leq C$），必定存在一个多播率为 h 的可行编码方案，且其对应的编码节点数达到最小，即该编码方案对应的编码节点数为 $OPT(G,h)$，不妨记这个编码方案为 ξ。由线性网络编码导出技术，由 ξ 导出多播率为 k 的编码方案，该编码方案必定是可行的，不妨记其为 ζ，由定理 6.1，则可行编码方案 ζ 对应的编码节点数必定小于或等于 $OPT(G,h)$，再根据定义 6.5，则必有 $OPT(G,k) \leq OPT(G,h)$，证毕。

以上表明，单源多播网络的多播率越大，其所需的最小编码节点数就越大，则提高网络的多播率与减少编码节点数是两个矛盾的目标，实现两者的平衡是一个多目标优化问题。

对于一个单源多播网络 G，设 Ω 是所有可行编码方案的集合，记 $x \in \Omega$ 为任意

一个可行编码方案，其多播率记为 $f(x)$，该编码方案对应的编码节点数记为 $r(x)$，为讨论方便，记 $g(x)=|V|-|T|-r(x)$（$|V|$ 为网络的所有节点数，$|T|$ 为所有宿点数），则 $g(x)$ 为非编码节点数，则多播率与最少编码节点数的平衡问题的数学模型为

$$\max \ \{f(x),g(x)\}$$
$$\text{s.t.} \ \ x \in \Omega$$

$$(6\text{-}7)$$

式（6-7）表示的是一个典型的多目标优化问题，它是一个离散多目标优化问题，含有两个优化目标 $f(x)$ 和 $g(x)$，这里，使 $g(x)$ 达到最大等价于使编码节点数 $r(x)$ 达到最小。

求解多目标优化问题的算法有许多，其中最为成熟的是文献[13~16]所述基于遗传算法的求解方法，它是核心是精英非受控排序策略。

文献[12]根据第 4 章所述的线性网络编码的导出与扩展技术，设计出了一个搜索所有不同多播率下可行编码方案的策略；结合该搜索策略,借助于多目标优化算法 NSGAII，提出了求解这个离散多目标优化问题的方法。

6.5　小结

利用第 4 章提出的线性网络编码的导出与扩展技术，在已有文献的基础上，通过嵌入测试多播容量的策略和改进编码系数的生成规则，形成了一个分布式构造最优网络编码的方法，与已有文献提出的分布式求最小编码信道数的方法相比，提出的方法在保留原有方法所有功能的基础上，具有测试多播容量的功能和得出最优编码方案的功能。仿真测试结果表明：所提方法的收敛的速度略有提高，且运行时间只是略有增加。提出的方法是一个真正意义下的在线构造最优编码方案的方法，能在线测试出多播容量，所求的最优编码方案的编码系数能保存在相应的节点中，从而可以采用确定性网络编码数据传输策略传输数据，可进一步参看文献[11]了解详细描述。

网络所需的最小编码信道数与多播率相关，即不同的多播率对应的最小编码信道数是不相同的，且随着多播率的增加，其相应的最小编码信道数也随之增加，如要考虑多播率与最少编码节点数的平衡问题，则是一个多目标优化问题，而多目标优化问题是求出其 Pareto 边界，本章给出一个求解多播率与最少编码节点数的平衡问题的多目标优化模型，文献[12]给出了该模型的求解算法。

参　考　文　献

[1]　LANGBERG M, SPRINTSON A, BRUCK J. Network coding: a computational perspective[C]//

Information Sciences and Systems, 2006.

[2]　LANGBERG M, SPRINTSON A, BRUCK J. Network coding: a computational perspective[J]. IEEE Transactions on Information Theory, 2009, 55(1):147-157.

[3]　LANGBERG M, SPRINTSON A, BRUCK J. The encoding complexity of network coding[J]. IEEE Transactions on Information Theory,2006,52(6):2387-2397.

[4]　KIM M, AHN C, MEDARD M, et al.On minimizing network coding resources: an evolutionary approach[C]//Proc NetCod, 2010.

[5]　KIM M, AHN C, MEDARD M, et al. Evolutionary approaches to minimizing network coding resource[C]//IEEE INFOCOM 2007, IEEE International Conference on Computer Communications. 2007: 1991-1999.

[6]　KIM M, M′EDARD M, AGGARWAL V, et al. A doubly distributed genetic algorithm for network coding[C]//2007 ACM Genetic and Evolutionary Computation Conference (GECCO 2007). 2007:1272-1279.

[7]　JABBARIHAGH M, LAHOUTI F. A decentralized approach to network coding based on learning[C]//Information Theory for Wireless Networks, 2007 IEEE Information Theory Workshop. 2007:1-5.

[8]　CANT′U-PAZ E. A survey of parallel genetic algorithms[J].Calculateurs Paralleles, Reseaux et Systems Repartis, 1998, 10(2):141-171.

[9]　李敏强, 寇纪淞, 林丹, 等. 遗传算法的基本理论与应用[M]. 北京: 科学出版社, 2002: 26-44.

[10]　YAO X. Evolutionary programming made fast[J]. IEEE Transaction on Evolution Computation, 1999, 3(2): 82-102.

[11]　蒲保兴, 杨路明, 王伟平. 最优线性网络编码的分布式构造方法[J]. 系统工程与电子技术, 2009, 31(11): 2761-2766.

[12]　蒲保兴, 赵乘麟. 基于网络编码的多播率与编码节点数的平衡[J]. 计算机应用, 2013, 33(4): 950-952.

[13]　DEB K, AGRAWAL S, PRATAP A, et al. A fast and elitist multi-objective genetic algorithm: NSGA Ⅱ [J]. IEEE Transactions on Evolutionary Computation, 2002, 6(2): 182-197.

[14]　LEI X J, SHI Z K. Overview of multi-objective optimization methods[J]. Systems Engineering and Electronics, 2004, 15(2): 142-146.

[15]　ZITZLER E, LAUMANNS M, THIELE L. SPEA2: Improving the strength Pareto evolutionary algorithm[R]. TIK-Rep 103, Lausanne, Switzerland: Swiss Federal Institute of Technology, 2001.

[16]　KNOWLES J D, CORNE D W. Approximating the non-dominated front using the Pareto archived evolution strategy[J]. Evolutionary Computation Journal, 2000, 8(2): 149-172.

第 **7** 章
网络编码运算代价的估算与分析

7.1 引言

　　早期的网络编码方法[1~3]不考虑网络编码的运算代价或者忽略运算代价，主要研究如何构造可行的编码方案，这是因为根据摩尔定理，随着计算机硬件的飞速发展，硬件的性能也会飞速地提高，即影响网络信息传输的关键因素是传输延迟，而不是节点的运算延迟[4]；另一些方法[5~17]虽然考虑了网络编码的运算代价，但仅从如何构造较优的编码方案使参与编码的信道数或编码的节点数尽可能地少，以达到降低编码代价的目标，并没有考虑环境参数对运算代价的影响；还有些方法[18~20]尽管考虑了环境参数对运算代价的影响，但没有对环境参数如何影响运算代价进行理论上的分析。文献[20,21]通过仿真实验研究表明，在选定合适的环境参数的条件下，网络编码能提升网络的吞吐率，且编码和解码运算时间是可以容忍的，但文献[19]提出了一个不同的观点，通过对不同的环境参数进行模拟测试，发现当环境参数选择不当时，其编码和解码的时间是不可忽略的，并对网络编码的性能提出了质疑。这些研究均基于仿真实验，并没有从根本上揭示环境参数影响网络编码运算代价的实质，也没有分析网络编码运算代价与环境参数之间的的确切数学关系。

　　本章也属于网络编码优化构造的范畴，这是因为，确定合适的环境参数是构造网络编码方案的基础，对于一个较优的网络编码方案来说，其环境参数的设置必须是较优的，在此基础上，再确定信道的编码系数，因此确定环境参数也是构造网络编码方案的一项内容。本章以网络编码的运算延迟来度量网络编码的运算代价，首先对伽罗华域的代数运算方法的时间复杂度进行了分析，然后运用线性

118

网络编码的工作机理，以单源多播数据传输的运算延迟来衡量运算代价，导出了估算运算代价的数学模型，通过分析和推导，得出了运算代价与环境参数间的数学关系，并提出了减少运算代价而有效地设置环境参数的策略。

由式(3-4)和式(3-10)可以看出，采用网络编码技术实现多播数据传输时，必须进行伽罗华域的代数运算，也即伽罗华域的代数运算方法是网络编码的基础，需要进行系统地阐述。尽管通过已有文献的结论能导出了伽罗华域的加、减、乘代数运算方法，但对于除法运算的研究大都建立在查表法和硬件设计等方法的基础上，本章的第 2 节重述了通过代数运算实现了伽罗华域的除法运算，这为本章的仿真实现提供了一种简单有效的方法。

在研究网络编码的过程中，必须根据网络的实际情况来确定网络编码的环境参数，环境参数包括 3 项内容：有限域(伽罗华域)的阶 $q(q=2^m)$；数据分组中包含信息的长度，称为块长 L；多播率 h。

✧ 7.2　伽罗华域代数运算及其时间复杂度分析

网络中的节点可能会参与不同的多播连接，而不同的多播连接所采用的伽罗华域的阶不一定相同，即节点必须具有不同阶伽罗华域的计算能力。在已有文献的研究中，针对伽罗华域的乘除运算一般采用硬件电路实现，或者通过查找乘法表实现。由于不同阶的伽罗华域的乘法运算与不同的硬件电路对应，也与不同的乘法表对应，如果节点需要进行不同阶的伽罗华域的运算，则该节点需要具有不同的乘法运算电路或乘法运算表。若在节点设置多个乘法运算电路，或者保存多个乘法运算表，则显然是不现实的。因此，尽管这些方法运算简便，但对于网络编码技术是不适合的，故只能从伽罗华域的代数结构出发来构造代数运算方法。

假设编码器/解码器上两位二进制数的异或运算的时间为 t_1，两位二进制数的乘法运算的时间为 t_2，可以令 $t_2 = \lambda t_1$，其中，λ 是一个常数，为论述方便起见，不妨假设 t_1 与 t_2 相等($\lambda = 1$)，并称之为一个时间单位。若两者不相等，则讨论的方法和结果大致相同。

由定义 2.17，设 $GF(2^m)$ 的生成多项式为 $P(x) = x^m + p_{m-1}x^{m-1} + \cdots + p_1x + p_0$，参与运算的 3 个字符分别记为

$$a = a_{m-1}\cdots a_2a_1a_0, \quad b = b_{m-1}\cdots b_2b_1b_0, \quad c = c_{m-1}\cdots c_2c_1c_0$$

伽罗华域的乘除法运算归结为其相应的多项式的运算，则它们对应的多项式分别记为

$$A(x) = \sum_{i=0}^{m-1} a_i x^i, \quad B(x) = \sum_{i=0}^{m-1} b_i x^i, \quad C(x) = \sum_{i=0}^{m-1} c_i x^i$$

7.2.1　加（减）法运算

加法运算就是两个字符对应位的异或运算，若 $c=a\oplus b$，则有 $c_i=a_i+b_i(0\leqslant i\leqslant m-1)$，在伽罗华域上，减法与加法是同一运算。加减法的运算量[注1]记为 $\alpha(m)$，约为 m。即

$$\alpha(m) = m \tag{7-1}$$

7.2.2　乘法运算

两个字符的乘法运算转化它们相应的多项式运算，若 $c=ab$，则 $C(x)$ 满足

$$C(x)=(A(x)B(x))\mathrm{mod}\ P(x) \tag{7-2}$$

由式（7-2）可以确定乘法运算的方法：先进行两个多项式的相乘，即求 $A(x)B(x)$，在乘积过程中系数按模 2 加（异或运算）合并同类项，得到一个不高于 $2m-2$ 次的多项式，注意到 $A(x)$ 和 $B(x)$ 均有 m 项，分别用其中一个多项式的每一项与另一个多项式相乘后再与部分积相加，并根据假设，按位加以及按位乘的运算时间均为单位时间，从而其运算量为 $2m$，则完成整个操作需要的运算量是 $2m^2$（其中忽略了移位操作的运算量）。

注意到式（7-2），在运算过程中，在用 $P(x)$ 进行降次时，凡 $A(x)B(x)$ 出现 $P(x)$ 的项，用零多项式替代，则可把 $P(x)$ 看成是一个零多项式，即有

$$x^m=p_{m-1}x^{m-1}+\cdots+p_1x+p_0 \tag{7-3}$$

然后对于次数大于或等于 m 的项，用式（7-3）代入进行降次，最后得到一个次数低于 m 的多项式，其系数便是字符 c 的相应位。在最坏的情况下，需要进行 $m-1$ 次降次，每一次降次均把式（7-3）代入并与原多项式进行合并同类项操作，相当于进行一次加法运算，降次操作在最坏情况下的运算量为 $(m-1)m$。从而乘法运算的运算量记为 $\beta(m)$，约为 $3m^2$。

$$\beta(m) \approx 3m^2 \tag{7-4}$$

例 7.1　取 $m=3$，生成多项式方程为 $x^3=x+1$，求伽罗华域 $GF(2^3)$ 的两个字符 $(101)_2$ 与 $(110)_2$ 的商。

解：置 $A(x)=x^2+1$，$B(x)=x^2+x$，则 $A(x)B(x)=x^4+x^3+x^2+x$，用 $x^3=x+1$ 代入第一项后 $(x^4=x\cdot x^3)$，则上式为 $x^2+x+x^3+x^2+x$，经合并同类项后得 x^3，再用 $x^3=x+1$ 代入后得

注1　本节所述运算量的量纲是单位时间，而单位时间是指两位二进数异或运算所花的时间，下同。

结果为 $x+1$，所以，$(A(x)B(x)) \bmod (x^3+x+1)=x+1$，从而结果为 $(011)_2$。

7.2.3　除法运算

以下对伽罗华域的除法运算方法的时间运算度进行估计。

求 $c=\dfrac{a}{b}$，则它们对应的多项式必须满足：$A(x)=(B(x)C(x))\bmod P(x)$。

由于 a、b 是已知的，则它们对应的多项式 $A(x)$ 和 $B(x)$ 的系数是已知的，而 $C(x)$ 的系数是未知的，分别用未知数 $c_0,c_1,\cdots,c_{m-1}$ 表示，计算 $(B(x)C(x))\bmod P(x)$ 就是进行两个字符的乘法运算，其结果是系数含有未知数且次数低于 m 的多项式，再利用与 $A(x)$ 相等的关系，便得到一个 m 阶的线性方程组，采用高斯消元法求解这个线性方程组便求出了 $C(x)$ 的系数，从而求出商 c。

因此 $GF(2^m)$ 上两数商的算法如下。

算法 7-1　计算两数 a 与 b 的商

Step1　记商为 $C(x)=\displaystyle\sum_{i=0}^{m-1}c_i x^i$，其中 $c_i(0\leqslant i\leqslant m-1)$ 为待定系数；

Step2　求 $B(x)C(x)$，再用式（7-3）逐次降次，得到 $(B(x)C(x))\bmod P(x)$，它是一个次数不超过 m 的多项式，其中该多项式的系数是含有 $c_0,c_1,\cdots,c_{m-1}$ 的代数式；

Step3　利用 $A(x)$ 与 $B(x)C(x))\bmod P(x)$ 的恒等关系，使其每一项的对应系数相等，构造一个含 $c_0,c_1,\cdots,c_{m-1}$ 的线性方程组；

Step4　利用高斯消元法求解这个线性方程组，确定 $c_0,c_1,\cdots,c_{m-1}$ 的值；

Step5　结束。

例 7.2　取 $m=3$，生成多项式方程为 $x^3=x+1$，求伽罗华域 $GF(2^3)$ 的两个字符 $(101)_2$ 与 $(110)_2$ 的商。

解：置 $C(x)=c_2x^2+c_1x+c_0$，$A(x)=x^2+1$，$B(x)=x^2+x$，则 $B(x)C(x)=c_2x^4+(c_1+c_2)x^3+(c_0+c_1)x^2+c_0x$，用 $x^3=x+1$ 代入后，得 $c_2x(x+1)+(c_1+c_2)x^3+(c_0+c_1)x^2+c_0x=(c_2+c_1)x^3+(c_2+c_1+c_0)x^2+(c_2+c_0)x$，再用 $x^3=x+1$ 代入得 $(c_2+c_1+c_0)x^2+(c_1+c_0)x+c_2+c_1$。

根据 $A(x)=(c_2+c_1+c_0)x^2+(c_1+c_0)x+c_2+c_1$，则得到以下线性方程组。

$$\begin{cases} c_2+c_1+c_0=1 \\ c_1+c_0=0 \\ c_2+c_1=1 \end{cases}$$

采用高斯消元法求解得到商 $c=(100)_2$。

接下来讨论采用高斯消元法求解这个线性方程组的运算量，注意该线性方程组的系数均为 GF(2) 上的元素，则采用高斯消元法时不用乘除运算，只需加减运算。

设伽罗华域的次为 m，一般地，这个线性方程组写成矩阵形式为

$$\begin{pmatrix} a_{11} & a_{12} \cdots a_{1m} & b_1 \\ a_{21} & a_{22} \cdots a_{2m} & b_2 \\ & \cdots & \\ a_{m1} & a_{m2} \cdots a_{mm} & b_m \end{pmatrix}$$

通过行初等变换(高斯消元法)来求解这个方程组，根据线性代数的性质，行初等变换有 3 种：（1）把每一行乘以一个不为 0 的系数；（2）把两行交换；（3）把某一行乘以一个系数后与另一行相加。

注意到该方程组的解必为两个元素相除的系数，当除数不为零时，则必定可以得到其商，也就是说，这个矩阵的秩必为 m，另外注意到所得的线性方程组的系数均为 GF(2) 中的元素，从第 i 行开始，把第 j（$j>i$）行通过与第 i 行相加，把 a_{ji} 变为零，这需要做 $m+1-i$ 次加法运算，从第 $i+1$ 行开始至第 m 行进行相同的操作所需的加法运算量为 $(m-i)(m+1-i)$。那么从 $i=1$ 开始，至 $i=m-1$ 结束所进行的行初等变换的运算量为 $\sum_{i=1}^{m-1}(m-i)(m+1-i)$。

当上述工作完成后，所得的矩阵为以下形式

$$\begin{pmatrix} 1 & a'_{12} \cdots a'_{1m} & b'_1 \\ 0 & 1 \cdots a'_{2m} & b'_2 \\ & \cdots & \\ 0 & 0 \cdots 1 & b'_m \end{pmatrix}$$

即对角线上的元素全为 1，对角线下的元素全为 0，接下来需要通过行初等变换把对角线上的元素变为 0。

从 $i=m$ 开始，第 j（$1<j<i$）行的元素与 i 行相加，需要进行 $i-1$ 次加法，从而当完成这一工作后，所需的加法次数为 $\sum_{i=m}^{2}(i-1)$，其运算量为 $\dfrac{m(m-1)}{2}$，从而求解这个线性方程组的运算量为 $\dfrac{m(m-1)(2m-1)+m(m-1)}{6}$，约为 $\dfrac{m^3}{3}$。

除法运算分为两步，第 1 步为求 $B(x)C(x)\bmod P(x)$，相当于进行了两个字符的乘法运算，由上面的讨论可知，其运算量为 $3m^2$，第 2 步求解一个关于未知数 $c_1,c_2,\cdots,c_m$ 的线性方程组，求解线性方程组采用高斯消元法，而高斯消元法的时间

复杂度约为 $\dfrac{m^3}{3}$，除法运算的运算量记为 $\chi(m)$，则有

$$\chi(m) \approx 3m^2 + \frac{m^3}{3} \tag{7-5}$$

7.3　采用高斯消元法求逆矩阵的运算量

若采用随机线性网络编码方法，则宿点必须利用全局编码矩阵和接收到的信息字符串进行解码，而解码必须采用高斯消元法求矩阵的逆。

求矩阵的逆有多种方法，本章仅对高斯消元法进行分析。这是因为高斯消元法具有简单的特点，其次许多有关网络编码的文献都提及采用高斯消元法进行解码。若采用其他的方法求矩阵的逆，其分析的结果可能略有不同，但本章着眼于给出分析的方法。

设多播率为 h，若宿点的全局编码矩阵为 $\boldsymbol{M}$，接收的字符向量为 $\boldsymbol{x}=(x_1,x_2,\cdots,x_h)$，源点播出的字符向量为 $\boldsymbol{y}=(y_1,y_2,\cdots,y_h)$，则有 $\boldsymbol{x}^{\mathrm{T}}=\boldsymbol{M}\,\boldsymbol{y}^{\mathrm{T}}$，当 $\boldsymbol{M}$ 的秩为 h 时，可解出 $\boldsymbol{y}^{\mathrm{T}}=\boldsymbol{M}^{-1}\boldsymbol{x}^{\mathrm{T}}$。

以下主要讨论求 $\boldsymbol{M}^{-1}$ 的运算量，在有限域上，因加法、乘法和除法运算量相差较大（参见式（7-1）、式（7-4）、式（7-5）），因此有必要考虑在最坏情况下，求一个矩阵的逆需要多少次加法、多少次乘法和多少次除法，进而较精确地估计其运算量。

在采用高斯消元法求矩阵的逆矩阵时，事实上是通过对矩阵的行初等变换把原矩阵变为单位矩阵，而在变换过程中，对单位矩阵施行同样的初等变换，当原矩阵变为单位矩阵时，则由单位矩阵的变换便是该矩阵的逆。

把矩阵 $\boldsymbol{M}$ 写成

$$\boldsymbol{M} = \begin{pmatrix} a_{11} & a_{12} & \cdots & a_{1h} \\ a_{21} & a_{22} & \cdots & a_{2h} \\ \cdots & \cdots & \cdots & \cdots \\ a_{h1} & a_{h2} & \cdots & a_{hh} \end{pmatrix}$$

需要做如下工作，对 $\boldsymbol{M}$ 施行行初等变换的同时，对单位矩阵施行相同的行初等变换，当 $\boldsymbol{M}$ 变为单位矩阵时，则对单位矩阵 $\boldsymbol{I}$ 进行相同的变换便成了 $\boldsymbol{M}^{-1}$。其工作原理如下[22]。

对一个矩阵施行行初等变换相当于用一个初等矩阵左乘以该矩阵，记与行初等变换对应的初等矩阵分别为 $\boldsymbol{T}_1,\boldsymbol{T}_2,\cdots,\boldsymbol{T}_k$，则以上的工作可描述如下。

$$T_kT_{k-1}\cdots T_2T_1(M,I)=(T_kT_{k-1}\cdots T_2T_1M,\ T_kT_{k-1}\cdots T_2T_1)$$，因此，当 $T_kT_{k-1}\cdots T_2T_1M$ 为 I(单位矩阵)时，必有 $T_kT_{k-1}\cdots T_2T_1$ 为 M^{-1}。换一句话说，需要做的工作是把矩阵 (M,I) 通过行初等变换变为矩阵 (I,M^{-1})。

为了达到这个目标，首先把第 1 行第 1 列的元素变为 1，从而需要把每 1 行的每一个元素除以 a_{11}（不妨设 a_{11} 不等于零，若 a_{11} 等于零，由交换两行总可以实现该位置上的元素不为 0），则需要作 $2h-1$ 次除法，当第 1 行第 1 列元素变为 1 后，需要把第 2 行至第 h 行的第 1 列元素变为零，则在最坏的情况下，需要把第 i 行减去第 1 行乘以 a_{i1}，从而需要做 $2h-1$ 次乘法运算和 $2h-1$ 次加法运算。

接下来分别对第 2 行第 2 列的元素做相似的处理，直到矩阵变为一个上三角矩阵。然后从最后一行开始操作，进行行初等变换，把这个上三角矩阵变为单位矩阵。其算法如下。

算法 7-2　用高斯消元法把 $(M，I)$ 变为 $(I，M^{-1})$

记操作的矩阵为 $W=(w_{ij})$，是一个 h 行 $2h$ 列的矩阵。

Step 1　$W=(M,I)$

Step 2　for $i=1$ to $h-1$

Step 3　　$w_{ii}\to w$，把矩阵 W 的第 i 行的每一元素除以 w；

Step 4　　for $j=i+1$ to h

Step 5　　　记矩阵 W 的第 j 行第 i 列的元素为 u；

Step 6　　　把矩阵 W 的第 j 行减去矩阵第 i 行乘以 u；

Step 7　　next j

Step 8　next i

Step 9　把矩阵 W 的第 i 行的每一个元素除以 w_{hh}；

Step 10　for $i=h$ to 2

Step 11　for $j=i-1$ to 1

Step 12　　记矩阵 W 的第 j 行第 i 列元素为 u；

Step 13　　把矩阵 W 的第 j 行减去第 i 行乘以 u；

Step 14　next j

Step 15 next i

Step 16 end

一般来说，对于第 i 行，首先需要把第 i 行第 i 列的元素置为 1，相当于把第 i 行的所有元素除以 a_{ii}，注意到该行的前 $i-1$ 个元素均为 0，其实质只需从第 $i+1$ 列开始后的每个元素除以 a_{ii}（最坏的情况下 a_{ii} 不为 1），则需要做 $2h-i$ 次除法运算，当第 i 行 i 列的元素变为 1 后，还需要把第 $j(i<j<h+1)$ 行的第 i 列元素置 0，对于每一行的操作需要做 $2h-i$ 次乘法运算和 $2h-i$ 次加法运算，从而对第 i 行的操作所需的代数运算为

除法 $2h-i$ 次，加法 $(h-i)(2h-i)$ 次，乘法 $(h-i)(2h-i)$ 次。

按这个方法把矩阵化为下三角矩阵所需的运算量为：

除法为 $\sum_{i=1}^{h-1}(2h-i)$ 次，加法和乘法均为 $\sum_{i=1}^{h-1}(h-i)(2h-i)$ 次。

当实行上述运算后，矩阵 M 变为上三角形矩阵，即矩阵的对角线元素全为 1，对角线以下的元素全为 0，现在需要对矩阵 M 的对角线以上的元素变为 0，所做的操作如下：从 $i=h$ 开始到 $i=2$，把第 $j(1<j<i)$ 行的元素分别减去第 i 行对应的元素乘以一个系数，需要做 $(i-1)h$ 次乘法和 $(i-1)h$ 次加法，从而所需的运算量为的加法次数和乘法次数均为：$\sum_{i=2}^{h}(i-1)h$。则在最坏情况下实现矩阵的求逆运算的总运算量为：除法 $\dfrac{3h(h-1)}{2}$ 次，加法和乘法均为 $\dfrac{h^2(h-1)+h(h-1)(2h-1)}{6}$ 次。从而得出求矩阵逆的运算量约为：$\dfrac{3h^2\chi(m)}{2}+\dfrac{4h^3[\alpha(m)+\beta(m)]}{3}$。

⚛ 7.4　网络编码运算代价的估算与分析

采用网络编码技术实现单源多播连接时，假设数据传输在同步机制下进行，数据是分批次进行传输的。一次数据传输是从源点开始发送数据至所有宿点均接收到数据的过程（宿点接收到的数据是指宿点通过解码恢复出源点播出的数据）。

网络编码有两种数据传输方式，其中，确定性网络编码数据传输方式（简称确定方式）利用了网络拓扑已知的特性，采用集中方法构造网络编码，把信道的编码系数和宿点的解码矩阵传输至相应的节点，在数据传输过程中，各节点按指定的编码系数进行编码和解码，因信道的局部编码向量和全局编码向量是事先确定的，则信道只需传输数据；而对于随机网络编码数据传输方式（简称随机方式），信道的局部编码向量是在数据传输过程中随机产生的，从而每一信道除传输数据外，还需传输该信道的全局编码向量。

设单源多播网络如图 7-1 所示，其环境参数设置如下：多播率为 h，所采用的伽罗华域的次为 m，数据分组的块长为 L 个字符，图 7-2 给出了两种方式下的数据分组格式。

因多播率为 h，在一次数据传输中，源点发送了 Lh 个字符至网络，分成了 h 个数据块，每个数据块包括 L 个字符，把 L 称为数据块的长度，信道传输的数据分组有 L 个字符，对于随机方式，数据分组中含有信道的全局编码向量，该向量有 h 个分量。

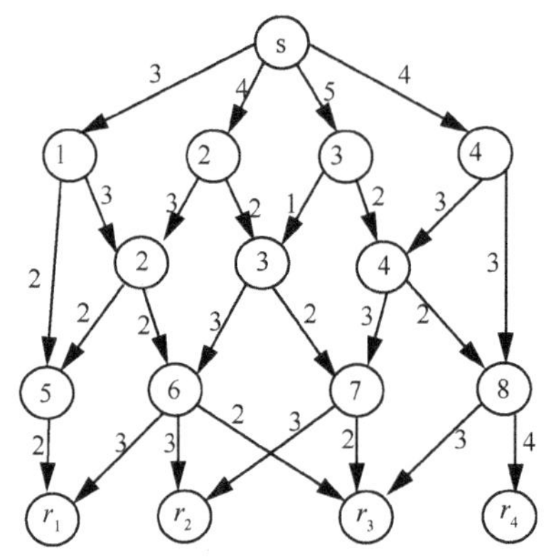

图 7-1 单源多播网络示例

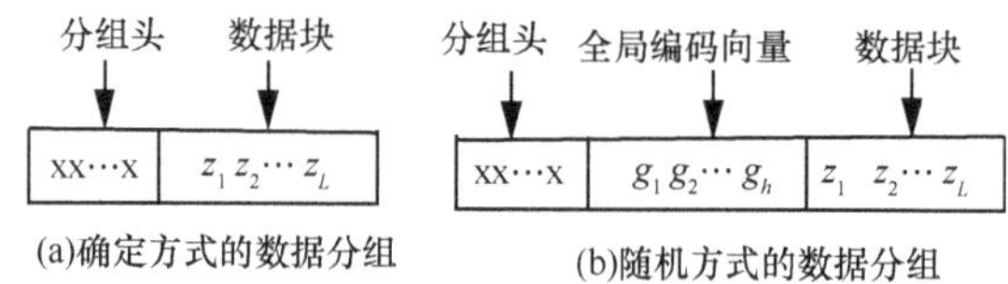

图 7-2 信道传输的数据分组格式

由于所采用的伽罗华域为 $GF(2^m)$，则向量的分量以及携带的字符均为 m 位二进制数，则一次数据传输从源点播出了 mLh bit 的信息。

一次数据传输所花的时间受以下两部分时间的影响：1）不考虑运算延迟，仅由各节点的发送延迟和传输延迟引起的延迟（即路由延迟，假设无等待延迟），把这一延迟时间记为 τ_0；2）不考虑发送延迟和传输延迟，仅由各节点的编码或解码运算引起的延迟，把这一延迟时间记为 τ。设一次数据传输过程所需的时间记为 τ_1，显然有 $\tau_1 \geqslant \tau_0$ 且 $\tau_1 \geqslant \tau$，当 τ 的值相对较小时，τ_1 取决于 τ_0，这时运算延迟可以忽略，当 τ 的值较大时，必定会造成 τ_1 的增加，这时运算延迟不仅降低了数据传输速率，还会造成宿点接收信息的延迟增加。

定义 7.1 在一次数据传输的过程中，因各节点的编码或解码运算而引起的延迟叫做一次数据传输的运算延迟；一次数据传输的运算延迟与传输的信息位数的比值称为平均运算延迟。

网络编码的运算量的大小决定了编码与解码的时间，从而影响了数据传输的速度，因此本章用运算延迟来衡量网络编码的运算代价。

7.4.1 运算代价的估算

（1）编码节点运算量的估算

对于编码节点 v，有 $|In(v)|$ 条输入信道，$|Out(v)|$ 条输出信道。由式（3-4），计

算每条输出信道所携带的一个字符需要进行$|\mathrm{In}(v)|$次乘法和$|\mathrm{In}(v)|$次加法，而每条输出信道需要转发 L 个字符，一共有$|\mathrm{Out}(v)|$条信道，从而节点 v 计算所有转发字符的运算量约为$L(\alpha(m)+\beta(m))\,|\,\mathrm{In}(v)\,\|\,\mathrm{Out}(v)\,|$。

若采用随机网络编码方法，节点还需要计算全局编码向量，而全局编码向量有 h 个分量，每一分量是 $\mathrm{GF}(2^m)$ 上的一个字符，由式（3-9），计算一个分量所需要的运算量与计算一个信道转发的字符所需的运算量相同（注意式（3-4）与式（3-9）），则计算各输出信道的全局编码向量所需的运算量约为$h(\alpha(m)+|\,\beta(m)|)\,|\,\mathrm{In}(v)\,\|\,\mathrm{Out}(v)\,|$。注意到数据块长为 L，从而有以下结论。

在确定方式下，编码节点 v 的运算量约为

$$\tau(v) = L(\alpha(m)+\beta(m))\,|\,\mathrm{In}(v)\,\|\,\mathrm{Out}(v)\,| \tag{7-6}$$

在随机方式下，编码节点 v 的运算量约为

$$\tau(v) = (L+h)(\alpha(m)+\beta(m))\,|\,\mathrm{In}(v)\,\|\,\mathrm{Out}(v)\,| \tag{7-7}$$

（2）宿点解码运算量的估算

对于宿点(解码节点) $r \in T$，假定每个宿点的输入信道数相等，即每个宿点均有 h 条输入信道（事实上宿点 r 的输入信道数为$|\mathrm{In}(r)|$，对于一个可行的编码方案，必定有 $h \leqslant |\mathrm{In}(r)|$，在恢复源点的信息时，只需用到其中 h 条输入信道的信息，通过求解一个 h 阶线性方程组即可），则每个宿点恢复出源点所播出的信息字符所需的运算量相同。记宿点 r 的全局编码矩阵为 $\boldsymbol{M}_r$，其 h 条输入信道传输的字符向量为$(x_1,x_2,\cdots,x_h)$，源点播出的字符为$(y_1,y_2,\cdots,y_h)$。

在确定方式下，因宿点的全局编码矩阵是已知的，因而可以事先求出其逆矩阵 $\boldsymbol{M}_r^{-1}$，则在解码时只需进行下述运算

$$(y_1,y_2,\cdots,y_h)^{\mathrm{T}} = \boldsymbol{M}_r^{-1}(x_1,x_2,\cdots,x_h)^{\mathrm{T}} \tag{7-8}$$

因 $\boldsymbol{M}_r^{-1}$ 是一个 h 阶的矩阵，数据块长为 L，从而，恢复出源点信息的运算量为

$$\tau(r) = Lh^2(\alpha(m)+\beta(m)) \tag{7-9}$$

在随机编码方式下，宿点还需要计算出全局编码矩阵的逆，如前所述，采用高斯消元法求矩阵的逆，在最坏情况下所需的运算量约为$\dfrac{3h^2\chi(m)}{2}+4h^3\left(\alpha(m)+\dfrac{\beta(m)}{3}\right)$。

从而在随机方式下宿点解码的运算量约为

$$\tau(r) = \left(Lh^2+\frac{4h^3}{3}\right)(\alpha(m)+\beta(m))+\frac{3h^2\chi(m)}{2} \tag{7-10}$$

（3）单次传输过程中运算延迟的估算

在每次数据传输过程中，各节点可以并行地进行编码或解码操作，因采用同

步机制，但每一节点必须等所有输入信道的数据分组到达后才能进行操作，每一节点的运算开始时间是该节点所有输出信道的数据分组到达后的时间，从而每一节点除了该节点的运算延迟外，还由于其输入信道的数据分组未到达而需要等待，等待是由于其输入信道的尾节点因运算延迟而造成数据分组没有及时到达而引起的，故称为"运算等待延迟"，从而对于编码节点来说，由编码运算造成的全部延迟是其"运算等待延迟"与其编码节点的运算延时的累加。

记节点 v 开始编码的时间为 $t_{\text{start}}(v)$，编码结束时间为 $t_{\text{end}}(v)$，$t(v)$ 为节点编码所需的时间，则有

$$t_{\text{end}}(v) = t_{\text{start}}(v) + t(v) \tag{7-11}$$

由于不考虑传输延迟和发送延迟，从而一条输入信道的数据分组到达时间是该输入信道的尾节点的编码结束时间，并注意到一个节点必须等所有输入信道的数据分组全部到达后才能开始编码，从而有式（7-12）成立

$$t_{\text{start}}(v) = \max_{e \in \text{In}(v)} \{t_{\text{end}}(\text{head}(e))\} \tag{7-12}$$

考虑一次数据传输的网络编码运算延迟，令源点开始编码的时间为 0，即 $t_{\text{start}}(s) = 0$。

因多播率为 h，在一次传输过程中源点 s 要传输 Lh 个信息字符至网络，这 h 个信息字符可以看成由 h 条虚拟信道所注入，从而有 $|\text{In}(s)|=h$。

除了源点外，任一编码节点的开始编码时间为该节点最迟输入信道的信息分组到达时间，而一条信道的信息分组到达的时间是其尾节点的结束编码时间，记该节点结束编码的时间为 $t_{\text{end}}(v)$，由于假设传输的透明性（即不考虑发送延迟和传输延迟），则该时间也是该节点的所有输出信道的数据分组到达其后继节点的时间，从而一次完整的运算延迟就是从源点开始编码到所有宿点接收到数据分组这一过程所花的时间。对于解码节点 r，则解码运算结束的时间为

$$t_{\text{end}}(r) = t_{\text{start}}(r) + t(r) \tag{7-13}$$

从而一次传输的网络运算延迟的时间量为

$$\tau_1 = \max_{r \in T} \{t_{\text{end}}(r)\} \tag{7-14}$$

求一次传输的运算延迟转化为一个"节点表示活动的关键路径问题"[23]，如图7-3 所示。图 7-3 是由图 7-1 转化而来的，其中每一节点表示一个活动，代表节点的信息编码操作，所需的时间在节点的旁边标出，把节点的编码时间作为该节点所有输出边的权，并增加了一个虚拟宿点 r_0，则一次数据传输所需的时间就是源点 s 至宿点 r_0 的一条关键路径上的各节点所需运算时间之和，而关键路径是从源点 s 至虚拟宿点 r_0 的路径长度最长的一条路径。对于如何求关键路径，可参看文献[23]。

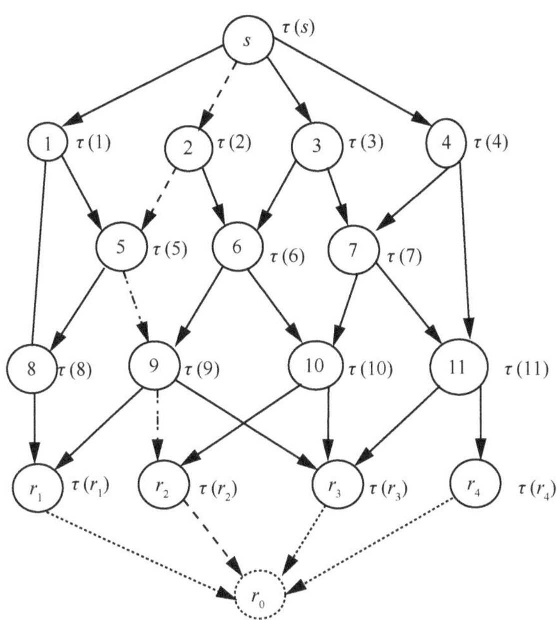

图 7-3　运算延迟的关键路径

7.4.2　影响运算代价的因素

一次数据传输的运算延迟等于从源点到终点的一条关键路径上的活动所需的时间之和，假设求出的关键路径的节点分别为 $v_{i_1}, v_{i_2}, \cdots, v_{i_k}$ ，其中，v_{i_1} 是源点，v_{i_k} 是宿点，对于确定网络编码方法，注意到式(7-6)和式(7-9)，则运算延迟为

$$\tau = L(\alpha(m) + \beta(m)) \sum_{j=1}^{k-1} | \operatorname{In}(v_{i_j}) \| \operatorname{Out}(v_{i_j}) | + Lh^2(\alpha(m) + \beta(m)) \qquad (7\text{-}15)$$

记 $w = \sum_{j=1}^{k-1} | \operatorname{In}(v_{i_j}) \| \operatorname{Out}(v_{i_j}) |$ ，由式（7-1）和式（7-4），则

$$\tau = L(w + h^2)(3m^2 + m) \qquad (7\text{-}16)$$

一次数据传输共有 Lhm bit 的信息从源点播出，记传输每比特的平均运算延迟为 τ' ，则

$$\tau' = (3m + 1)\left(\frac{w}{h} + h \right) \qquad (7\text{-}17)$$

同理对于随机网络编码方法，由式（7-7）和式（7-10），并结合式（7-1）、式（7-4）和式（7-5），则一次数据传输的运算延迟和传输每比特的平均运算延迟分

别为

$$\tau = (3m^2 + m)\left[(L+h)w + Lh^2 + \frac{4h^3}{3}\right] + \frac{(9m^2 + m^3)h^2}{2} \qquad （7-18）$$

$$\tau' = (3m+1)\left[\left(\frac{1}{h} + \frac{1}{L}\right)w + h + \frac{4h^2}{3L}\right] + \frac{(9m + m^2)h}{2L} \qquad （7-19）$$

根据式（7-16）~式（7-19），在网络拓扑一定和多播率 h 一定的条件下，无论是确定性网络编码方法还是随机网络编码方法，影响运算延迟的两个关键因素是数据块的长度 L 和伽罗华域的次 m，并有以下结论。

（1）对于这两个参数，固定其中一个，另一个参数值增大，则一次传输的信息量增加，运算延迟会相应的增加。

（2）对于确定传输方式，传输每比特的平均运算延迟随伽罗华域的次 m 增加而减小，与数据块长度 L 无关。

（3）对于随机网络编码传输方式，传输每比特的平均运算延迟随着 m 的增加而增加，随着 L 的增大而减小。

（4）减小平均运算延迟的策略：采用较大的数据块长度 L，采用低阶的伽罗华域。

从式（7-16）、式（7-18）可以看出，当 w 较大，且 m、L 均较大时，运算延迟将会较大，会成为不可忽略的因素。在实时性要求较高的环境下，只能采用较小的伽罗华域和较小的数据块，即每次传输信息量以较小为宜。

基于减小平均运算延迟的角度，则采用的伽罗华域的次 m 越小越好，数据块长 L 越大越好，但为了保证各宿点能正确解码，m 有一个下界，无论是确定方式还是随机方式，其下界为 $m \geqslant \mathrm{lb}(d+1)$；此外，链路层具有最大传输单元 MTU 这个特性，它限制了数据帧的最大长度，从而限制了 L 的最大长度，不同的网络类型都有一个上限值。

当固定 L 与 m 的值，增加多播率 h 值，显然单次传输的信息量增加，从式（7-16）和式（7-18）可以看出，运算延迟会相应地增加。

对式（7-17）两端分别求导，得

$$\frac{\mathrm{d}\tau'}{\mathrm{d}h} = (3m+1)\left(1 - \frac{w}{h^2}\right) \qquad （7-20）$$

若 $w > h^2$ 时，则对于确定的方式，平均运算延迟随着 h 的增大而减少，就一般的网络来说，w 是比较大的，从减少平均运算延迟的角度考虑，应尽可能地选择较大的多播率。

对式（7-19）两端分别求导，得

$$\frac{\mathrm{d}\tau'}{\mathrm{d}h} = (3m+1)\left(1 + \frac{8h}{3L} - \frac{w}{h^2}\right) + \frac{(9m+m^2)}{2L} \tag{7-21}$$

式（7-21）的正负性取决于 w、h、m、L，从该式可以看出，当 w 较大时，则随机传输方法的平均运算延时随 h 的增大而减小。

采用网络编码实现多播传输时，有多项性能指标，如多播连接成功的概率，数据传输的效率等。对于随机网络编码来说，为确保多播连接成功的概率较大，往往采用高阶的伽罗华域，而高阶伽罗华域又导致平均运算延迟的增加。因此，对于网络编码传输的各项性能指标存在相互制约的关系，如何协调这些关系，在实际应用中使这些性能指标达到综合平衡是一个多目标决策问题。

7.5　数值计算与仿真实验

尽管本章的结论是经过严格的理论推导得出的，为使理论更为可信，需通过仿真测试进一步证明上述结论的正确性。对图 7-1 所示的网络和附录中的第 7 个网络分别进行数值计算和仿真测试，并把计算结果与仿真测试结果列出进行比较。其中图 7-1 所示的网络称为测试用例 1，附录中第 7 个网络为测试用例 2。

对两个测试用例分别采用本章提出的方法估算每比特平均运算延迟并进行仿真测试。首先采用最大流算法分别求出各单源多播网络的多播容量，采用文献[23]所述的方法分别求出各个网络的 w 值。所得结果如下。测试用例 1：多播容量 $C=4$，宿点个数为 4，$W=148$；测试用例 2：多播容量 $C=9$，宿点个数为 10，$W=256$。

在 3 种情况下进行数值计算：（1）$m=8$，多播率 h 取其多播容量，按式（7-17）和式（7-19）求出各个网络的每比特运算延迟与数据块长 L 的依赖关系，所得结果如图 7-4 所示，仿真结果如图 7-5 所示；（2）取 $L=96$，各网络的多播率取其多播容量，按式（7-17）和式（7-19）分别求出各个网络的平均运算延迟与伽罗华域的次 m 依赖的关系，所得结果如图 7-6 所示，仿真结果如图 7-7 所示，其中纵坐标的单位是传输每比特所花的单位时间（单位时间是两位二进制数进行相加的时间，如前所述）；（3）$m=8$，数据块长 $L=96$，多播率 h 在 2 至多播容量间变化，按式（7-17）和式（7-19）求出各个网络的平均运算延迟与多播率 h 的依赖关系，所得结果如图 7-8 所示，仿真结果如图 7-9 所示。

接下来分别对给定的测试用例进行仿真测试，在微机上模拟单源多播网络的数据传输，测试各个网络每次多播传输所需的每比特运算延迟，测试次数为 20 次，取其平均值。环境参数的设置与上述相同，采用的微机配置如下：Pentium D

CPU 2.8 GHz，448 MB 内存。再对各个网络的结果平均值，所得仿真结果分别如图 7-5、图 7-7 和图 7-9 所示。

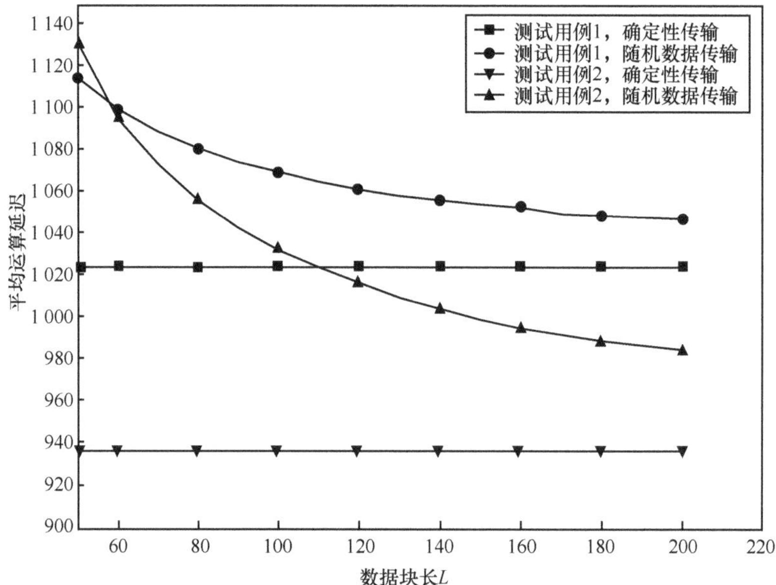

图 7-4　平均运算延迟随数据块长 L 变化的计算结果

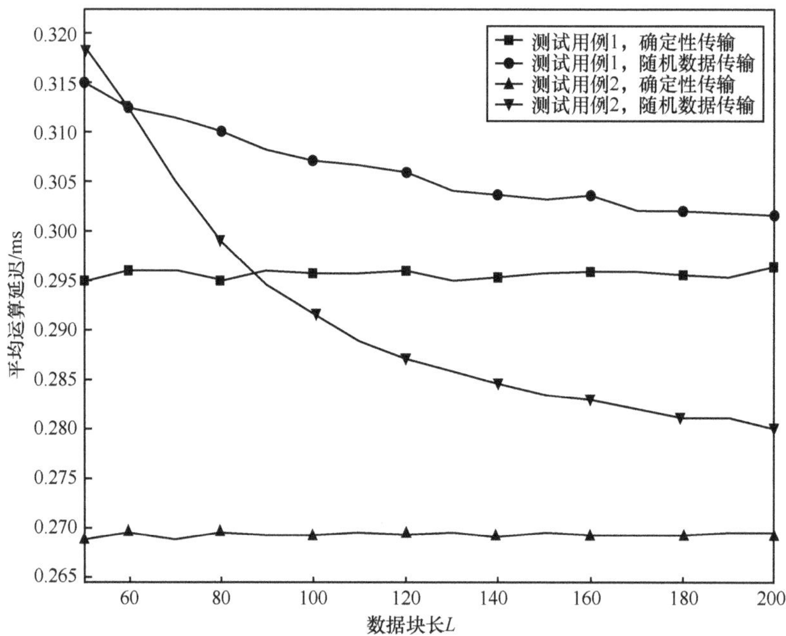

图 7-5　平均运算延迟随数据块长 L 变化的仿真结果

分别对图 7-4 与图 7-5，图 7-6 与图 7-7，图 7-8 与图 7-9 所示的结果进行比较，可以看出，尽管两者的量纲不同，但曲线的变化规律与变化趋势是一致的，从而表明了本文给出的估算运算代价的数学模型是正确的。

从上述结果可以看出：在随机方式下的每比特运算延迟大于确定方式下的每比特运算延迟，这是因为在随机方式下，一方面编码节点必须计算输出信道的全局编码向量，且解码节点要计算全局编码矩阵的逆矩阵，从而增加了运算量；对于确定方式，每比特运算延迟与数据块的长度无关；对于随机方式，随着数据块长度 L 增加，每比特运算延迟逐渐减小，并越来越接近确定方式下的每比特运算延迟；无论是确定方式还是随机方式，每比特运算延迟按伽罗华域的次 m 近似线性增加；就给出的两个仿真测试用例而言，当多播率增大时，每比特运算延迟减小。以上结果表明了理论分析的正确性。

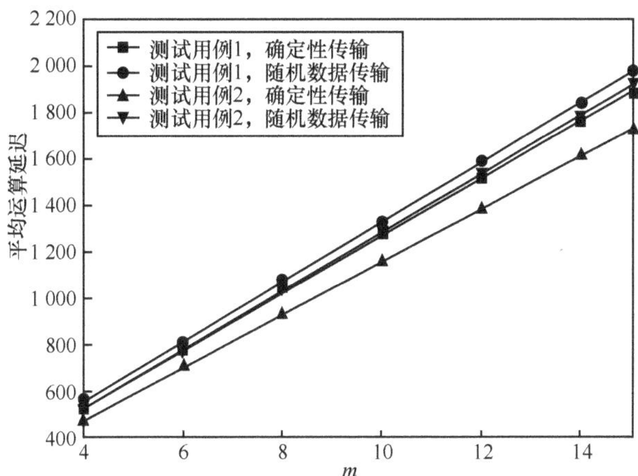

图 7-6　平均运算延迟随伽罗华域的次 m 变化的计算结果

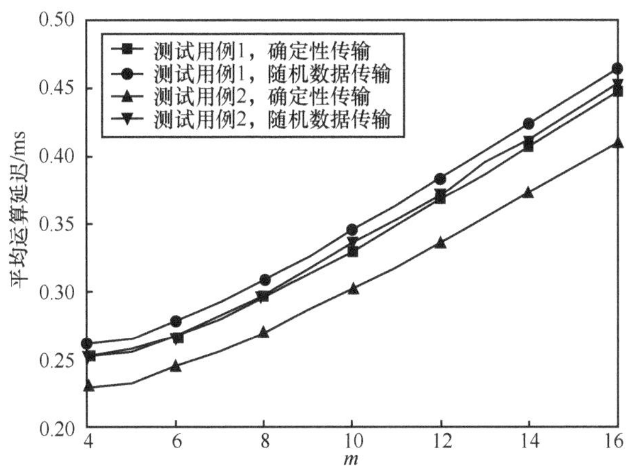

图 7-7　平均运算延迟随伽罗华域的次 m 变化的仿真结果

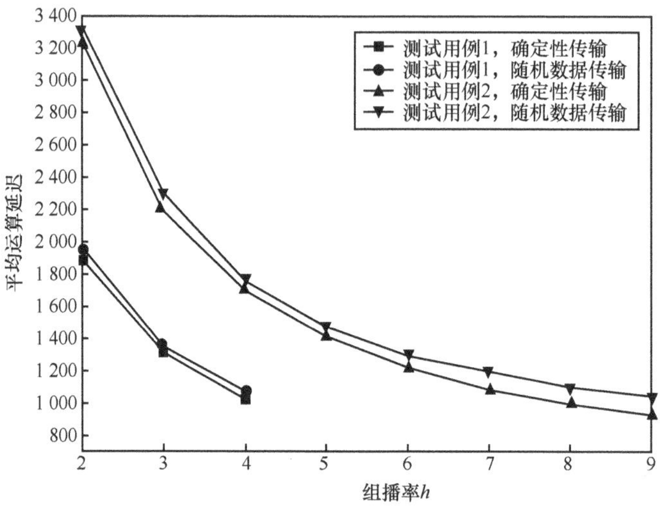

图 7-8　平均运算延迟随多播率 h 变化的计算结果

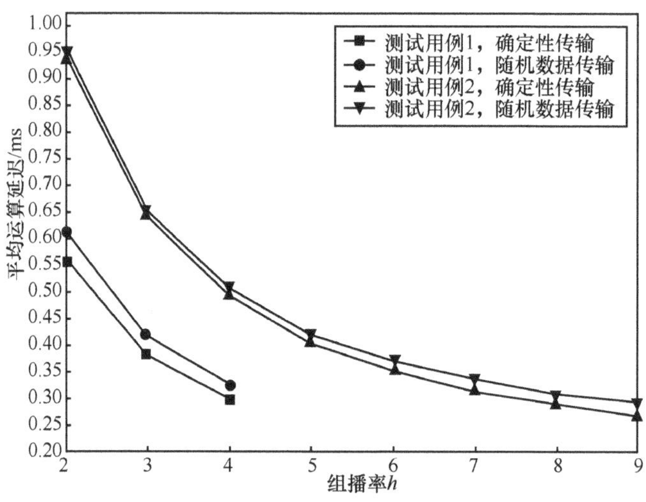

图 7-9　平均运算延迟随多播率 h 变化的仿真结果

7.6　小结

本章给出了适合网络编码的伽罗华域的代数运算方法并分析了其时间复杂度，在此基础上，针对确定网络编码方法和随机网络编码方法，分别给出了估算网络编码运算延迟的数学模型，它是一个求节点表示活动的关键路径问题；导出了运算延迟与环境参数 h、m、L 之间的数学关系；通过分析，表明了在给定多播

率 h 的条件下，影响运算延迟的关键因素是传输的数据块长 L 和采用的伽罗华域的次 m。为减少运算延迟，应采用较低阶的伽罗华域和较小的数据块长度；若要降低平均运算延迟，应采用较低阶的伽罗华域和较大的数据块长度；此外，网络编码的平均运算延迟与其他的性能指标存在相互制约的关系，如何权衡这些指标是一个多目标决策问题。数值计算与仿真测试结果表明了本文提出的估算运算代价的数学模型是正确的，并验证了理论分析的结论。

参 考 文 献

[1] AHLSWEDE R, CAI N, LI S R, et al. Network information flow[J]. IEEE Transactions on Information Theory, 2000, 46(4):1204-1216.

[2] LI S-Y R, YEUNG R W, CAI N. Linear network coding[J]. IEEE Transactions on Information Theory, 2003, 49(2):371-381.

[3] KOETTER R, MEDARD M. An algebraic approach to network coding[J]. IEEE/ACM Transactions on Networking, 2003, 11(5):782- 795.

[4] FRAGOULI C, BOUDEC J Y L, WIDMER J. Network coding: an instant primer[J]. ACM SIGCOMM Computer Communication Review, 2006, 36(1):63-68.

[5] BHATTAD K, RATNAKAR N, KOETTER R, et al. Minimal network coding for multicast[C]//Information Theory, ISIT 2005, International Symposium, 2005:1730-1734.

[6] LUN D S, RATNAKAR N, MEDARD M, et al. Minimum-cost multicast over coded packet networks[J]. IEEE Transactions on Information Theory,2006,52(6):2608-2623.

[7] LUN D, MEDARD M, HO T, et al. Network coding with a cost criterion[R]. MIT LIDS TECHNICAL REPORT P-2584, 2004.

[8] JAGGI S. Design and analysis of network codes[D]. California Institute of Technology Pasadena, 2005.

[9] 邓亮,赵进,王新.基于遗传算法的网络编码优化[J].软件学报,2008,19(8):2269-2279.

[10] WANG M, LI B C. How practical is network coding[C]//The 14th IEEE Int'1 Workshop on Quality of Service(IWQos 2006), New Haven, CT, 2006.

[11] LANGBERG M, SPRINTSON A, BRUCK J. The encoding complexity of network coding[J]. IEEE Transactions on Information Theory,2006,52(6):2387-2397.

[12] 陶少国，黄佳庆，杨宗凯等. 一种改进的最小代价网络编码算法[J].华中科技大学学报，2008，36(5):1-4.

[13] KIM M, AHN C, MEDARD M, et al. On minimizing network coding resources: an evolutionary approach[C]//Proc NetCod, 2010.

[14] KIM M, AHN C, MEDARD M, et al. Evolutionary approaches to minimizing network coding resource[C]//IEEE INFOCOM 2007, IEEE International Conference on Computer Communications. 2007:1991-1999.

[15] KIM M, M′EDARD M, AGGARWAL V, et al. A doubly distributed genetic algorithm for network coding[C]//2007 ACM Genetic and Evolutionary Computation Conference (GECCO 2007). 2007:1272-1279.

[16] JABBARIHAGH M, LAHOUTI F. A decentralized approach to network coding based on learning[C]//Information Theory for Wireless Networks, 2007 IEEE Information Theory Workshop. 2007:1-5.

[17] KIM M, MEDARD M A, VARUN O, et al. On the coding-link cost tradeoff in multicast network coding[C]//IEEE Military Communications Conference, MILCOM. 2007:1-7.

[18] CHOU P A, WU Y N, JAIN K. Practical network coding[C]//The 41st Annual Allerton Conf on Communication, Control and Computing, Monticello, IL, 2003.

[19] WANG M, LI B C. How practical is network coding?[C]//The 14th IEEE Int'l Workshop on Quality of Service(IWQos 2006), New Haven, CT, 2006.

[20] CHRISTOS G, JOHN M, PABLO R. Anatomy of a P2P content distribution system with network coding[C]//IPTPS, 2006.

[21] GKANTSIDIS C, RODRIGUEZ P. Network coding for large scale content distribution[C]// IEEE Incofom, Miami, FL, 2005.

[22] 张禾瑞, 郝炳新. 高等代数[M]. 北京: 高等教育出版社, 2005.

[23] 严蔚敏, 吴伟民. 数据结构(C 语言版)[M]. 北京: 清华大学出版社, 2006:157-192 .

[24] 蒲保兴, 王伟平. 线性网络编码运算代价的估算与分析[J]. 通信学报, 2011, 32(5):47-55.

第 **8** 章

基于分级网络编码的一种数据传输方法

一般的单源多播网络编码的模型是：源点播出信息至网络，每一节点收到各输入链路的信息后，对信息进行编码再转发至输出链路，宿点收到所有信息后，进行解码，恢复出源点播出的信息，这种模型称之为单级网络编码方法。

网络编码是在有限域（伽罗华域）上实现编码与解码运算。文献[1]证明若宿点的个数为 d，采用线性网络编码技术进行数据传输，则所需的伽罗华域的阶不能小于宿点个数。一方面，网络编码可以提高单源多播网络的多播率，另一方面，因节点的编码或解码造成的运算代价，网络编码增加了数据传输的延迟（称为运算延迟）[2]。文献[3]通过仿真实验表明，网络编码的运算延迟是不可忽略的。第7 章研究了线性网络编码的运算代价与网络编码各参数的关系，研究表明，网络的运算延迟与有限域的次的平方成正比，随着编码计算时所采用的伽罗华域的阶增大，则节点编码和解码的运算延迟增大。在运用网络编码实现数据传输时，应尽可能地采用较低阶的有限域。低阶的有限域不仅可以减少因编码引起的运算延迟，同时能降低对节点运算能力的要求（如内存的大小）。

采用单级网络编码数据传输方式时，因网络的多播率受最小割瓶颈的限制，从而不能充分地利用网络容量。

降低编码运算时所采用的有限域的阶，减少宿点的个数是唯一地选择。在实际应用中，单源多播网络中若存在主干网—子网的结构，源点采用网络编码多播信息至网络，在子网与主干网的连接节点处对信息进行解码，并把解出的信息采用网络编码传输技术多播至子网，这一方法称为多级网络编码方法。理论分析和仿真测试结果表明，与单级网络编码方法相比，分级网络编码方法可以降低有限域的阶，有效地减少了运算延迟，并能更充分地利用网络的容量。关于本章的内容详细论述，可参考文献[4]。

8.1　分级网络编码数据传输方法

在实际应用中，网络一般具有分级结构，即主干网下面有若干子网，子网络又可以由下一级的子网组成。若一个子网是通过一个接入点 p 与主干父网连接，则该点既可以作为主干网的宿点，又可以作为子网的源点。

如图 8-1 所示，s 为源点，$\{1,2,3,p,5,6\}$ 为中间节点集，$\{t_1,t_2,\cdots,t_7\}$ 为宿点集。现要求从源点 s 多播信息至每一宿点，网络中有一子网，由节点 p 接入主干网。

若采用单级网络编码方法，则每一中间节点均进行编码传输，只在宿点处进行解码。

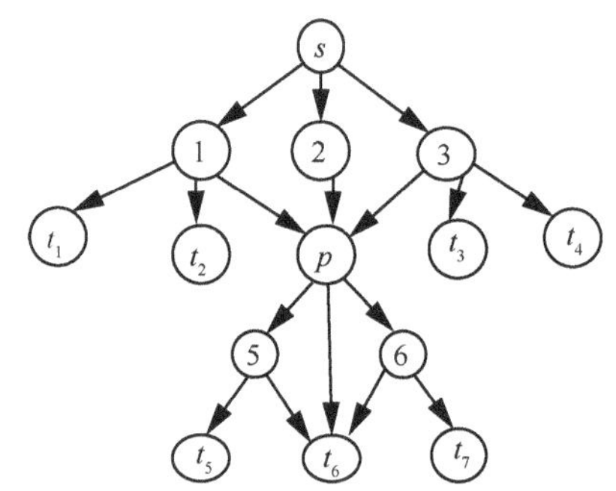

图 8-1　具有主干网—子网结构的单源多播网络

定义 8.1　分级网络编码方法。单源多播网络若存在主干网—子网结构，要求源点 s 多播数据至所有宿点。则采用网络编码技术，在一般的网络中间节点进行网络编码传输，在主干网与子网的联接点处，从输入信道接收信息后进行解码，恢复出源点的信息，同时以该点为源点，采用网络编码方法多播解码后的信息至子网。

与单级网络编码方法相比，分级网络编码方法的不同点在于需要在子网的接入点处进行数据解码，并把解码后的数据采用网络编码数据传输技术多播至子网络，而在其他节点处，其操作与单级网络编码方法相同。

针对图 8.1 所示的单源多播网络，若采用分级网络编码方法，在节点 p 处，把收到的信息解码后再多播至子网，其他中间节点采用编码数据传输，所有的宿点收到信息再进行解码。

现考虑只有一个子网的情况，设单源多播网络具有 d 个宿点，其中有一个子网，子网由某一中间节点接入，该子网内宿点的个数为 d_1，接收数据的宿点分为两部分，一部分在子网内，另一部分在子网外，两部分均非空，从而有 $d_1>1$ 且 $d_1<d$。

定理 8.1　采用分级网络编码法的获得的最大多播率不会低于采用单级网络

编码法获得的最大多播率。

证明　设采用单级网络编码的方法的最大多播率为 h，所有的宿点构成的集合为 $T=\{t_1,t_2,\cdots,t_{|T|}\}$，则有式（8-1）成立。

$$h = \min_{t \in T}\{\max flow(s,t)\} \tag{8-1}$$

不妨设 $t_1,\cdots,t_k$ 为父网的宿点，$t_{k+1},t_{k+2},\cdots,t_{|T|}$ 为子网的宿点，节点 p 为子网与主干网的连接点。若采用分级网络编码方法，相当于进行了两次单源多播连接：源点 s 多播数据至 $\{t_1,t_2,\cdots,t_k,p\}$，设其最大多播率为 h_1；节点 p 多播数据至 $\{t_{k+1},t_{k+2},\cdots,t_{|T|}\}$，设其最大多播率为 h_2；采用分级网络编码方法从源点多播数据至所有宿点能获得的最大多播率为 h_3，则 $h_3=\min(h_1,h_2)$。

根据最大流的定义，有式（8-2）成立

$$h_1 = \min_{t \in \{t_1,t_2,\cdots,t_k,p\}}\{\max flow(s,t)\} \tag{8-2}$$

$$h_2 = \min_{t \in \{t_{k+1},t_{k+2},\cdots,t_{|T|}\}}\{\max flow(p,t)\} \tag{8-3}$$

其中，$flow(s,t)$ 表示节点 s 到节点的 t 的网络流。p 是子网的接入点，则从源点 s 流入子网上的宿点 $t_{k+1},t_{k+2},\cdots,t_{|T|}$ 的流必定经过节点 p，则有

$$\max flow(s,t) \leqslant \max flow(s,p) \quad t \in \{t_{k+1},t_{k+2},\cdots,t_{|T|}\} \tag{8-4}$$

$$\max flow(s,t) \leqslant \max flow(p,t) \quad t \in \{t_{k+1},t_{k+2},\cdots,t_{|T|}\} \tag{8-5}$$

由式（8-1）、式（8-2）和式（8-4），有 $h \leqslant h_1$；由式（8-1）、式（8-3）和式（8-5），有 $h \leqslant h_2$。从而有 $h_3=\min(h_1,h_2) \geqslant h$，证毕。

文献[5~7]均说明了无论是采用确定性网络编码方法还是随机网络编码方法，一般情况下均要求所采用的伽罗华域的元素个数大于节点的个数，若采用的伽罗华域为 $\mathrm{GF}(2^m)$，d 为单源多播网络的宿点个数，则伽罗华域的次 m 必须满足

$$m \geqslant \mathrm{lb}(d+1) \tag{8-6}$$

从上式可以看出，减少宿点的个数是降低 m 的唯一办法。

定理 8.2　若单源多播网络的宿点个数为 d，子网的宿点个数为 d_1，满足 $d_1>1$ 且 $d_1<d$，与运用单级网络编码方法相比，则运用分级编码方法可以采用较低阶的有阶域，从而减少网络编码的运算延迟。

证明　若采用单级网络编码法，因有 d 个宿点，则有限域的阶 $q>d$，若采用分级网络编码方法，则分成两级网络编码，第一级网络编码的宿点个数为 $d-d_1+1$，由于 $d_1>1$，从而有 $d-d_1+1<d$，因此第一级网络编码的宿点个数减少。

第二级网络编码的宿点个数为 d_1，因 $d_1<d$，从而第二级网络编码的宿点个数小于 d，由于两级网络编码的宿点数都相应地减少，从而根据式（8-6），可以采用较低阶的有限域，证毕。

定理 8.1 和定理 8.2 可以推广到多个子网和多级子网的情形，其证明可以采用归纳法实现。一般来说，对于任何一个子网，该子网内的宿点个数为 d_1，若满足 $d_1>1$ 且 $d_1<d$，则采用分级网络编码方法无论在多播率和运算延迟等方面均具有优势。

定理 8.1 表明：若采用分级网络编码方法，其多播容量不会减少；定理 8.2 表明：若采用分级网络编码方法，导致宿点个数减少，进而可以采用较低阶的有限域。当有限域的阶降低后，根据式第 7 章的论述，可以减少节点编码的运算延迟。此外，低阶的有限域还可以降低编码节点的硬件要求（如内存的大小等指标）。

定理 8.2 说明了既可以在主干网和子网内均以多播率 h 多播数据，还可以在主干网和子网分别以 h_1 和 h_2 的多播率多播数据。这时当 $h_1>h_2$ 时，若节点 p 有足够的存储空间，则可以采用存储转发的方法，若 $h_1>h_2$，则可以在 p 点处插播附加的信息，从而充分利用了网络的带宽容量。

8.2 仿真计算

在图 8-2 给出的单源多播网络中，s 为源点，$1,2,\cdots,34$ 为中间节点，$t_1,t_2,\cdots,t_{11}$ 为宿点，现要求从源点多播信息至每一宿点。

宿点的个数 $d=11$，根据式（8-6），若运用单级网络编码方法，则采用的伽罗华域的次不能小于 4，采用 Ford-Fulkerson 算法[8]容易求出最大多播率为 4。

若采用分级网络编码方法，把它分成以下 5 个网络。

主干网：$\{s,\ 1,\ 2,\ \cdots,\ 10,t_1,11\}$，子网 1：$\{10,\ 12,13,\cdots,t_2,16,t_3\}$，子网 2；$\{11,24,25,\cdots,t_4,28,t_5\}$，子网 3：$\{16,17,\cdots,t_6,t_7,t_8\}$，子网 4：$\{28,29,30,\cdots,t_9,t_{10},t_{11}\}$。分别运用式（8-6）和 Ford-Fulkerson 算法求出各子网的最大多播率和最小的伽罗华域的次如表 8-1 所示。

表 8-1 最大多播率与伽罗华域的次

编码方法	网络	最大多播率 h	伽罗华域的次 m
单级网络编码法	整个网络	4	4
分级网络编码法	主干网	7	2
	子网 1	4	2
	子网 2	4	2
	子网 3	8	2
	子网 4	5	2

从表 8-1 可以看出，若采用单级网络编码方法，则最大的多播率为 4，且采

用的伽罗华域的次不能小于 4；若采用分级网络编码方法，则多播率可以达到 4，这时不需要各接入点具有存储转发功能，因主干网的多播率为 7，若各子网的接入点具有存储转发能力，则最大多播率可以达到 7，这时节点 10 和节点 11 需要把数据接收存储并逐步转发，同时节点 16 和节点 28 为完成多播任务，只需提供的多播率为 4 的多播任务，它们分别还有 3 和 1 的多播容量，因此，可以在相应的接入点处，插播其他的数据。

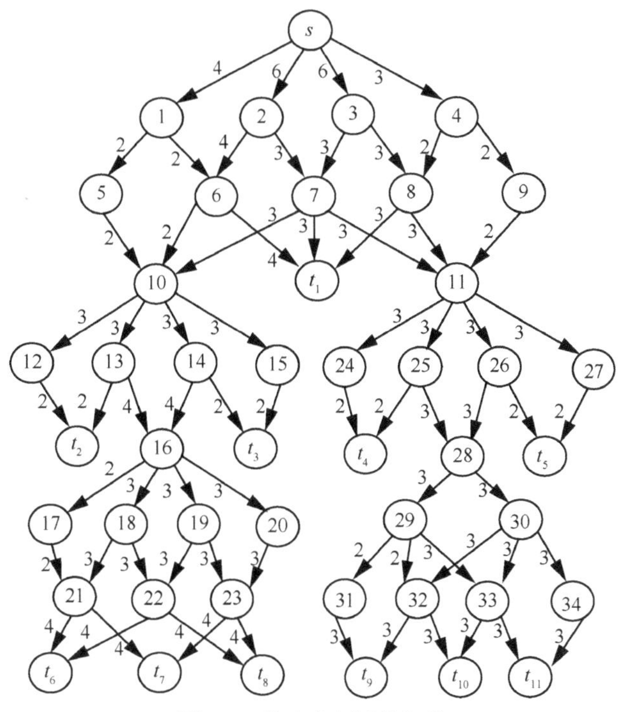

图 8-2　仿真实例网络拓扑

　　现采用单级网络编码方法与分级网络编码方法进行仿真测试，在如图 8-2 所示的网络拓扑进行随机网络编码数据传输，测试从源点多播数据至宿点的运算延迟，因网络中共有 11 个宿点，则对每个宿点的运算延迟均进行比较。

　　采用单级网络编码方法时，取多播率 h=4，伽罗华域为 $GF(2^4)$，采用随机网络编码方法仿真数据传输，测试源点 s 传输 1 KB 的数据至每一宿点的平均运算延迟，测试的方法如文献[2]所述；采用分级网络编码方法时，主干网和所有子网的多播率均为 4，伽罗华域均为 $GF(2^2)$，采用随机网络编码方法仿真数据传输，测试源点 s 传输 1 KB 的数据至每一宿点的平均运算延迟，测试的方法如文献[2]所述，平均运算延迟按式（7-19）计算，则仿真测试结果如表 8-2 所示，其中，平均运算延的单位为 7.2 节所述的单位时间，即两位二进制数运算的时间。

表 8-2　两种方法下的平均运算延迟

宿点	单级网络编码方法	分级网络编码法
t_1	2 752	1 376
t_2	3 808	2 104
t_3	3 808	2 104
t_4	3 760	2 080
t_5	3 760	2 080
t_6	5 568	3 184
t_7	5 568	3 184
t_8	5 568	3 184
t_9	5 152	3 176
t_{10}	5 152	3 176
t_{11}	5 152	3 176

从表 8-2 可以看出，与单级网络编码方法相比，分级网络编码方法确实可以通过降低伽罗华域的阶，达到减少数据传输中的运算延迟的目的。

参 考 文 献

[1]　HO T, MEDARD M, KOETTER R, et al. A random linear network coding approach to multicast[J]. IEEE Transactions on Information Theory, 2006, 52(10): 4413-4430.

[2]　蒲保兴, 王伟平. 线性网络编码运算代价的估算与分析[J].通信学报，2011，32(5):47-55.

[3]　WANG M, LI B C. How practical is network coding?[C]//The 14th IEEE Int'1 Workshop on Quality of Service(IWQos 2006), New Haven, CT, 2006.

[4]　蒲保兴, 杨盛. 基于分级网络编码的一种数据传输方法[J]. 计算机应用，2013, 33(4): 950-952.

[5]　LI S-Y R, YEUNG R W, CAI N. Linear network coding[J]. IEEE Trans Info Theory, 2003, 49(2): 371-381.

[6]　KOETTER R, MEDARD M. An algebraoc approach network coding[J]. IEEE/ACM Trans on Networking, 2003，11(5):782-795.

[7]　JAGGI S, SANDERS P, CHOU A, et al. Polynomial time algorithms for multicast network code construction[J].IEEE Trans on Info Theroy, 2005, 51(6):1973-1982.

[8]　谢金星, 邢文训, 王振波. 网络优化[M]. 北京: 清华大学出版社, 2009: 79-82.

第 **9** 章

基于随机线性网络编码的差错控制机制

网络编码的差错控制研究引起了人们的关注，文献[1,2]基于端—端的前向纠错思想对网络编码的差错控制进行了理论研究，把传统的海明界、Singleton 界和 Gilbert—Varshamov 界推广到了网络编码的前向纠错机制中。如 Singleton 界指明只能以不超过 $C-2K$（C 为多播容量，K 为出错信道数）的数据传输速率实现端—端的前向纠错。在实际应用中，源点很难获知网络的全局网络拓扑知识，采用随机线性网络编码是唯一的选择，文献[3,4]基于端—端的前向纠错机制分别给出了随机线性网络编码的差错控制方法，但必须满足 Singleton 界，并只考虑传输的信息出错，而假定信道上传输的全局编码向量是无错的，除此之外，还要求宿点能获知出错模式，即那些信道有错误，且宿点解码的运算量较大，从而实用性较差。事实上，由于随机线性网络编码技术在数据传输过程中要传输全局编码向量，无论是信道的突发性错误还是随机错误，不仅会造成传输的信息出错，还会造成全局编码向量出错；此外因节点产生局部编码向量的随机性，宿点不能解码的概率大于零。为了使宿点能正确、完整地接收源点的信息，必须采用更有效的差错控制方法。

本章为随机线性网络编码提出了一种新型差错控制方法，借助于随机网络编码的顽健性，采用点—点检错和端—端重传相结合的策略。点—点的检错运用三维奇偶校验码实现，并让有错的数据分组不参与编码，当宿点不能解码时，发送反馈信号至源点，要求源点重传信息。分析表明，当采用的伽罗华域较大且数据分组较长时，该方法能以较大的概率消除了信道的传输错误，以较小的重传率实现宿点完整地接收源点的信息，且源点和宿点均不需要了解全局网络拓扑知识，并有效地解决了全局编码向量的出错问题；与已有方法相比，该方法具有简单的特点，能适应出错信道较多的情况，提高了网络的吞吐率。

9.1 基于随机网络编码的差错控制方法

9.1.1 网络编码对信道错误的敏感性

信道错误一般包括突发性错误与随机错误，网络编码对信道错误极为敏感。由信道出错引起传输的数据分组出错，成为有错分组，当这个有错分组流入某节点时，则该节点所有的输出数据分组均被污染而变成有错分组，这样错误信息不断地扩散一直到宿点。设信道 e 的数据分组有错，只要存在自节点 head(e) 至宿点的路径，则该宿点必定收到有错分组。

如图 9-1 所示，当节点 7 至节点 12 的链路出错，则节点 12 的所有输出信道的数据分组将会出错，以此类推，则只要自节点 12 至宿点存在有向路径，则这些宿点将收到有错分组。

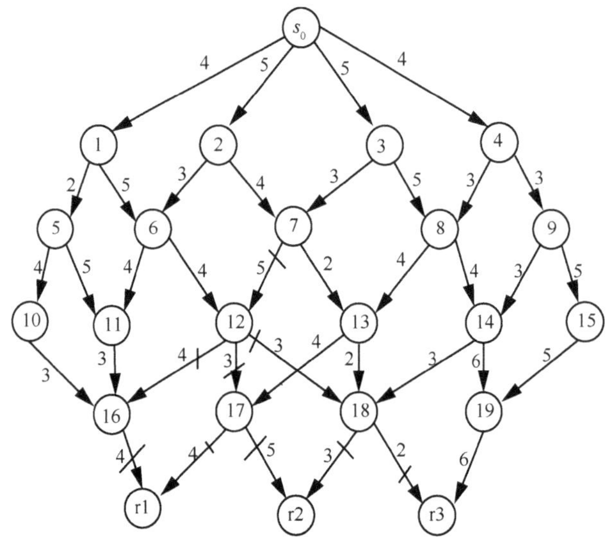

图 9-1　网络编码信道传输出错扩散情形

其次，宿点只要收到有错分组，无论是全局编码向量出错还是字符出错，则解码方程组中含有错误的方程，造成方程组要么不能求解，要么解出的信息是完全错误的。因此网络编码不同于路由传输，对信道的出错非常敏感，某一信道上的数据分组的出错可能会导致部分或全部宿点不能解出信息或解出的信息是完全错误的。因此，及时消除信道的传输错误，使之不会蔓延至网络是很有必要的。

9.1.2　三维奇偶校验码

为提高检错率，把行列奇偶校验码的推广到三维奇偶校验码，三维奇偶校验码构造如下，把数据信息构成一个三维的立方体，奇偶校验位于立方体的 3 个相邻表面，如图 9-2 所示。

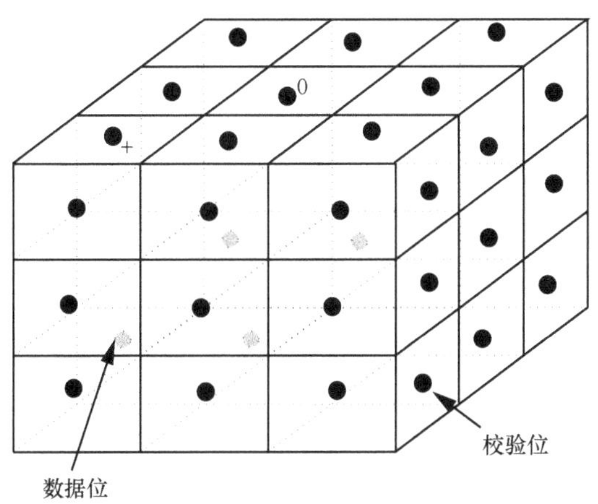

图 9-2　三维奇偶校验码

设信息位构成一个长、宽、高分别为 a、b、c 的立方体，信息位记为 $x(i,j,k)$ $(1\leqslant i\leqslant a, 1\leqslant j\leqslant b, 1\leqslant k\leqslant c)$，则加上校验位后构成一个长、宽、高分别为 $a+1$、$b+1$、$c+1$ 的立方体，其中，$x(0,j,k), x(i,0,k), x(i,j,0)$ 为校验位。校验方程如式（9-1）所示，其中，$0\leqslant i\leqslant a+1, 0\leqslant j\leqslant b+1, 0\leqslant k\leqslant c+1$。

$$x(0,j,k) = \sum_{i=1}^{a} x(i,j,k),\ x(i,0,k) = \sum_{j=1}^{b} x(i,j,k)$$

$$x(i,j,0) = \sum_{k=1}^{c} x(i,j,k) \tag{9-1}$$

对于三维奇偶校验码，信息位数为 $U=abc$，总的位数为 $N=(a+1)(b+1)(c+1)$，则编码效率为

$$p = \frac{U}{N} \tag{9-2}$$

无论生成校验位还是进行校验检验，其运算时间复杂度均为 $O(N)$。

发生错误而不能检测出的概率为误检率。三维奇偶校验码不能检测的错误是：

8 个信息位同时出错，且分别位于某个立方体的各顶点上，所有不能检测的错误均具有这种形式。

所有 8 个信息位同时出错的组合数为 $\binom{N}{8}$，而 8 个出错的信息位分别位于某个立方体的顶点上的组合数为：$\binom{a+1}{2}\binom{b+1}{2}\binom{c+1}{2}$，从而 8 位错的误检率为

$$p_1 = \frac{a(a+1)b(b+1)c(c+1)}{8\binom{N}{8}} \tag{9-3}$$

表 9-1 所示为取 $a=b=c$ 时，8 位错误的误检率和编码效率。

表 9-1　编码效率与 8 位错误的误检率

a/bit	编码效率/%	8 位错误的误检率
4	51.2	8.50×10^{-10}
5	57.8	3.27×10^{-11}
6	62.9	2.11×10^{-12}
7	66.9	1.98×10^{-13}
8	70.2	2.45×10^{-14}
9	72.9	3.77×10^{-15}

由表 9-1，随着立方体的增大，编码效率提高，8 位错的误检率减小。而三维奇偶校验码的整体误检率必定小于 8 位错的误检率，因而当数据分组较大时，误检率相当低，可以认为误检率接近于 0。与行列奇偶校检码相同，它不仅能检测突发性错误，还能检测随机错误。

9.1.3　差错控制方法

由文献[5]所述，在实际应用中，采用随机线性网络编码，数据传输是分批进行的，每一批传输一个字符块，设采用的多播率为 h，在源点每批播出 hL 个字符，则每一信道将传输 L 个字符，这 L 个字符共用该信道的全局编码向量和局部编码向量。信道上传输的数据分组格式如图 9-3(a)所示，其中信息部分包括全局编码向量和字符块，其长度为 $(L+h)m$ bit。对数据分组的信息部分（全局编码向量与字符块）加上三维奇偶校验码，形成带校验的数据分组，如图 9-3(b)所示。

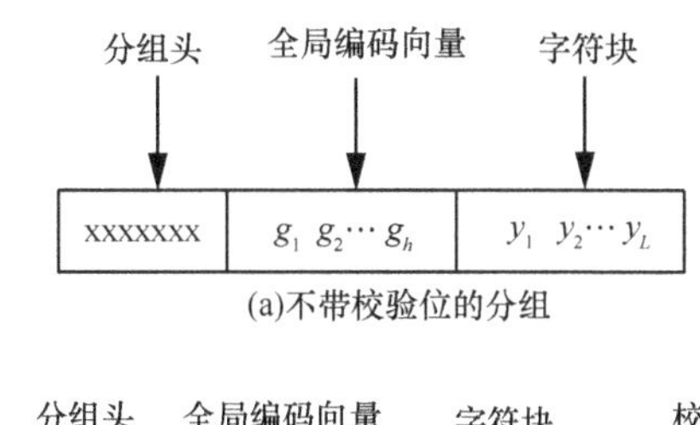

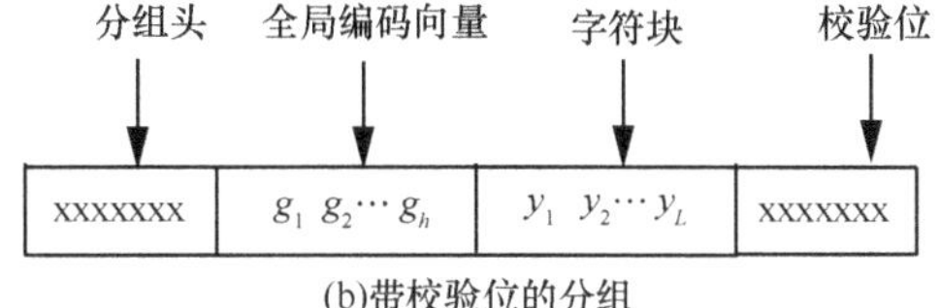

图 9-3　数据分组的格式

选择立方体的长、宽、高分别为 a、b、c，并满足下述条件

$$\min\ |a-b|+|b-c|+|c-a|$$
$$\min\ abc-(L+h)m$$
$$\text{s.t. } (L+h)m \leqslant abc \tag{9-4}$$

优化选择是基于下述原因:当 a、b、c 接近时能使校验位数最小，当数据块的比特数构不成一个立方体时，则要通过添加冗余位凑成一个立方体，但应使添加的位数最小。

各节点的操作如下。

（1）源点 s：选定多播率 h，伽罗华域为 $\mathrm{GF}(2^m)$，数据块的长度为 L，把要多播的信息划分为 h 个字符块，每一个字符块含有 L 个 $\mathrm{GF}(2^m)$ 上的字符。把这些信息保存在缓冲区中，以备重传时调用；对于每一输出信道 $e\in\mathrm{Out}(s)$，随机产生该信道的局部编码向量 $m(e)$，按式（3-3）、式（3-9）分别计算输出数据分组的字符块和全局编码向量。然后在数据分组的尾部添加三维奇偶校验位，形成带校验位的数据分组，由信道 e 传出。

（2）中间节点 v：对于每一中间节点，接收所有输入信道的数据分组，对每一个数据分组的所有三维奇偶校验位进行检验，若检测出数据分组有错，则把该数据分组丢弃，只让无错的输入数据分组参与编码。具体操作如下：对于 $d\in\mathrm{In}(v)$，检验其数据分组中的校验位，若有错，置 $\mathrm{mark}(d)=0$，否则置 $\mathrm{mark}(d)=1$；随机产生每一输出信道的局部编码向量，按式（9-5）、式（9-6）分别计算输出数据分组的字符块和全局编码向量；在输出数据分组的尾部添加三维奇偶校验位，形成带校验位的数据分组，由相应的输出信道传出。

$$y(e) = \sum_{d\in\mathrm{In}(\mathrm{tail}(e))} \mathrm{mark}(d)m_{d,e}y(d) \tag{9-5}$$

$$g(e) = \sum_{d \in \mathrm{In(tail}(e))} \mathrm{mark}(d)m_{d,e}\boldsymbol{g}(d) \tag{9-6}$$

（3）宿点：接收所有输入信道的数据分组，检测每一个分组中的三维奇偶校验位，若检测出有错，则把该数据分组丢弃，然后从所有无错的分组中析出全局编码向量和信息字符，形成解码方程组，判断系数矩阵的秩是否等于多播率 h，若小于 h，把接收的无错数据分组保存在宿点的缓冲区中，并向源点发出重传信息的请求；若接收的全局编码矩阵的秩等于 h，则解出源信息字符，并清除缓冲区。

（4）重传处理：若源点收到了宿点的反馈重传请求信息，则以同一多播率重传缓冲区的信息至网络。对于发出反馈重传信息的宿点，把接收到的重传数据分组（经过校验后是无错的）与缓冲区中同一批次的数据分组联合，从中挑选出 h 个数据分组构成一个线性方程组进行解码，若能解码，则解出源点播出的信息字符，并清除缓冲区，否则，再向源点发出反馈重传请求。

9.2　有效性分析

定义 9.1　在单源多播网络环境下，假设 s 为源点，r 为宿点，以多播率 h 采用随机网络编码方法多播数据，若宿点 r 能解出源点 s 所播出的信息字符，则称源点 s 至宿点 r 连接成功；若源点 s 至所有宿点均连接成功，则称多播连接成功。

定义 9.2　记单源多播网络 $G=(V,E)$，在信道无错的情况下其多播容量为 C_E，当有 K 条信道出错时，出错的信道集记为 E_K，并记 $G'=(V, E-E_K)$ 是由非出错信道构成的一个子图，这个子图仍是一个单源多播网络，其多播容量记为 C_{E-E_K}。

如前所述，单源多播网络采用随机线性网络编码进行数据传输，在信道无错的条件下且多播率不超过多播容量，当所采用的伽罗华域足够大时，则多播连接不成功的概率可以忽略不计。

定理 9.1　所提方法在全体有错分组均能检测出时，相当于在单源多播网络 $G'=(G'=(V, E-E_K)$ 上采用随机线性网络编码技术进行数据传输，从而当采用的伽罗华域足够大且多播率不超过子图 $G'=(G'=(V, E-E_K)$ 的多播容量 C_{E-E_K} 时，则多播连接不成功的概率可以忽略不计。

证明　因为全体出错信道的数据分组均没有参与编码，且每一输出信道的局部编码向量是随机产生的，相当于在所有无错信道构成的单源多播网络 G' 上采用随机线性网络编码方法进行数据传输，这一性质也为称为随机线性网络编码的顽健性，再由文献[6,7]的结论，定理成立。证毕。

定理 9.2　若出错的信道数为 K，子图 G 的多播容量 C_{E-E_K} 不低于 C_E-K。

证明　因多播容量为分离源点与所有宿点的最小割的最小值，当有 K 条信道出错时，移去这些出错信道，则在子图 G 中，源点至每一宿点的最小割中至少有 C_E-K 条无错信道，即多播容量不会低于 C_E-K。证毕。

已有方法[3,4]必须满足 Singleton 界，其多播率不能超过 C_E-2K，而本章方法的多播率可以不低于 C_E-K，尽管采用本章方法要加上三维奇偶校验码，从表 9-1 可以看出，当数据分组的长度较大时，编码效率 p_1 较高。在数据分组长度相同的条件下，采用本章方法和已有方法，设网络的吞吐率分别为 D_1 和 D_2，当出错信道数 K 较大且数据分组的长度较大时，由定理 9.2 和 Singleton 界，式（9-7）成立。

$$D_1 \geqslant (C_E - K)p_1 \geqslant C_E - 2K \geqslant D_2 \tag{9-7}$$

从而与已有方法相比，本章方法提高了网络吞吐率；此外，当 $2K \geqslant C_E$，已有方法不能适用，而本章方法仍然可以，从而本章方法适应范围更广。

定理 9.3　当源点采用随机线性网络编码的方法对同一批信息进行两次数据传输时，宿点可以把两次接收到的方程联立成方程组，以解出源点播出的信息。

证明　因传输的是同一批信息，源点播出的字符对应相同，采用相同的多播率，宿点两次收到的全局编码向量均是同一个向量空间的向量，结论显然成立。证毕。

当宿点不能解码时，采用这种方法可以提高重传时的解码成功的概率，例如，设多播率为 10，假设宿点第一次收到了 6 个无错的数据分组，显然不能解出源点的信息，则要求源点重传，当宿点收到重传的数据分组后，经校验有 5 个无错的数据分组，这样两次收到的无错数据分组构成了一个系数矩阵为 11 行 10 列的线性方程组，从中选 10 行使其系数矩阵的秩为 10 将具有较大的概率。若不采用这种方法，则只能从重传数据分组中得到 5 个方程的线性方程组，从而不能解出源点的信息。

此外，本章方法还具有以下特点：因校验位对全局编码向量和字符块均进行了检验，从而本文方法不仅能检测出字符块传输错误，还能检测出全局编码向量的错误；具有简单性和有效性，只需在每一编码器和解码器增加生成校验位和校验位检验的操作，不需要进行复杂的运算，源点和宿点不需要了解全局网络拓扑知识，且运算量分摊到了各个节点。

9.3　仿真测试

对如图 9-1 所示的单源多播网络进行仿真，实验环境如下：Pentium D CPU 2.8 GHz，448 MB 内存。

采用 Ford-Fulkerson 算法求出多播容量为 C_E=8。

每一批数据传输的参数设置如下：L=100，m=10。按式（9-4）计算三维奇偶校验码的 a、b、c，因数据分组的长度较大，则三维奇偶校验码的误检率接近于 0。

采用本章方法在不同的多播率和出错信道数的环境下进行仿真测试，统计出多播连接成功的概率。让信道随机出错，且出错的信道数为 K，在不同的（K，h）环境下分别仿真 10 000 次，所得结果如表 9-2 所示。

表 9-2　不同环境下多播连接成功率

K	多播率 h					
	8	7	6	5	4	3
1	0.848 5	0.996 1	0.999 9	1	1	1
2	0.722 5	0.985 2	0.999 9	1	1	1
3	0.604 7	0.970 5	0.997 7	0.999 9	1	1
4	0.503 1	0.939 1	0.995 7	0.999 9	1	1
5	0.421 3	0.911 6	0.993 2	0.999 8	1	1
6	0.350 2	0.884 1	0.990 3	0.999 2	1	
7	0.296 3	0.844 7	0.985 6	0.999 0	1	
8	0.252 2	0.806 7	0.976 2	0.997 2	0.999 8	
9	0.2012	0.759 5	0.966 4	0.997 6	0.999 9	

从表 9-2 可以看出，选取合适的多播率，可以达到较高的多播连接的成功率，若使多播连接的成功率达到 0.995，只要选择"粗实线"右边的多播率即可；如要使多播连接的成功率达到 0.995，则只要选择"虚线"右边的多播率即可。例如，在出错的信道数为 4 的环境下，采用的多播率不超过 6，则重传率不会超过 0.005（重传率=1−多播连接成功率），即在 1 万次数据传输过程中，只需 50 次重传，所有宿点就可以完整、正确地接收源点的信息。若选取的多播率不超过 5，则重传率不超过 0.000 1。

以下是与已有方法[3,4]的比较，设 h 为多播率，P 为多播连接成功的概率，D 为宿点一次数据传输所接收到的比特数，即一次数据传输时网络的吞吐量，取伽罗域的次 m=10，数据分组的分组头长度为 160 bit。为了比较的公平性，在相同的环境下进行仿真测试：出错的信道数相同且数据分组的长度相等，数据分组的分组长为 9 421 bit。每种出错环境仿真 10 000 次，对于本章方法，列出重传率不超过 0.005 的最大多播率，对于端—端前向纠错方法，取最大的多播率，由于随机线性网络编码选取局部编码向量的随机性，对于已有方法同样存在宿点不能解码的情形。仿真测试结果如表 9-3 所示。

表 9-3　与已有方法的比较

K	本章方法			已有方法		
	h	P	D/bit	h	P	D/bit
1	7	0.996 1	55 510	6	0.848 5	57 366
2	6	0.999 9	47 640	4	0.848 5	38 324
3	6	0.997 7	47 640	2	0.848 5	19 202
4	6	0.995 7	47 640	—	—	—
5	5	0.995 8	39 750	—	—	—
6	5	0.999 2	39 750	—	—	—
7	5	0.999 0	39 750	—	—	—

从表中可以看出，当出错信道数较多时，与已有方法相比，本文方法的吞吐率较高，且适应的范围较广。

9.4　小结

针对随机线性网络编码，本章提出了一种基于点—点检错分组丢失与端—端反馈重传相结合的差错控制方法，与已有方法相比，提出的方法具有简单、有效的特点，源点和宿点均不需要获知全局网络拓扑知识，并解决了全局编码向量出错的问题。本章内容的详细论述可参考文献[8]。分析与仿真测试结果表明，在数据分组较长且采用的有限域较大时，提出的方法具有较高的检错率，且以较低的重传率实现宿点完整地接收源点信息。若出错的信道数较多时，与已有方法相比，本章方法可以提高网络的吞吐率且适应的出错范围更广。

参 考 文 献

[1]　YEUNG R W, CAI N. Network error correction, part I: basic concepts and upper bounds[J]. Communications in Information and Systems, 2006, 6(1):19-36.

[2]　YEUNG R W, CAI N. Network error correction, part II: lower bounds [J]. Communications in Information and Systems, 2006, 6(1):37-54.

[3]　ZHANG Z. Network error correction coding in packetized networks[C]//Information Theory Workshop. 2006:433-437.

[4]　KOETTER R, KSCHISCHANG F R. Coding for errors and erasures in random network coding[J]. IEEE Transactions on Information Theory, 2007, 54(8):3579-3591.

[5]　CHOU P A, WU Y, JAIN K. Practical network coding[C]//Allerton Conference on Communication, Control and Computing. Monticello, 2003:473-482.

[6]　TAO S G, HUANG J Q, YANG Z K, et al. Survey of network coding[J]. Journal of Chinese Computer Systems,2008, 29(4):583-592.

[7]　HO T, MEDARD M, KOETTER R, et al. A random linear network coding approach to multicast[J]. IEEE Transactions on Information Theory, 2006, 52(10):4413-4430.

[8]　蒲保兴, 杨路明, 王伟平. 随机线性网络编码的一种差错控制方法[J]. 小型微型计算机系统, 2009, 30(6): 1108-1112.

第**10**章

多源多播网络编码的优化构造研究

10.1　引言

　　多源多播连接问题在现实生活中处处存在，如多方会议，用户需要收到多个源点的信息，多个源点的信息在网络中进行传输，共享网络资源。最早由文献[1]提出了网络编码如何解决这类问题。其中最简单的情形是多个源点同时多播数据至所有的宿点，每一宿点需要接收所有源点的信息，即每一个源点对应的宿点集相同，在文献[2]称之为多源多宿多播问题。对于一般的多源多播问题，有多个源点和多个宿点，每一源点对应的宿点集互不相同，文献[2~5]研究了这类多源多播问题的多播容量上下界，并用熵函数来表示，但仅限于一个表达式，难以求出其值，且这些界是不紧的，对于多源多播网络的编码构造没有太大的帮助。文献[6]采用整数规划的方法描述了多源多播网络是否满足可行的多播率区域，但整数规划问题难以采用有效的方法求解。

　　与单源多播网络类似，采用网络编码技术实现多源多播连接需要构造编码方案，因此必须提出有效的编码构造方法。本章首先提出了多源多宿多播网络的线性网络编码构造方法，其构造出的编码方案能达到最大吞吐量。针对一般的多源多播网络编码连接，提出一个子优化网络吞吐量的编码构造方法，分析表明，与路由传输技术相比，采用该方法构造出的网络编码方案能提高网络的吞吐量。

10.2　多源多宿多播网络的网络编码优化构造

　　多源多宿多播问题：每个源点对应的宿点集相同，即每一个源点需要同时多播数据至所有宿点，文献[2]把这类问题叫做多源多宿多播问题(Multi-Source Multi-Sink Multicast)，本章沿用这一称谓。

针对这类问题，文献[7]提出了采用线性网络编码技术进行数据传输并达到最大吞吐量的网络编码构造方法，首先构造一个含约束条件的单源多播问题，称为原问题的派生问题，经分析，原问题与派生问题是等价的，但派生问题又不能采用常规的方法来解决。其处理方法是：借助于派生问题，把确定各源点的多播率的问题转化为一个组合优化问题–背包问题，并给出了基于遗传算法的求解方法；求出各源点的多播率后，运用实现单源多播连接的确定性线性网络编码构造方法确定各信道的编码向量。分析和仿真测试结果表明，提出方法的是可行的。

10.2.1　问题描述

定义 10.1　多源多宿多播网络用有向无环图 $G_1=(V,E,W)$ 表示，其中，V 表示节点集，E 表示有向边集，有向边代表网络中节点之间的有向链路，假定链路是无错的，$S=\{s_1,s_2,\cdots,s_n\}$ 为源点集，其中，$n>1$ 为源点的个数，各源点是相互独立的，且所有源点没有输入边，$T=\{r_1,r_2,\cdots,r_d\}$ 为宿点集，其中，$d>1$ 为宿点的个数，各宿点没有输出边，S 中的每一源点需要同时多播数据至所有宿点。

图 10-1（a)给出了这类问题的一个示例，其中，$S=\{s_1,s_2,s_3,s_4\}$ 为源点集，$T=\{r_1,r_2\}$ 为宿点集，各源点要求同时多播数据至所有宿点，即宿点 r_1、r_2 需要接收所有源点播出的信息，图中的有向边代表连接两个顶点的链路，链路的容量均为 1。

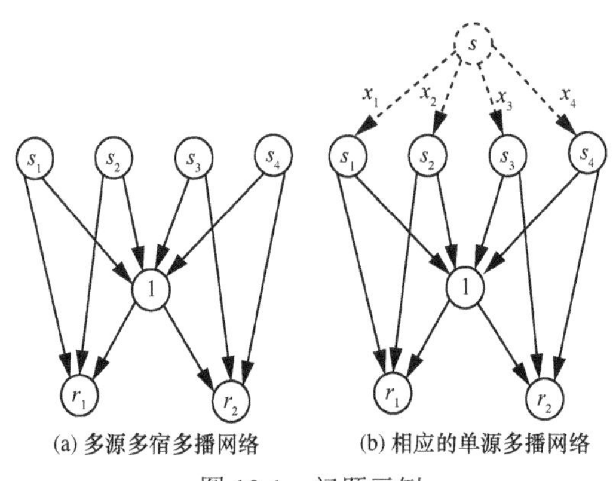

图 10-1　问题示例

现要求采用线性网络编码技术实现多播数据传输，并使网络的吞吐率达到最大。

采用线性网络编码技术进行数据传输，无论是单源多播网络还是多源多播网络，必须确定编码方案，即确定了多播率和各信道的局部编码向量后，再递归地采用式（3-9)，求出所有信道的全局网络编码向量。与单源多播网络编码类似，对于多源多播连接，也把各信道局部编码向量的集合称为一个编码方案。

对于多源多宿多播网络的一个线性网络编码方案，设各源点的多播率分别为 $m_1,m_2,\cdots,m_n$（在本节中 $m_1,m_2,\cdots,m_n$ 为一组变量，代表各源点的多播率，以下同），若各宿点能正确地解码并分离出各源点的信息，则称这一编码方案是可行的，向量 $(m_1,m_2,\cdots,m_n)$ 称为可行的多播率向量。

定义 10.2　在所有可行的多播率向量中，其中必定有一个向量，其各分量之和达到最大，把这个最大值称为多源多宿多播网络基于线性网络编码的最大吞吐率，记为

$$C = \max_{\substack{(m_1,m_2,\cdots,m_n) \\ \text{是可行的}}} \left\{\sum_{i=1}^{n} m_i\right\} \tag{10-1}$$

需要解决 3 个问题：（1）如何求最大吞吐率 C；（2）如何找到一个可行的多播率向量 $(m_1,m_2,\cdots,m_n)$，使 $\sum_{i=1}^{n} m_i$ 等于 C；（3）在给定的可行多播率向量的前提下，如何设计各信道的局部编码向量，使各宿点均能正确地解码，并能分离出各源点的信息。

10.2.2　解决方法

（1）问题的分析

把定义 10.1 给定的多源多宿多播问题称为原问题。注意到这样一个事实，一个单源多播网络去掉源点及源点的输出信道后便是一个多源多宿多播网络，其中原来与源点相连的节点便成了多源多宿多播网络的源点。基于这一事实，本方法的思想是借助求解单源多播问题的方法来解决原问题。首先在网络中添加一个虚拟源点 s，再分别添加连接虚拟源点至每一源点 $s_i(1 \leqslant i \leqslant n)$ 的虚拟链路 $\overrightarrow{ss_i}$，并让这些虚拟链路的容量待定（可以根据需要来取值），分别用变量 $x_1,x_2,\cdots,x_n$ 表示，如图 10-1（b）所示。这样得到了一个单源多播网络，记为 G_2。

定义 10.3　在添加了虚拟成员的单源多播网络 G_2 中，需要从虚拟源点 s 多播数据至所有宿点，要求采用线性网络编码实现多播连接，且满足以下约束条件：在源点处不进行编码且播出的字符分别沿各自的虚拟输出信道流出，即虚拟输出信道数与播出的字符数相等。这一问题称之为原问题的派生问题。多播容量达到最大的派生问题称为最优派生问题。

定理 10.1　原问题与派生问题是等价的，即原问题的可行线性网络编码方案与派生问题的可行线性网络编码方案一一对应。

证明　对于原问题的一个可行线性网络编码方案，设各源点的多播率分别为

$m_1, m_2, \cdots, m_n$，当所有信道的局部编码向量确定后，能使所有宿点正确地解码并分离出各源点播出的信息字符，不妨记一次数据传输中所有源点传出的字符为 $y_1, y_2, \cdots, y_z$，则必有 $z = \sum_{i=1}^{n} m_i$，其中，有 $m_i (1 \leqslant i \leqslant n)$ 个字符由源点 s_i 播出，则相当于从虚拟源点 s 多播 z 个字符 $y_1, y_2, \cdots, y_z$ 至所有宿点，且有 $m_i (1 \leqslant i \leqslant n)$ 个字符沿虚拟链路 $\overrightarrow{ss_i}$ 流入 s_i，显然满足派生问题的约束条件，从而原问题的一个可行线性网络编码方案对应于派生问题的一个可行的线性网络编码方案。

反之，对于派生问题的一个可行的线性网络编码方案，因满足约束条件，不难看出，对应于原问题的一个可行线性网络编码方案。证毕。

定理 10.1 表明，最优的派生问题的多播容量与原问题的最大吞吐率 C 相等，为了解决原问题，只需在单源多播网络 G_2 中合理地选取各虚拟链路的容量，构造最优派生问题，再构造出最优派生问题的线性网络编码方案。

在一个有向无环网络中，若 T 为宿点集，对于任一非宿点 $v(v \notin T)$ 和宿点 $r(r \in T)$，记 $\mathrm{mincut}(v,r)$ 为分离节点 v 与宿点 r 的最小割中的信道数，记 $\mathrm{mincut}(v,T)$ 为分离节点 v 与所有宿点的最小割值，即

$$\mathrm{mincut}(v,T) = \min_{r \in T}\{\mathrm{mincut}(v,r)\}$$

$\mathrm{mincut}(v,T)$ 是 v 作为源点多播数据至所有宿点的最大多播率。

定理 10.2 对于任意的单源多播网络，s 是源点，T 为宿点集，若多播容量与源点的输出信道数相等，即满足以下条件

$$\mathrm{mincut}(s,T) = |\mathrm{Out}(s)| \tag{10-2}$$

则一定可以找到一个可行的线性网络编码方案使多播率达到最大，且在源点处不需要进行编码。

证明 利用文献[8]构造线性网络编码的 LIF 算法的思想来证明：一定存在一个可行线性网络编码方案，其多播率为 $\mathrm{mincut}(s,T)$，且该编码方案在原点处不需要进行网络编码。

记 $h = \mathrm{mincut}(s,T)$。LIF 算法的主要思想是：分别寻找从源点 s 至每一宿点的 h 条边不重叠的路径；按节点的拓扑顺序分别对每一节点的输出信道确定局部编码向量，在源点至每一宿点的 h 条边不重叠的路径中，当节点的输出信道替换节点的输入信道后，要求路径中的 h 条信道的全局编码向量仍是线性无关的。

由于多播容量为 $\mathrm{mincut}(s,T)$，则从源点 s 至每一宿点存在 h 条边不重叠的路径，又由于式（10-2）成立，则源点的输出信道数为 h，从而源点至每一宿点的 h 条路径均分别从源点的输出信道流出。源点的多播率为 h，则源点的全局编码向量为 h 个单位向量，经过源点后，把这 h 个单位向量分别传输至每一条输出信道后，则能保证源点至每一宿点上的 h 条路径上的全局编码向量是线性无关的。接

下来可按 LIF 算法继续确定其他节点输出信道的局部编码向量，可以得出多播率为 h 的可行编码方案。该编码方案在源点处不用编码，采用路由传输方式。证毕。

定理 10.2 为构造最优派生问题提供了一种更简洁的方法，即只要在单源多播网络 G_2 中合适地选取各虚拟链路的容量，且满足式（10-2），并使多播容量达到最大，则找到了最优派生问题。

在单源多播网络 G_2 中，各虚拟链路的容量 $x_1,x_2,\cdots,x_n$ 取定后，能得到虚拟源点 s 至宿点集的最大流[注1]，记为

$$F(x_1,x_2,\cdots,x_n)=\mathrm{mincut}(s,T)|(x_1,x_2,\cdots,x_n) \tag{10-3}$$

则所求的最优派生问题应满足

$$F(x_1,x_2,\cdots,x_n) = \sum_{i=1}^{n} x_i \tag{10-4}$$

$$\sum_{i=1}^{n} x_i = C \tag{10-5}$$

对于单源多播网络 G_2，记

$$h_i=\mathrm{mincut}(s_i,T) \; (1\leqslant i\leqslant n) \tag{10-6}$$

根据式（10-6），则由 s_i 多播数据至宿点集的最大多播率为 h_i。若各虚拟链路的容量分别取值为 $h_1,h_2,\cdots,h_n$ 后，可以求出虚拟源点 s 至宿点集的最大流，记为 C^*，即

$$C^* = \mathrm{mincut}(s,T)|(h_1,h_2,\cdots,h_n) \tag{10-7}$$

注意到单源多播网络 G_2 中虚拟源点的输出链路(虚拟链路)的容量是待定的，要使 G_2 的多播容量达到最大，则应使各虚拟链路的容量足够大。事实上单源多播网络 G_2 的最大多播容量为 $\mathrm{mincut}(s,T)|\{\infty,\infty,\cdots,\infty\}$，其中，$\infty$ 表示取值足够大，不难证明式（10-8）成立。

$$\mathrm{mincut}(s,T)|\{h_1,h_2,\cdots,h_n\} = \mathrm{mincut}(s,R)|(\infty,\infty,\cdots,\infty) \tag{10-8}$$

由线性网络编码的特点，若 $(m_1,m_2,\cdots,m_n)$ 是原问题的一个可行的多播率向量，则有下列不等式成立

$$m_i \leqslant h_i(1\leqslant i\leqslant n) \tag{10-9}$$

注 1　因虚拟源点的输出链路容量的值待定,凡提及虚拟源点至宿点集的最大流，必须指明各虚拟链路的容量，下同。

$$\sum_{i=1}^{n} m_i \leqslant C* \qquad (10\text{-}10)$$

由定理 10.1，C 是 G_2 满足约束条件（最优派生问题）的多播容量，而 $C*$ 是 G_2 的多播容量，若 C 与 $C*$ 相等，则问题变得非常容易，但在一般情况下，它们两者不等，下面说明这个问题。

从图 10-1（a）可以看出，每一源点至宿点集的最大流为 1，即 $h_i(1 \leqslant i \leqslant 4)$ =1，若各源点需要同时多播数据至所有宿点，则节点 1 至宿点 r_2 的链路是 s_1 与 s_2 传输数据至 r_2 瓶颈，从而在一次数据传输中，源点 s_1 与源点 s_2 不能同时多播数据至所有宿点，同理源点 s_3 与 s_4 不能同时多播数据至所有宿点，从而 C 为 2（一个可行的方案是 s_1 与 s_3 分别多播一个字符至所有宿点）。从图 10-1（b）可以看出，一方面 $C*$ 等于 3，另一方面去掉任何一条虚拟链路，虚拟源点至宿点集的最大流变为 2，也就是说，要使多播率为 3，必须使每一条虚拟链路均参与传输数据，从而不满足约束条件，若满足约束条件，则最大的多播率只能为 2。本书中的仿真实例也说明了这个问题，其中，$C=9$，$C*=10$，而以多播率 $C*$ 进行数据传输时，虚拟源点至少要有 11 条输出信道参与数据传输，不满足约束条件。

（2）求各源点多播率的数学模型

若 $F(x_1,x_2,\cdots,x_n)=\sum_{i=1}^{n} x_i$，则说明这个单源多播网络满足式（10-2），由定理 10.2，得 $x_1,x_2,\cdots,x_n$ 是满足约束条件的一个可行解。在所有可行解中，使 $\sum_{i=1}^{n} x_i$ 达到最大者便是满足约束条件的最优解，即构造出了最优的派生问题。相应的 $(x_1,x_2,\cdots,x_n)$ 便是在原问题中使吞吐率达到最大的各源点的可行多播率向量。这是一个组合优化问题，相当于一个背包问题，式(10-9)和式(10-10)限定了 $x_1,x_2,\cdots,x_n$ 的取值范围，宿小了搜索空间。从而求各源点多播率的数学模型如下。

$$\max\ z=\sum_{i=1}^{n} x_i$$

$$\text{s.t.}\ \sum_{i=1}^{n} x_i = F(x_1,x_2,\cdots,x_n)$$

$$\sum_{i=1}^{n} x_i \leqslant C* \qquad (10\text{-}11)$$

$$0 \leqslant x_i \leqslant h_i\ (1 \leqslant i \leqslant n)$$

其中，$F(x_1,x_2,\cdots,x_n)$, $h_i\ (1 \leqslant i \leqslant n)$ 和 $C*$ 分别由式（10-3）、式（10-6）和式（10-7）定义。

由定理 10.1 和定理 10.2，式（10-11）确定的是一个能达到最大吞吐率的多源多宿多播网络的线性网络编码传输模型，若模型能找到最优解，则能使多源多宿多播网络达到最大的吞吐率。

10.2.3　模型求解

遗传算法是求解式（10-11）这类问题的较好方法，它的基本原理是模仿生物进化过程的优胜劣汰的规则来设计迭代方法，采用群体进化和精英保留策略。在进化过程中，父代群体通过选择、变叉、变异操作生成子代群体，逐代进化后，最终找到最优解或近似最优解。

采用实数遗传算法，设群体规模为 p，每一个体为$(x_1,x_2,\cdots,x_n)$，每一个分量 x_i 叫作一个基因，采用单点交叉，交叉概率记为 p_c，采用适应度按比例选择策略[9]，个体的适应度按式（10-12）计算。

$$fitness(x_1,\cdots,x_n) = \begin{cases} \sum_{i=1}^{n} x_i & , \ F(x_1,x_2,\cdots,x_n) = \sum_{i=1}^{n} x_i \\ 0 & , \ \text{其他} \end{cases} \tag{10-12}$$

采用基因非均匀变异，变异概率为 p_m，若 x_i 发生变异时，产生一个二进制随机数 $random$，其变异规则按式（10-13）完成。

$$x'_i = \begin{cases} x_i + \left\lfloor r(h_i - x_i)\left(1-\dfrac{t}{T}\right)^3 \right\rfloor , random=0 \\ x_i - \left\lfloor rx_i\left(1-\dfrac{t}{T}\right)^3 \right\rfloor \quad , \ random=1 \end{cases} \tag{10-13}$$

式（10-13）中 t 为进化代数，T 为最大进化代数，r 为[0,1]之间的随机数。从而求解模型的算法如下。

算法 10-1　基于遗传算法的模型求解算法

Step 1　算法初始化；

Step 2　随机生成 p 个个体；

Step 3　WHILE 进化终止条件为假

Step 4　　　按式（10-12）计算每一个体的适应度

Step 5　　　精英个体不经过进化遗传至下一代；

Step 6　　　从父代群体中选择 p 个个体；

Step 7　　　进行交叉、变异操作生成子代群体；

Step 8　　　用子代群体替换父代群体；

Step 9　END WHILE

Step 10　输出最后一代的最优个体；

Step 11　算法结束。

在 Step 4 中要求个体的适应度，而个体的适应度由式（10-12）所示，而求个体的适应度需要计算 $F(x_1,x_2,\cdots,x_n)$，如式（10-3）所示。求 $F(x_1,x_2,\cdots,x_n)$ 是对虚拟链路的容量分别设定为个体的各个分量后，再调用 Ford-Fulkerson 算法计算虚拟源点到宿点集的最大流。

10.2.4　构造各信道的局部编码向量

设算法 10-1 得到最优解为 $(x_1^*,x_2^*,\cdots,x_n^*)$，记 $z^*=\sum_{i=1}^{n}x_i^*$ 是所求的最大吞吐率，在图 G_2 中，令 $x_i=x_i^*(1\leqslant i\leqslant n)$，然后采用 LIF 算法确定各信道的编码向量。

如定理 10.2 所述，在多播容量与源点输出信道数相等的条件下，LIF 算法求出的编码方案必定满足约束条件，即在源点处不用编码，且其多播率与虚拟信道数相等，在构造出的编码方案中，去掉虚拟源点以及虚拟信道，所有实信道的局部编码向量的集合便构成了多源多宿多播网络的线性网络编码方案，该编码方案能达到最大的吞吐率，且各宿点能实现解码，并分离出各源点所播出的信息，从而表明提出的方法能实现多源多宿组多播网络的最大吞吐率。

10.2.5　仿真测试

对图 10-2 所示的多源多宿多播网络进行仿真测试，首先构造相应的单源多播网络，如图 10-3 所示，再采用 Ford-Fulkerson 算法求出图 10-3 中各个源点至宿点集的最大流，得出如下结果：$C^*=10$，$h_1=2$，$h_2=4$，$h_3=4$，$h_4=4$。然后调用算法 10-1 求各源点的多播率，算法 10-1 的参数设置如下：群体规模 $p=20$，交叉概率 $p_c=0.8$，变异概率 $p_m=0.08$，最大进化代数 $T=10$，得到结果为：最大吞吐率 $C=9$，并得到各源点的可行多播率向量为 $(2,2,3,2)$。

接下来对图 10-3 中各虚拟链路的容量分别设置为 2，2，3，2，找出虚拟源点到各宿点的边互不重叠的路径。求出的路径去掉虚拟源点，便得到了各源点到各宿点的路径，如下所示，其中每条路径前的数字表示该路径的容量。

各源点至宿点 r_1 的路径分别为

$2:s_1$-1-6-12-16-r_1　　　　$1:s_2$-2-7-12-16-r_1

$1:s_2$-3-8-13-16-r_1　　　　$1:s_3$-3-8-13-16-r_1

$2:s_3$-4-9-13-17-r_1　　　　$2:s_4$-4-10-14-17-r_1

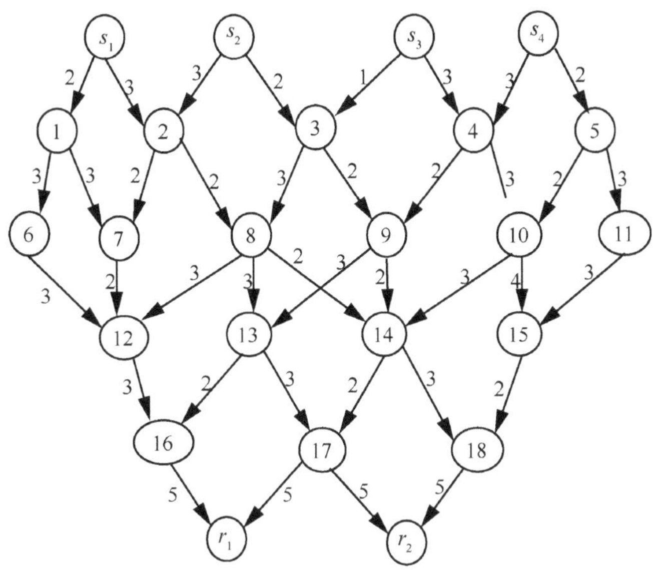

图 10-2　用于仿真的多源多宿多播网络

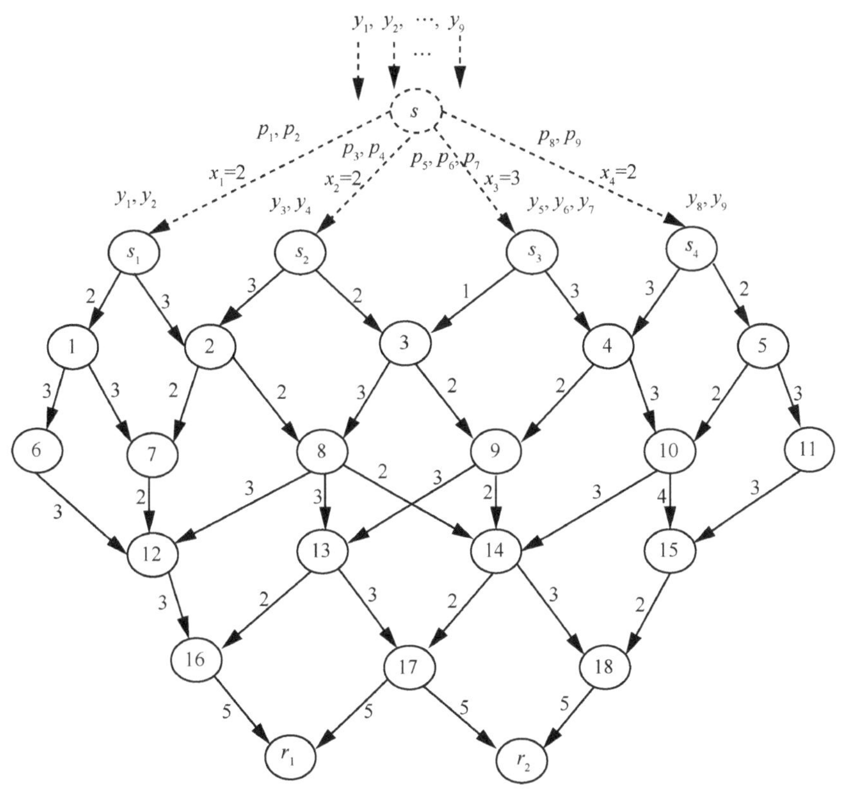

图 10-3　对应的单源多播网络

各源点至宿点 r_2 的路径分别为

2:s_1-2-8-13-17-r_1　　　1:s_2-3-8-13-17-r_1

1:s_2-3-8-14-17-r_1　　　1:s_3-3-8-14-17-r_1

2:s_3-4-9-14-18-r_1　　　1:s_4-4-10-14-18-r_1

1: s_4-4-10-15-18-r_1

采用的有限域为 $GF(2^3)$，其生成多项式为 x^3+x+1。$GF(2^3)$ 的每一字符均为 3 位二进制数，为描述方便，写成八进制形式。设一次数据传输中播出的字符记为 $y_1,y_2,\cdots,y_9$，所有源点的虚拟输入信道的全局编码向量构成 9 维向量空间的单位向量，记为 $\{\boldsymbol{p}_i:i=1,\cdots,9\}$，其中，$\boldsymbol{p}_i$ 的第 i 个分量为 1，其余分量为 0。源点 s_1 的虚拟输入信道的全局编码向量为 $\boldsymbol{p}_1$、$\boldsymbol{p}_2$，播出字符为 y_1、y_2， 其余源点依此类推，如图 10-3 所示。采用 LIF 算法计算，结果如表 10-1 和表 10-2 所示。对求出的结果进行了验证，表明采用此编码方案各宿点均能恢复出各源点所播出的字符。

表 10-1　信道的局部编码向量

信道	向量	信道	向量	信道	向量	信道	向量
s_1-1-1	52	3-8-2	015	10-14-1	61	16-r_1-2	54571
s_1-1-2	10	3-8-3	132	10-14-2	01	16-r_1-3	35312
s_1-2-1	56	4-9-1	4655	10-15-1	61	16-r_1-4	37151
s_1-2-2	03	4-9-2	2113	12-16-1	163	16-r_1-5	17316
s_2-2-1	21	4-10-1	2074	12-16-2	070	17-r_1-1	74306
s_2-3-1	02	4-10-2	5311	12-16-3	615	17-r_1-2	40540
s_2-3-2	62	6-12-1	03	13-16-1	00547	17-r_1-3	32475
s_3-3-1	016	6-12-2	31	13-16-2	32570	17-r_1-4	13540
s_3-4-1	465	7-12-1	4	13-17-1	52463	17-r_2-1	35072
s_3-4-2	646	8-13-1	32110	13-17-2	10317	17-r_2-2	66124
s_4-4-1	14	8-13-2	02120	13-17-3	07400	17-r_2-3	27523
s_4-4-2	21	8-13-3	74354	14-17-1	437337	17-r_2-4	02105
1-6-1	01	8-14-1	52430	14-17-2	433773	17-r_2-5	21533
1-6-2	73	8-14-2	25176	14-18-1	520050	18-r_2-1	1431
2-7-1	277	9-13-1	24	14-18-2	011467	18-r_2-2	2244
2-8-1	316	9-13-2	57	14-18-3	546525	18-r_2-3	2323
2-8-2	466	9-14-1	76	15-18-1	7	18-r_2-4	7005
3-8-1	676	9-14-2	54	16-r_1-1	54213	—	—

表 10-2　各宿点输入信道的全局编码向量

宿点	信道 1	信道 2	信道 3	信道 4	信道 5	信道 6	信道 7	信道 8	信道 9
r_1	27607	62301	60770	12730	60361	22636	01200	00543	13443
	4703	6641	0452	0271	6376	6215	2661	5030	4277
r_2	63272	02506	02506	43377	36722	44177	16734	35251	34250
	1570	1423	1423	6447	3601	4132	2527	6743	0000

表 10-1 列出的是编码节点输出信道（具有单位容量）的局部编码向量，如信道 "s_1-2-2" 表示从节点 s_1 至节点 2 的第 2 条信道（图 10-3 中节点 s_2 至节点 2 的链路容量为 3，有 3 条信道，但只对其中的两条进行编码），对应的局部编码向量为(0,3)，说明节点 s_2 有两条输入信道。表 10-2 列出了所有宿点的输入信道的全局编码向量，每个向量均为 9 维的，注意到每个宿点有 10 条输入信道，但只用了 9 条，其中节点 17 至 r_1 和节点 18 至 r_2 均有一条信道不用编码。

10.3　多源多播连接问题的线性网络编码构造

对于一般的多源多播问题，多个源点需要多播数据至多个宿点，但每一源点对应的宿点集不相同。由于多个源点的信息共享同一个网络的信道，这些信息经过编码后途经同一信道将被混合在一起，而宿点收到这些信息后，需要从这些信息的组合中分离出自己所需的部分，这是一个相当困难的事情，文献[10]指出，多源网络编码绝不是单源网络编码的简单扩展，单源网络编码有显式解，而多源网络编码问题还没有完全解决。另一方面，求解多源多播网络编码问题一定得求可达信息率区域，研究者从简单的、特殊的网络拓扑情形入手展开研究。文献[11]基于网络最大流约束研究了双源双宿网络编码，找到了可达信息率区域的内界和外界；文献[12,13]研究了多单播网络编码问题，针对三源两宿和两源两宿的特殊网络拓扑，在一定假设条件下，给出了基于线性网络编码的可达信息率区域的计算方法。而对于一般的多源网络编码问题，文献[14]给出了一种渐近最优化的方法，本节叙述这一方法。该方法把多源多播网络划分为多个子图，每一子图包含了一个源点和该源点对应的宿点，各个子图间的有向边互不重叠，从而每一个子图形成一个单源多播网络，且各单源多播网络的数据传输信道互不重叠。这种划分具有以下特点：能使各源点的信息相互隔离，以便实现宿点正确地解码；构造编码方便，可以采用单源多播网络的编码构造方法分别对各单源多播网络的信道进行编码。为了使多源多播网络的吞吐率（各源点数据传输速率之和）达到最大，必须使各个单源多播网络的多播容量之和达到最大，则划分子图的问题是一个组合优化问题。本节列出了划分子图的数学模型，提出了预处理方法缩小搜索范围，并给出了基于遗传算法的求解模型的方法。当子图划分成功后，采用实现单源多播连接的技术分别对各子图的信道进行编码。本节还证明了这一事实，与路由传输技术相比，采用本节提出的方法构造的线性网络编码方案可以提高网络的吞吐率。仿真测试结果表明提出的方法是可行的，能实现多源多播网络的线性网络编码构造。

10.3.1　问题定义

定义 10.4　多源多播连接是多源多播网络中多个源点需要多播数据至相应的宿点，多源多播网络用有向无环图 $G=(V,E,W)$ 表示，V 表示顶点集，E 表示有向边集，有向边代表节点之间的有向链路，链路的容量为整数，$S=\{s_1,s_2,\cdots,s_n\}$ 为源点集，其中，$n>1$ 为源点的个数，且所有源点没有输入边，T 为宿点集，T 中的宿点无输出边，$T_i(1\leqslant i \leqslant n)$ 是宿点集的子集，且 $T=\bigcup\limits_{i=1}^{n}T_i$，$T_i\neq T_j(i\neq j)$，$s_i$ 需要多播数据至 T_i 中的每一宿点。

注意到 $T_i\neq T_j(i\neq j)$，但两个宿点集的交集可以不为空，即同一宿点可以落在两个或多个宿点集内，则一个源点需多播数据至多个宿点，同一宿点需要接收多个源点的信息。

图 10-4（a）给出了一个示例，源点 s_1 需要多播数据至 $\{r_1,r_2\}$，源点 s_2 多播数据至 $\{r_3,r_4\}$，图中的有向边代表连接两个顶点的链路，相应的数字代表链路的容量。

定义 10.5　每个源点的数据发送速率为该源点的多播率，多源多播连接的吞吐率是指各源点多播率之和。

若所有源点多播数据的优先级相同，不存在哪一个源点需要优先发送的情况，现要求采用线性网络编码技术进行数据传输，并使网络的吞吐率达到最大。

设各源点的多播率分别为 $h_1,h_2,\cdots,h_n$，则需要解决以下问题：第一，如何确定 $h_1,h_2,\cdots,h_n$，使 $\sum\limits_{i=1}^{n}h_i$ 尽可能大；第二，在多播率确定后，如何设计各信道的局部编码向量，使各宿点能正确地解码，且能恢复出相应源点的信息。

单源多播连接的线性网络编码的特点是：节点输出信道转发的信息是节点输入信道传输信息的线性组合。因编码操作在有限域上，把信道传输的信息称为有限域的字符。因多源多播网络同时传输多个源点的字符，若采用线性网络编码实现，则节点的输出信道转发的字符是该节点部分输入信道传输字符的线性组合。而多源多播网络存在多个源点，且每一源点对应的宿点集不同，若在数据传输过程中，把多个源点播出的信息随意地组合，则每一宿点接收到的信息也是所有源点播出信息的线性组合，从而每一宿点需要解出所有源点播出的信息后才能得到所需的信息，事实上，每一宿点只需要接收部分源点的信息，从而对于宿点来说，接收到一些不必要的信息，浪费了网络的资源[6]。

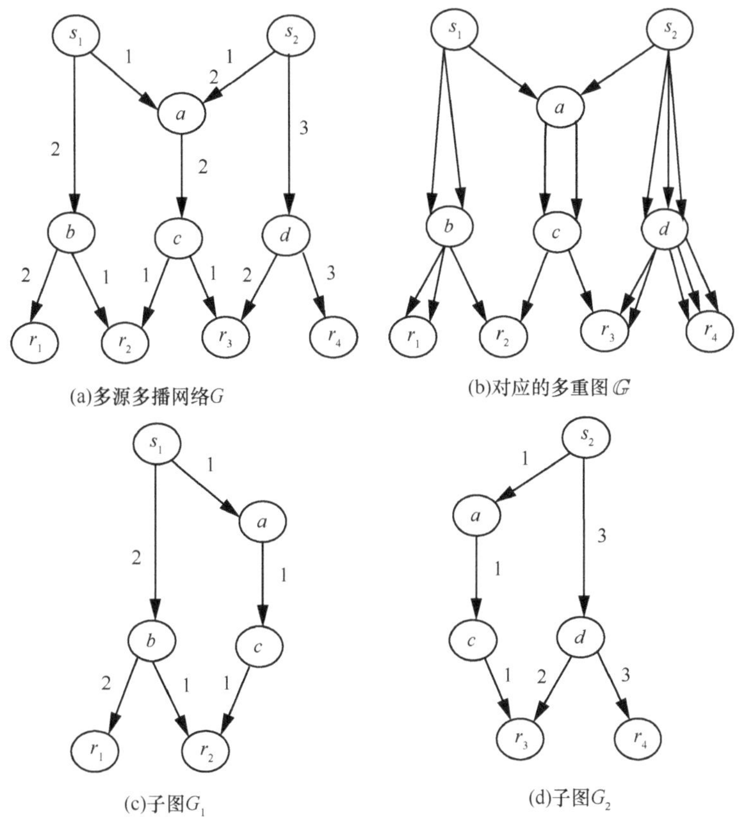

图 10-4　多源多播网络及其子图

10.3.2　多源多播连接的线性网络编码构造

（1）子图划分

因线性网络编码技术对单位容量的信道进行编码，把多源多播网络中容量大于 1 的链路分成多条单位容量的信道，每一单位容量的信道与权值为 1 的有向边对应，即所考虑的网络是一个多重图。这样处理后形成了一个新的边集 $\mathbb{E}$，并把多源多播网络记为 $G=(V,\mathbb{E})$，如图 10-4（b）所示。

为了使宿点能正确地解码，所提方法的思路是：同一条信道传输的字符只能是某一个源点播出字符的线性组合，而与其他源点播出的字符不相关。基于这个思路，把多源多播网络 G 划分为 n 个子图，每一个子图包含了一个源点以及该源点对应的宿点集，各子图间的有向边互不重叠，则每一个子图是一个单源多播网络，因而可以运用解决单源多播问题的方法构造编码向量。设 G 划分成 n 个子图 $G_1, G_2, \cdots, G_n$，记 $G_i=(V_i, E_i)$，则子图的划分满足式（10-14）的条件。

$$\begin{cases} s_i \in V_i, s_i \notin V_j (i, j = 1, \cdots, n, i \neq j) \\ T_i \subset V_i (1 \leqslant i \leqslant n) \\ E_i \subseteq \mathbb{E}, E_i \cap E_j = \phi(i, j = 1, \cdots, n, i \neq j) \end{cases} \tag{10-14}$$

如图 10-4（c）、图 10-4（d）所示，G_1 和 G_2 是 G 的一个划分。

定义 10.6 对于节点 v，$1 \leqslant i \leqslant n$，令 $\mathrm{In}_i(v)=\{d:\mathrm{head}(d)=v$ 且信道 d 传输来自 s_i 的字符$\}$，$\mathrm{Out}_i(v)=\{e:\mathrm{tail}(e)=v$ 且信道 e 传输来自 s_i 的字符$\}$。则 $\mathrm{In}_i(v)$ 是节点 v 部分输入信道的集合，负责传输来自源点 s_i 的字符；$\mathrm{Out}_i(v)$ 是节点 v 部分输出信道的集合，负责传输来自源点 s_i 的字符（注意：这里的"来自于源点 s_i 的字符"并非源点播出的字符，而是源点 s_i 播出字符的线性组合）。

定义 10.7 对于 $1 \leqslant i \leqslant n$，信道 $e \in \mathrm{Out}_i(v)$，则信道 e 转发的字符是 $\mathrm{In}_i(v)$ 中信道传输字符的线性组合，这个线性组合的系数构成了一个向量，叫做信道 e 的局部编码向量；信道 e 转发的字符同时又是源点 s_i 播出字符的线性组合，这个线性组合的系数构成了一个向量，叫做信道 e 的全局编码向量。

对于 $e \in \mathbb{E}$，若 e 属于某一个子图，则这条边的始点 $\mathrm{tail}(e)$ 和终点 $\mathrm{head}(e)$ 必定属于这个子图（注意 V 中的同一节点有可能属于多个子图），因此，划分子图的实质是确定每一条边属于哪一个子图，把一条边属于哪一个子图称之为该条边的隶属属性，例如，一条边属于第 i 个子图，则称这条边的隶属属性值为 i，当所有边的隶属属性值确定后，则子图的划分便唯一确定。而各子图均为单源多播网络，可以采用 Ford-Fulkerson 算法分别求各单多播网络的多播容量，若各单源多播网络的多播容量之和达到最大，则为最优的划分。显然，这是对各条边的隶属属性值搜索的一个组合优化问题，当 $\mathbb{E}$ 中的边较多时，可以采用启发式搜索法（如进化算法）求解。

（2）预处理

定义 10.8 在多源多播网络 G 中，$u \in V$，定义两个集合 $P(u)$ 和 $Q(u)$，分别称为节点 u 的 P 属性和 Q 属性，它们均是集合 $\{1,2,\cdots,n\}$ 的子集，且具有如下性质：若源点 s_i 到节点 u 存在有向路径，则 $i \in P(u)$[注1]；若节点 u 到 T_j 中的某一宿点存在有向路径，则 $j \in Q(u)$。

如果有向边 e 对源点 s_i 的数据传输起作用，则必须满足：s_i 至 $\mathrm{tail}(e)$ 必定存在有向路径；$\mathrm{head}(e)$ 至 T_i 中的某一宿点也必定存在有向路径。否则 e 对 s_i 的数据传

注1 这里 $i \in P(u)$ 是指 i 的整数值作为一个元素属于 $P(u)$。例如，$P(u)=\{1,2,3\}$，则当 $i=1,2,3$ 时，称为 $i \in P(u)$，以下均同。

输将不起作用。基于这一事实，可以限定每一条边的隶属属性值的变化范围，以便缩小搜索空间。

定义 10.9　在多源多播网络 G 中，对于 $e \in \mathbb{E}$，记 $R(e) = P(\text{tail}(e)) \cap Q(\text{head}(e))$，称为边 e 的 R 属性。

显然 $R(e)$ 为边 e 的隶属属性的取值范围，为确定所有边的 R 属性，则必须确定 $P(u)$ 和 $Q(u)(u \in V)$。

求 $P(u)$ 的方法如下：首先置 $P(u)$ 为空，然后从源点 s_i（$i=1,2,\cdots,n$）开始遍历图 G（深度优先遍历法和广度优先遍历法均可），若能访问到 u，则把序号 i 添加到 $P(u)$ 中。图 10-5（a）显示了部分节点的 P 属性。

求 $Q(u)$ 的方法如下：首先在原图中添加 n 个虚拟宿点 $t_i(i=1,2,\cdots,n)$，添加所有 T_i 中宿点到 t_i 的虚拟有向边，然后把图中全体有向边(包括原有向边和虚拟有向边)的方向反向，构成一个新的图 G'，如图 10-4（b）所示；置 $Q(u)$ 为空，然后从虚拟宿点 $t_i(i=1,2,\cdots,n)$ 开始遍历图 G'，若能访问到 u，则把序号 i 添加到 $Q(u)$ 中。图 10-5(b)显示了部分节点的 Q 属性。

当每一节点 P 属性和 Q 属性确定后，根据定义 10.9，则可以得出每一条边的 R 属性，图 10-5(c)列出了所有边的 R 属性。

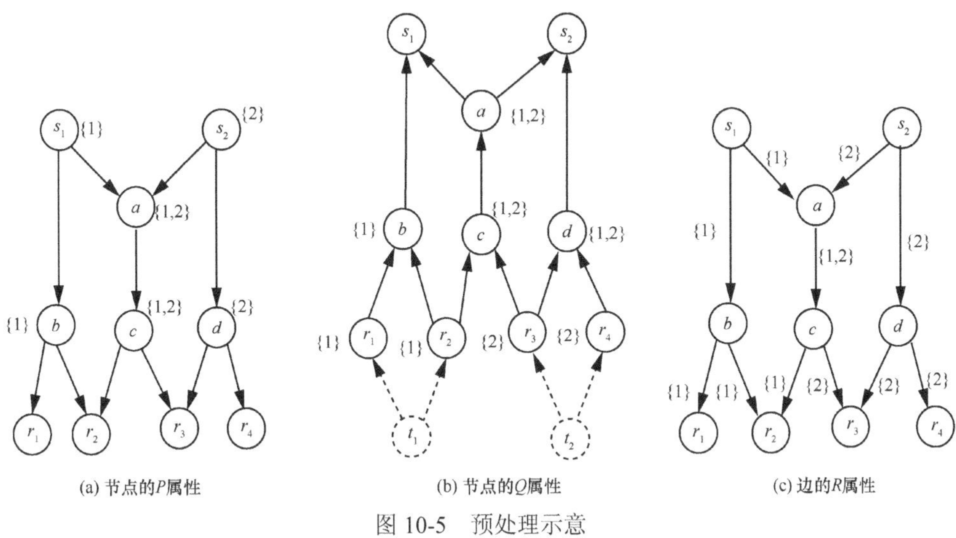

(a) 节点的 P 属性　　　　(b) 节点的 Q 属性　　　　(c) 边的 R 属性

图 10-5　预处理示意

（3）基于遗传算法的划分子图方法

对于所有的 $e \in \mathbb{E}$，先进行如下处理：若 $R(e)$ 为空，边 e 对任何源点的数据传输不起作用，则把这条边丢弃；若 $R(e)$ 仅含一个元素，不妨记 $R(e)=\{i\}$，则让 e 属于 E_i；3)若满足条件 $|R(e)|>1$(其中 $|R(e)|$ 为 $R(e)$ 中元素的个数)的有向边有 k 条，对它们进行依次编号，记为 $e_1,e_2,\cdots,e_k$。

子图的划分完全取决于 $e_1,e_2,\cdots,e_k$ 分别属于哪个子图，为每一条边定义一个变量，分别记为 $x_1,x_2,\cdots,x_k$，，其取值范围为

$$1 \leqslant x_i \leqslant |R(e_i)| \text{ 且 } x_i \text{ 为整数}(1 \leqslant i \leqslant n) \tag{10-15}$$

记 $\mathrm{ord}(R(e_i),j)(1 \leqslant j \leqslant |R(e_i)|)$ 为 $R(e_i)$ 的第 j 个元素的值。让 $x_i(1 \leqslant i \leqslant n)$ 的取值来决定 e 属于哪一个子图，当 x_i 的取值确定后，让 e_i 属于第 $\mathrm{ord}(R(e_i),x_i)$ 个子图，例如，若 $R(e_1)=\{2,4,5,6\}$，且 $x_1=3$，则让 e_1 属于第 5 个子图。

当 $x_1,x_2,\cdots,x_k$ 的取值确定后，构成了一个图的划分，显然这个划分满足式(10-14)的条件。

给定 $x_1,x_2,\cdots,x_k$ 的一组取值，对应的子图分别记为 $G_i(x_1,x_2,\cdots,x_k)(i=1,2,\cdots,n)$，记各个单源多播网络(子图)的多播容量为 $mflow(G_i(x_1,x_2,\cdots,x_k))$，而求单源多播网络的多播容量可以采用 Ford-Fulkerson 算法，则最优子图划分的数学模型如式（10-16）所示。

$$\max h = \sum_{i=1}^{n} mflow(G_i(x_1,x_2,\cdots x_k))$$
$$\text{s.t. } 1 \leqslant x_i \leqslant |R(e_i)| \text{ 且 } x_i \text{ 为整数}(1 \leqslant i \leqslant n) \tag{10-16}$$

式（10-16）是一个基于单目标的组合优化问题，以下采用遗传算法来求解。

本节采用实数遗传算法，设群体规模为 p，每一个体为 $(x_1,x_2,\cdots,x_k)$，每一个分量 x_i 叫做一个基因，采用单点交叉，交叉概率记为 p_c，采用适应度按比例选择[15]，个体的适应度按式（10-17）计算

$$fitness(x_1,\cdots,x_k) = \sum_{i=1}^{n} mflow(G_i(x_1,x_2,\cdots,x_k)) \tag{10-17}$$

采用基因非均匀变异，变异概率为 p_m，若 x_i 发生变异时，随机产生一个二进制随机数 $random$，其变异规则按式(10-18)完成。

$$x_i' = \begin{cases} \left\lfloor x_i + r(|R(e_i)|-x_i)\left(1-\dfrac{t}{T}\right)^3 \right\rfloor, & random=0 \\[4mm] \left\lfloor x_i - rx_i\left(1-\dfrac{t}{T}\right)^3 \right\rfloor, & random=1 \end{cases} \tag{10-18}$$

在式（10-18）中，t 为进化代数，T 为最大进化代数，r 为 [0，1] 之间的随机数。式（10-16）所示的模型其求解算法如下。

算法 10-2　基于遗传算法的子图划分算法

Step 1 算法初始化；

Step 2 随机生成 p 个个体；

Step 3　　WHILE 进化终止条件为假

Step 4　　　　按式（10-17）计算每一个体的适应度；

Step 5　　　　精英个体不经过进化遗传至下一代；

Step 6　　　　从父代群体中选择 p 个个体；

Step 7　　　　进行交叉、变异操作生成子代群体；

Step 8　　　　用子代群体替换父代群体；

Step 9　　END WHILE

（4）构造信道的局部编码向量

当子图划分成功后，每一子图是一个单源多播网络，取每一单源多播网络的多播率为多播容量，然后采用文献[16]或文献[17,18]的算法分别为每一单源多播网络的信道构造局部编码向量。本节采用文献[16]提出的随机线性网络编码方法，它具有操作简便的特点。其操作方法的详细描述见第 3 章。按某一拓扑顺序对各节点进行排序，按这一顺序逐个为各节点的输出信道随机产生局部编码向量，然后检测各宿点的全局编码矩阵的秩，若所有宿点的全局编码矩阵的秩均与多播率相等，则各信道的局部编码向量构成了多播连接成功的编码方案；这一过程叫做一次实验，若一次实验不成功，进行下一次实验，这是蒙特卡罗的实验方法，有限次实验必定能找到解。

在数据传输过程中，由于每一链路被划分为多条单位容量的信道，则有可能同一链路传输不同源点的数据分组，如图 10-4(a)中节点 a 至节点 c 的链路，它分成两条信道，分别传输两个源点的数据分组。为了使节点能识别同一链路的不同源点的数据分组，数据分组的分组头必须携带该源点的地址，节点根据数据分组携带的源点地址来区分该数据分组属于哪个源点。

10.3.3　与路由传输技术的比较

采用网络编码技术可以使单源多播网络的数据传输速率达到最大流界，并举例说明采用路由传输技术一般难以达到这个极限，因而，从提高单源多播网络吞吐率的角度来说，网络编码优于路由。下面定理说明对于多源多播连接，采用本章方法构造的线性网络编码方案的吞吐率不低于采用路由传输技术的吞吐率。

定理 10.3　对于一个多源多播网络，若采用路由传输技术能达到的最大吞吐率为 h，则采用本节方法构造的线性网络编码方案进行数据传输，网络的吞吐率不低于 h。

证明　不失一般性，设给定的多源多播网络如定义 10.2 所述。假设采用路由传输技术时网络的最大吞吐率为 h。对于路由传输方式，是通过创建多播树来实现的，达到最大吞吐率的路由传输方案如下。每一个源点对应一棵多播树，设第 i 个源点对应的多播树为 $TR_i(i=1,2,\cdots,n)$，其多播率为 h_i，则这些多播树必定具有如下性质。

（1）各个多播树之间的边互不重叠；

（2）$h=\sum_{i=1}^{n}h_i$；

（3）对于 $1\leqslant i\leqslant n$，s_i 至 T_i 中的每一宿点必定存在 h_i 条边不重叠的路径。

由性质（3），在多播树 TR_i 中，源点 s_i 至每一宿点的最小割不低于 h_i，注意到每一棵多播树均是一个单源多播网络，由文献[4]，则每一棵子树的多播容量不低于 h_i；由性质（1），$(TR_1,\cdots,TR_n)$ 是满足式（10-14）的一个子图划分，从而采用线性网络编码技术分别对各多播树进行编码，则多源多播网络的吞吐率不会低于 h；而采用本章方法的优化模型（10-16）得出的子图划分是满足式（10-14）且吞吐率达到最大的最优划分，从而采用本章方法的网络吞吐率不会低于 h。证毕。

10.3.4　仿真测试

图 10-2 是一个多源多播网络，s_1 需多播数据至 $\{r_1,r_2,r_3\}$，s_2 需多播数据至 $\{r_4,r_5,r_6\}$，s_3 需多播数据至 $\{r_6,r_7,r_8\}$，虚拟节点 t_1,t_2,t_3 用于求每一条边的 R 属性，现采用本章提出的方法对其进行仿真测试，实验环境如下：Pentium D CPU 2.8 GHz，448 MB 内存。

先把多源多播网络转化为一个多重图，并进行预处理操作，再调用算法 10-2 进行子图划分。其参数设置如下：群体规模 $p=100$，最大进化代数 $T=200$，交叉概率 $p_c=0.78$，变异概率 $p_m=0.072\,9$，经过运算，划分成 3 个子图，子图划分结果如图 10-6 所示，每一子图的多播容量均为 4，多源多播网络的吞吐率可以达到 12（每单位时间传输 12 bit）。

接下来确定各信道的编码向量，限于篇幅，仅列出第一个子图（称为子图 1）的各信道的编码向量。取多播率为 4，采用随机网络编码结合蒙特卡罗法求解，伽罗华域为 $GF(2^2)$，相应的生成多项式取 x^2+x+1，经过 25 次试算，得到了使多播连接成功的各信道的编码向量，如表 10-3 和表 10-4 所示。

表 10-3　各宿点输入信道的全局编码向量

宿点	信道 1	信道 2	信道 3	信道 4
r_1	3 1 2 0	2 2 3 3	3 0 3 3	0 2 2 0
r_2	1 3 1 3	3 3 1 1	0 2 0 2	0 1 3 1
r_3	0 3 2 3	2 1 0 1	2 0 3 1	2 0 1 2

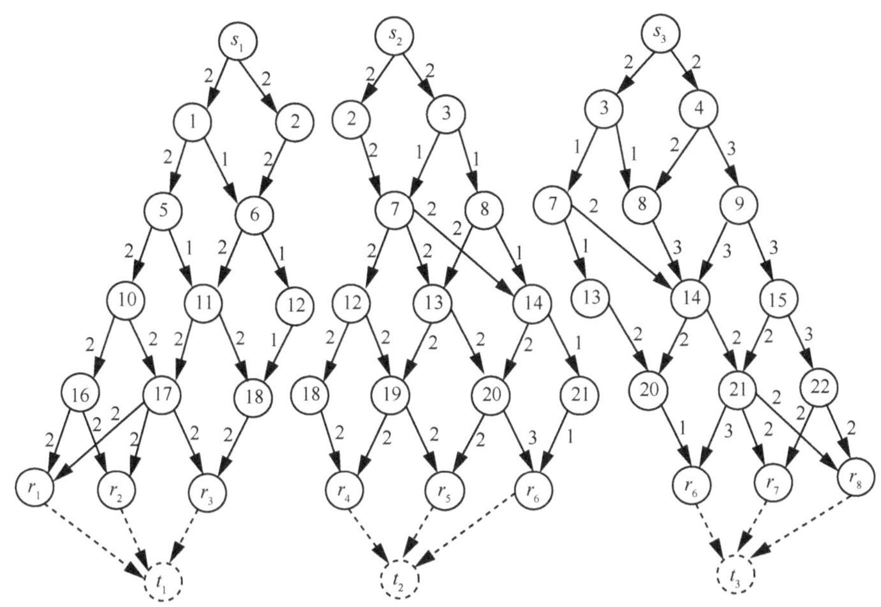

图 10-6　子图划分结果

　　表 10-3 列出了子图 1 中各宿点输入信道的全局编码向量，每一个宿点有 4 条输入信道，从左至右依次编号，例如，宿点 r_1 的第 3、4 条信道由节点 17 流入。因采用的多播率为 4，从而全局编码向量的维数是 4。由于向量的分量为 2 位二进制数，为书写方便，写成了四进制形式。表 10-4 列出了所有节点的输出信道的局编码向量。例如信道"1-5-2"表示节点 1 至节点 5 的链路的第 2 条信道，它的局部编码向量为(2,1)，表明节点 1 有两条输入信道。

表 10-4　信道的局部编码向量

信道	向量	信道	向量	信道	向量
s_1-1-1	2 1 2 1	6-11-1	0 2 2	16-r_1-1	1 2
s_1-1-1	0 1 2 3	6-11-2	1 2 0	16-r_1-2	3 2
s_1-2-1	3 0 3 1	6-12-1	3 3 1	16-r_2-1	2 0
s_1-2-2	1 0 3 0	10-16-1	2 1	16-r_2-2	1 3
1-5-1	1 1	10-16-2	3 3	17-r_1-1	2 2 1 0
1-5-2	2 1	10-17-1	0 2	17-r_1-2	1 0 2 2
1-6-1	2 2	10-17-2	1 0	17-r_2-1	0 1 1 1
2-6-1	3 0	11-17-1	1 2 1	17-r_2-2	3 0 1 2
2-6-2	2 1	10-17-2	2 3 0	17-r_3-1	2 0 1 2
5-10-1	2 3	11-18-1	2 0 0	17-r_3-2	0 3 3 0
5-10-2	0 2	11-18-2	2 3 2	18-r_3-1	0 3 2
5-11-1	1 0	12-18-1	0	18-r_3-2	1 1 1

10.4　多源多宿多播网络编码的可达信息率区域

在一般情况下，多源网络编码不是单源网络编码的简单扩展，它属于多用户信息论问题。单源网络编码的多播容量可以用最大流最小割界来刻画，且多播容量是可达的；而多源网络编码问题中各源点的多播率构成了一个多维向量，所有的向量形成了可达信息率区域。多源网络编码需要解决两个关键问题，其一，如何求可达信息率区域；其二，如何构造网络编码方案。对于一般多源网络编码问题，求可达信息率区域是非常困难的，但对于特殊一类多源多播问题，称之为多源多宿多播问题，文献[19]介绍了两种求解方法：枚举法和多目标优化法。

在 10.2 节中提出了求解多源多宿多播网络编码的最大吞吐率的方法，只要通过求解式（10-11）所示的数学模型便可能求出各源点的多播率，并使网络的吞吐率达到最大。如把这个模型的目标为求各源点的最大多播率，且满足相同的约束条件，则成为一个多目标优化问题，如式（10-19）所示。

$$\max \ \omega=(x_1,x_2,\cdots,x_n)$$

$$\text{s.t.} \ \sum_{i=1}^{n} x_i = F(x_1,x_2,\cdots,x_n)$$

$$\sum_{i=1}^{n} x_i \leq C^*$$

$$0 \leq x_i \leq h_i \ (1 \leq i \leq n)$$

$$(10\text{-}19)$$

式（10-19）表示含约束条件的一个多目标优化模型，模型的解则是一个 n 维的区域，就是多源多源多播网络编码的可达信息率区域。

文献[19]给出了两种求解方法：第一种是枚举法，在源点数量较少且各个分量 $x_i(1 \leq i \leq n)$ 变化范围较小的情况下比较适用；第二种是基于 NSGA II 的多目标优化算法，它适合于一般的情形。

10.5　小结

针对多个源点需要同时多播数据至所有宿点的多源多宿多播网络，给出了采用线性网络编码技术实现数据传输并达到最大吞吐率的编码构造方法，首先构造出与原问题等价的一个含约束条件的单源多播问题，借助于这个单源多播问题，把求各源点多播率问题归结一个组合优化问题—背包问题，并给出了基于遗传算法的实施方法，再利用解决单源多播问题的线性网络编码构造技术确定各信道的编码向量。采用该方法构造出的编码方案进行数据传输其网络的吞吐率能达到最大，分析与仿真测试结果表明了提出的方法是可行的。若把优化目标设定为求对源点多播率向量的最大化，则形成一个多目标优化问题，这个多目标优化问题的解就是多源多宿多播网络编码问题的可达信息率区域。

针对一般多源多播连接问题，提出了采用线性网络编码技术进行数据传输并达到最大吞吐率的编码构造方法，把多源多播网络划分为多个子图，每一个子图是一个单源多播网络，采用已有的方法确定各信道的编码向量。子图划分是一个组合优化问题，通过预处理宿小了搜索空间后，给出了基于遗传算法的求解方法，与路由传输技术相比，采用本章方法构造的线性网络编码方案进行数据传输可以提高网络的吞吐率。仿真结果表明，提出的方法是可行的。

本章的工作首次涉及了多源多播连接的网络编码构造研究，在各源点多播数据无优先级的条件下给出了基于单目标优化的划分子图方法，该方法只能得出一种线性网络编码构造方案，如需得出多个构造方案以便用户选择，则是一个多目标优化问题，下一步对此进行研究。

参 考 文 献

[1]　AHLSWEDE R CAI N, LI S R, et al. Network information flow[J]. IEEE Transactions on Information Theory, 2000, 46(4):1204-1216.

[2]　YAN X J, YANG J ZHANG Z. An outer bound for multisource multisink network coding with minimum cost consideration[J]. IEEE Transactions on Information Theory, 2006, 52(6): 2373-2385.

[3]　YAN X J, YANG J, ZHANG Z. An improved outer bound for multisource multisink network coding[C]//First Workshop on Network Coding, Theory, and Applications (NETCOD 2005). 2005.

[4]　YAN X J,YANG J, ZHANG Z. An outer bound for multisource multisink network coding with minimum cost consideration[J].IEEE Transactions on Information Theory, 2006, 52(6): 2373-2385.

[5]　YAN X J, YEUNG R W, ZHANG Z. The capacity region for multi-source multi-sink network coding[C]//Information Theory, ISIT 2007, IEEE International Symposium. 2007:116-120.

[6]　WU Y N. On constructive multi-source network coding[C]//Information Theory, 2006 IEEE International Symposium. Seattle, 2006:1349-1553.

[7]　蒲保兴, 王伟平, 杨路明. 多源多宿多播网络线性网络编码的优化构造[J].系统工程与电子

技术, 2010, 34(2): 380-385.

[8]　JAGGI S, SANDERS P, CHOU A,et al. Polynomial time algorithms for multicast network code construction[J]. IEEE Transactions on Information Theroy, 2006, 51(6):1973-1982.

[9]　李敏强, 寇纪淞, 林丹, 等. 遗传算法的基本理论与应用[M]. 北京: 科学出版社，2002: 27-44.

[10]　YEUNG R W. 信息论与网络编码[M]. 北京: 高等教育出版社, 2011: 505-525.

[11]　YOUAIL R S,CHRNG W,TAO S G. Achieving the information rate region for two sources two sinks network coding: an extended work[C]// ICIEA 2009, 4th IEEE Conference on Industrial Electronics and Applications. Xi'an, China, 2009:768-722.

[12]　HUANG S R. Network coding for multiple unicast over directed acyclic networks[D]. Ames: Iowa State University,2013.

[13]　HUANG S Y,RAMAMOORTHY A. An achievable region for the double unicast problem based on a minimum cut analysis[J].IEEE Transaction on Communications, 2013,61(7): 2890-2899.

[14]　蒲保兴, 杨路明, 王伟平, 等. 多源多播连接的线性网络编码构造[J]. 小型微型计算机系统, 2009, 30(4): 642-646.

[15]　YAO X. Evolutionary programming made fast[J]. IEEE Transaction on Evolution Computation, 1999, 3 (2) : 82 - 102.

[16]　HO T, MEDARD M, KOETTER R, et al. A random linear network coding approach to multicast[J]. IEEE Transactions on Information Theory, 2006, 52(10):4413-4430.

[17]　SANDERS P, EGNER S, TOLHUIZEN L. Polynomial time algorithms for network information flow[C]//The 15th Annual ACM Symposium on Parallel Algorithms and Architectures. 2003:286-294.

[18]　JAGGI S, CHOU P A, JAIN K. Low complexity optimal algebraic multicast codes[C]//Int'l Symp, Information Theory. Yokohama, Japan, 2003.

[19]　蒲保兴, 朱鸿鹏, 赵乘麟. 多源多宿多播网络编码的可达信息率区域[J]. 计算机应用, 2015, 35(6): 1546-1551.

附录 A

A1　伽罗华域的生成多项式

表 A1-1 列出了次为 2 至 34 的伽罗华域的生成多项式（不可约多项式），本书中所采用的伽罗华域的其生成多项式均来自于该表。该表中的数据是根据定义通过编程计算得出来的，每一次数的伽罗华域可能不止一个生成多项式，但在该表中只列出了一个。

表 A1-1　伽罗华域的生成多项式

次	伽罗华域	生成多项式	次	伽罗华域	生成多项式
2	$GF(2^2)$	x^2+x+1	19	$GF(2^{19})$	$x^{19}+x^5+x^2+x+1$
3	$GF(2^3)$	x^3+x+1	20	$GF(2^{20})$	$x^{20}+x^3+1$
4	$GF(2^4)$	x^4+x+1	21	$GF(2^{21})$	$x^{21}+x^2+1$
5	$GF(2^5)$	x^5+x^2+1	22	$GF(2^{22})$	$x^{22}+x+1$
6	$GF(2^6)$	x^6+x+1	23	$GF(2^{23})$	$x^{23}+x^5+1$
7	$GF(2^7)$	x^7+x+1	24	$GF(2^{24})$	$x^{24}+x^4+x^3+x+1$
8	$GF(2^8)$	$x^8+x^4+x^3+x+1$	25	$GF(2^{25})$	$x^{25}+x^3+1$
9	$GF(2^9)$	x^9+x+1	26	$GF(2^{26})$	$x^{26}+x^4+x^3+x+1$
10	$GF(2^{10})$	$x^{10}+x^3+1$	27	$GF(2^{27})$	$x^{27}+x^5+x^2+x+1$
11	$GF(2^{11})$	$x^{11}+x^2+1$	28	$GF(2^{28})$	$x^{28}+x+1$
12	$GF(2^{12})$	$x^{12}+x^3+1$	29	$GF(2^{29})$	$x^{29}+x^2+1$
13	$GF(2^{13})$	$x^{13}+x^4+x^3+x+1$	30	$GF(2^{30})$	$x^{30}+x+1$
14	$GF(2^{14})$	$x^{14}+x^5+1$	31	$GF(2^{31})$	$x^{31}+x^3+x^2+1$
15	$GF(2^{15})$	$x^{15}+x+1$	32	$GF(2^{32})$	$x^{32}+x^7+x^3+x^2+1$
16	$GF(2^{16})$	$x^{16}+x^5+x^3+x+1$	33	$GF(2^{33})$	$x^{33}+x^6+x^3+x+1$
17	$GF(2^{17})$	$x^{17}+x^3+1$	34	$GF(2^{34})$	$x^{34}+x^4+x^3+x+1$
18	$GF(2^{18})$	$x^{18}+x^3+1$	—	—	—

 **A2　仿真测试中部分随机生成的单源多播网络的邻接矩阵**

（1）单源多播网络 1

节点个数$|V|$=36，信道数$|E|$=175，源点的输出信道数 H=$|\text{Out}(s)|$=11，多播容量 C=10，宿点个数$|T|$=10。其邻接矩阵如表 A2-1 所示。节点按拓扑顺序编号，第 1 个节点为源点，最后的 10 个节点为宿点，其中矩阵元素 a_{ij} 表示第 i 个节点流入节 j 个节点的信道数，如 a_{ij} 为 0，表示节点 i 至节点 j 没有信道（以下同）。

表 A2-1　单源多播网络 1 的邻接矩阵

行＼列	1	2	3	4	5	6	7	8	9	10	11	12	13	14	15	16	17	18	19	20	21	22	23	24	25	26	27	28	29	30	31	32	33	34	35	36
1	0	2	1	2	3	1	2	0	0	0	0	0	0	0	0	0	0	0	0	0	0	0	0	0	0	0	0	0	0	0	0	0	0	0	0	0
2	0	0	0	0	0	0	0	1	2	0	0	0	0	0	0	0	0	0	0	0	0	0	0	0	0	0	0	0	0	0	0	0	0	0	0	0
3	0	0	0	0	0	0	0	0	1	1	1	0	0	0	0	0	0	0	0	0	0	0	0	0	0	0	0	0	0	0	0	0	0	0	0	0
4	0	0	0	0	0	0	0	0	2	2	0	0	0	0	0	0	0	0	0	0	0	0	0	0	0	0	0	0	0	0	0	0	0	0	0	0
5	0	0	0	0	0	0	0	1	0	1	1	0	0	0	0	0	0	0	0	0	0	0	0	0	0	0	0	0	0	0	0	0	0	0	0	0
6	0	0	0	0	0	0	0	0	0	0	0	1	1	0	0	0	0	0	0	0	0	0	0	0	0	0	0	0	0	0	0	0	0	0	0	0
7	0	0	0	0	0	0	0	0	0	0	0	2	0	1	0	0	1	0	0	0	0	0	0	0	0	0	0	0	0	0	0	0	0	0	0	0
8	0	0	0	0	0	0	0	0	0	0	0	0	0	0	0	2	0	0	0	1	0	0	0	0	0	0	0	0	0	0	0	0	0	0	0	0
9	0	0	0	0	0	0	0	0	0	0	0	0	0	0	0	2	2	1	0	0	0	0	0	0	0	0	0	0	0	0	0	0	0	0	0	0
10	0	0	0	0	0	0	0	0	0	0	0	0	0	0	0	0	1	0	1	0	1	0	0	0	0	0	0	0	0	0	0	0	0	0	0	0
1	0	0	0	0	0	0	0	0	0	0	0	0	0	0	0	0	0	0	1	1	1	0	0	0	0	0	0	0	0	0	0	0	0	0	0	0
2	0	0	0	0	0	0	0	0	0	0	0	0	0	0	0	0	0	0	0	2	2	1	1	0	0	0	0	0	0	0	0	0	0	0	0	0
3	0	0	0	0	0	0	0	0	0	0	0	0	0	0	0	0	0	0	0	0	0	0	1	0	0	0	0	0	0	0	0	0	0	0	0	0
4	0	0	0	0	0	0	0	0	0	0	0	0	0	0	0	0	0	0	0	0	0	0	1	0	1	0	0	0	0	0	0	0	0	0	0	0
5	0	0	0	0	0	0	0	0	0	0	0	0	0	0	0	0	0	0	0	0	0	0	0	0	0	0	0	0	0	0	0	0	0	0	0	0
6	0	0	0	0	0	0	0	0	0	0	0	0	0	0	0	0	0	0	0	0	0	0	0	3	2	3	0	0	0	0	0	0	0	0	0	0
7	0	0	0	0	0	0	0	0	0	0	0	0	0	0	0	0	0	0	0	0	0	0	0	2	0	3	4	1	0	1	0	0	0	0	0	0
8	0	0	0	0	0	0	0	0	0	0	0	0	0	0	0	0	0	0	0	0	0	0	0	0	0	0	1	0	0	0	0	0	0	0	0	0
9	0	0	0	0	0	0	0	0	0	0	0	0	0	0	0	0	0	0	0	0	0	0	0	0	0	1	2	2	2	0	0	0	0	0	0	0
20	0	0	0	0	0	0	0	0	0	0	0	0	0	0	0	0	0	0	0	0	0	0	0	0	0	0	4	4	3	4	0	0	0	0	0	0
1	0	0	0	0	0	0	0	0	0	0	0	0	0	0	0	0	0	0	0	0	0	0	0	0	0	0	0	0	1	1	3	2	3	0	0	3
2	0	0	0	0	0	0	0	0	0	0	0	0	0	0	0	0	0	0	0	0	0	0	0	0	0	0	0	0	0	0	1	0	1	0	0	0
3	0	0	0	0	0	0	0	0	0	0	0	0	0	0	0	0	0	0	0	0	0	0	0	0	0	0	0	0	0	1	0	3	0	0	0	0
4	0	0	0	0	0	0	0	0	0	0	0	0	0	0	0	0	0	0	0	0	0	0	0	0	0	0	0	4	2	4	4	3	0	2	2	0
5	0	0	0	0	0	0	0	0	0	0	0	0	0	0	0	0	0	0	0	0	0	0	0	0	0	0	0	0	3	0	1	0	1	3	2	1
6	0	0	0	0	0	0	0	0	0	0	0	0	0	0	0	0	0	0	0	0	0	0	0	0	0	0	0	0	0	0	2	3	6	5	6	7
7	0	0	0	0	0	0	0	0	0	0	0	0	0	0	0	0	0	0	0	0	0	0	0	0	0	0	0	0	0	0	0	0	0	0	0	0
8	0	0	0	0	0	0	0	0	0	0	0	0	0	0	0	0	0	0	0	0	0	0	0	0	0	0	0	0	0	0	0	0	0	0	0	0
9	0	0	0	0	0	0	0	0	0	0	0	0	0	0	0	0	0	0	0	0	0	0	0	0	0	0	0	0	0	0	0	0	0	0	0	0
30	0	0	0	0	0	0	0	0	0	0	0	0	0	0	0	0	0	0	0	0	0	0	0	0	0	0	0	0	0	0	0	0	0	0	0	0
1	0	0	0	0	0	0	0	0	0	0	0	0	0	0	0	0	0	0	0	0	0	0	0	0	0	0	0	0	0	0	0	0	0	0	0	0
2	0	0	0	0	0	0	0	0	0	0	0	0	0	0	0	0	0	0	0	0	0	0	0	0	0	0	0	0	0	0	0	0	0	0	0	0
3	0	0	0	0	0	0	0	0	0	0	0	0	0	0	0	0	0	0	0	0	0	0	0	0	0	0	0	0	0	0	0	0	0	0	0	0
4	0	0	0	0	0	0	0	0	0	0	0	0	0	0	0	0	0	0	0	0	0	0	0	0	0	0	0	0	0	0	0	0	0	0	0	0
5	0	0	0	0	0	0	0	0	0	0	0	0	0	0	0	0	0	0	0	0	0	0	0	0	0	0	0	0	0	0	0	0	0	0	0	0
6	0	0	0	0	0	0	0	0	0	0	0	0	0	0	0	0	0	0	0	0	0	0	0	0	0	0	0	0	0	0	0	0	0	0	0	0

（2）单源多播网络 2

节点个数 $|V|$=41，信道数 $|E|$=202，源点的输出信道数 H=$|Out(s)|$=12，多播容量 C=9，宿点个数 $|T|$=10。其邻接矩阵如表 A2-2 所示。

表 A2-2　单源多播网络 2 的邻接矩阵

行＼列										1										2										3										4	
	1	2	3	4	5	6	7	8	9	0	1	2	3	4	5	6	7	8	9	0	1	2	3	4	5	6	7	8	9	0	1	2	3	4	5	6	7	8	9	0	1
1	0	3	3	3	3	0	0	0	0	0	0	0	0	0	0	0	0	0	0	0	0	0	0	0	0	0	0	0	0	0	0	0	0	0	0	0	0	0	0	0	0
2	0	0	0	0	0	2	1	0	0	0	0	0	0	0	0	0	0	0	0	0	0	0	0	0	0	0	0	0	0	0	0	0	0	0	0	0	0	0	0	0	0
3	0	0	0	0	0	0	0	1	2	2	0	0	0	0	0	0	0	0	0	0	0	0	0	0	0	0	0	0	0	0	0	0	0	0	0	0	0	0	0	0	0
4	0	0	0	0	0	0	0	3	0	0	1	0	0	0	0	0	0	0	0	0	0	0	0	0	0	0	0	0	0	0	0	0	0	0	0	0	0	0	0	0	0
5	0	0	0	0	0	0	0	0	1	0	1	1	0	0	0	0	0	0	0	0	0	0	0	0	0	0	0	0	0	0	0	0	0	0	0	0	0	0	0	0	0
6	0	0	0	0	0	0	0	0	0	0	0	0	1	0	2	0	0	0	0	0	0	0	0	0	0	0	0	0	0	0	0	0	0	0	0	0	0	0	0	0	0
7	0	0	0	0	0	0	0	0	0	0	0	0	0	0	0	1	0	0	0	0	0	0	0	0	0	0	0	0	0	0	0	0	0	0	0	0	0	0	0	0	0
8	0	0	0	0	0	0	0	0	0	0	0	0	0	0	0	0	4	3	0	0	0	0	0	0	0	0	0	0	0	0	0	0	0	0	0	0	0	0	0	0	0
9	0	0	0	0	0	0	0	0	0	0	0	0	0	0	0	0	0	0	2	0	0	1	0	0	0	0	0	0	0	0	0	0	0	0	0	0	0	0	0	0	0
10	0	0	0	0	0	0	0	0	0	0	0	0	0	0	0	0	0	0	1	0	1	0	0	0	0	0	0	0	0	0	0	0	0	0	0	0	0	0	0	0	0
1	0	0	0	0	0	0	0	0	0	0	0	0	0	0	0	0	0	0	2	1	0	0	0	0	0	0	0	0	0	0	0	0	0	0	0	0	0	0	0	0	0
2	0	0	0	0	0	0	0	0	0	0	0	0	0	0	0	0	0	0	0	0	0	1	1	0	1	0	0	0	0	0	0	0	0	0	0	0	0	0	0	0	0
3	0	0	0	0	0	0	0	0	0	0	0	0	0	0	0	0	0	0	0	0	0	0	0	0	1	0	0	0	0	0	0	0	0	0	0	0	0	0	0	0	0
4	0	0	0	0	0	0	0	0	0	0	0	0	0	0	0	0	0	0	0	0	0	0	0	0	0	0	0	0	0	0	0	0	0	0	0	0	0	0	0	0	0
5	0	0	0	0	0	0	0	0	0	0	0	0	0	0	0	0	0	0	0	0	0	0	0	1	2	2	0	0	0	0	0	0	0	0	0	0	0	0	0	0	0
6	0	0	0	0	0	0	0	0	0	0	0	0	0	0	0	0	0	0	0	0	0	0	1	0	1	1	0	0	1	0	1	0	0	0	0	0	0	0	0	0	0
7	0	0	0	0	0	0	0	0	0	0	0	0	0	0	0	0	0	0	0	0	0	0	0	0	0	1	3	0	0	0	0	0	0	0	0	0	0	0	0	0	0
8	0	0	0	0	0	0	0	0	0	0	0	0	0	0	0	0	0	0	0	0	0	0	2	0	0	2	0	1	2	0	0	0	0	0	0	0	0	0	0	0	0
9	0	0	0	0	0	0	0	0	0	0	0	0	0	0	0	0	0	0	0	0	0	0	0	0	0	4	2	0	0	0	0	0	0	0	0	0	0	0	0	0	0
20	0	0	0	0	0	0	0	0	0	0	0	0	0	0	0	0	0	0	0	0	0	0	0	0	2	0	0	1	0	0	0	0	0	0	0	0	0	0	0	0	0
1	0	0	0	0	0	0	0	0	0	0	0	0	0	0	0	0	0	0	0	0	0	0	0	0	0	0	0	0	1	0	0	0	0	0	0	0	0	0	0	0	0
2	0	0	0	0	0	0	0	0	0	0	0	0	0	0	0	0	0	0	0	0	0	0	0	0	0	0	0	0	0	0	1	1	1	1	0	0	0	0	0	0	0
3	0	0	0	0	0	0	0	0	0	0	0	0	0	0	0	0	0	0	0	0	0	0	0	0	0	0	0	0	0	2	1	0	2	0	0	0	0	0	0	0	0
4	0	0	0	0	0	0	0	0	0	0	0	0	0	0	0	0	0	0	0	0	0	0	0	0	0	0	0	0	0	0	2	1	1	0	0	0	0	0	0	0	0
5	0	0	0	0	0	0	0	0	0	0	0	0	0	0	0	0	0	0	0	0	0	0	0	0	0	0	0	0	0	0	0	1	2	2	1	2	0	0	0	0	0
6	0	0	0	0	0	0	0	0	0	0	0	0	0	0	0	0	0	0	0	0	0	0	0	0	0	0	0	0	0	0	0	3	1	2	2	1	2	0	0	0	0
7	0	0	0	0	0	0	0	0	0	0	0	0	0	0	0	0	0	0	0	0	0	0	0	0	0	0	0	0	0	0	0	0	1	5	2	3	3	4	0	0	0
8	0	0	0	0	0	0	0	0	0	0	0	0	0	0	0	0	0	0	0	0	0	0	0	0	0	0	0	0	0	0	0	1	0	4	4	4	3	4	0	0	0
9	0	0	0	0	0	0	0	0	0	0	0	0	0	0	0	0	0	0	0	0	0	0	0	0	0	0	0	0	0	0	0	1	0	1	0	1	1	3	2	4	4
30	0	0	0	0	0	0	0	0	0	0	0	0	0	0	0	0	0	0	0	0	0	0	0	0	0	0	0	0	0	0	0	1	0	0	2	1	2	1	2	3	4
1	0	0	0	0	0	0	0	0	0	0	0	0	0	0	0	0	0	0	0	0	0	0	0	0	0	0	0	0	0	0	0	0	2	0	0	0	0	4	5	4	4
2	0	0	0	0	0	0	0	0	0	0	0	0	0	0	0	0	0	0	0	0	0	0	0	0	0	0	0	0	0	0	0	0	0	0	0	0	0	0	0	0	0
3	0	0	0	0	0	0	0	0	0	0	0	0	0	0	0	0	0	0	0	0	0	0	0	0	0	0	0	0	0	0	0	0	0	0	0	0	0	0	0	0	0
4	0	0	0	0	0	0	0	0	0	0	0	0	0	0	0	0	0	0	0	0	0	0	0	0	0	0	0	0	0	0	0	0	0	0	0	0	0	0	0	0	0
5	0	0	0	0	0	0	0	0	0	0	0	0	0	0	0	0	0	0	0	0	0	0	0	0	0	0	0	0	0	0	0	0	0	0	0	0	0	0	0	0	0
6	0	0	0	0	0	0	0	0	0	0	0	0	0	0	0	0	0	0	0	0	0	0	0	0	0	0	0	0	0	0	0	0	0	0	0	0	0	0	0	0	0
7	0	0	0	0	0	0	0	0	0	0	0	0	0	0	0	0	0	0	0	0	0	0	0	0	0	0	0	0	0	0	0	0	0	0	0	0	0	0	0	0	0
8	0	0	0	0	0	0	0	0	0	0	0	0	0	0	0	0	0	0	0	0	0	0	0	0	0	0	0	0	0	0	0	0	0	0	0	0	0	0	0	0	0
9	0	0	0	0	0	0	0	0	0	0	0	0	0	0	0	0	0	0	0	0	0	0	0	0	0	0	0	0	0	0	0	0	0	0	0	0	0	0	0	0	0
40	0	0	0	0	0	0	0	0	0	0	0	0	0	0	0	0	0	0	0	0	0	0	0	0	0	0	0	0	0	0	0	0	0	0	0	0	0	0	0	0	0
1	0	0	0	0	0	0	0	0	0	0	0	0	0	0	0	0	0	0	0	0	0	0	0	0	0	0	0	0	0	0	0	0	0	0	0	0	0	0	0	0	0

（3）单源多播网络 3

节点个数 $|V|=47$，信道数 $|E|=237$，源点的输出信道数 $H=|\mathrm{Out}(s)|=13$，多播容量 $C=12$，宿点个数 $|T|=10$。其邻接矩阵如表 A2-3 所示。

表 A2-3　单源多播网络 3 的邻接矩阵

行＼列	1	2	3	4	5	6	7	8	9	10	11	12	13	14	15	16	17	18	19	20	21	22	23	24	25	26	27	28	29	30	31	32	33	34	35	36	37	38	39	40	41	42	43	44	45	46	47
1	0	3	1	2	3	0	4	0	0	0	0	0	0	0	0	0	0	0	0	0	0	0	0	0	0	0	0	0	0	0	0	0	0	0	0	0	0	0	0	0	0	0	0	0	0	0	0
2	0	0	0	0	0	0	3	1	1	0	0	0	0	0	0	0	0	0	0	0	0	0	0	0	0	0	0	0	0	0	0	0	0	0	0	0	0	0	0	0	0	0	0	0	0	0	0
3	0	0	0	0	0	0	0	0	1	1	0	0	1	0	0	0	0	0	0	0	0	0	0	0	0	0	0	0	0	0	0	0	0	0	0	0	0	0	0	0	0	0	0	0	0	0	0
4	0	0	0	0	0	0	0	1	0	0	2	0	0	0	0	0	0	0	0	0	0	0	0	0	0	0	0	0	0	0	0	0	0	0	0	0	0	0	0	0	0	0	0	0	0	0	0
5	0	0	0	0	0	0	0	0	0	1	0	2	1	0	0	0	0	0	0	0	0	0	0	0	0	0	0	0	0	0	0	0	0	0	0	0	0	0	0	0	0	0	0	0	0	0	0
6	0	0	0	0	0	0	0	0	0	0	0	0	0	0	0	0	0	0	0	0	0	0	0	0	0	0	0	0	0	0	0	0	0	0	0	0	0	0	0	0	0	0	0	0	0	0	0
7	0	0	0	0	0	0	0	0	0	0	0	0	4	0	0	0	0	0	0	0	0	0	0	0	0	0	0	0	0	0	0	0	0	0	0	0	0	0	0	0	0	0	0	0	0	0	0
8	0	0	0	0	0	0	0	0	0	0	0	0	0	2	1	0	0	0	0	0	0	0	0	0	0	0	0	0	0	0	0	0	0	0	0	0	0	0	0	0	0	0	0	0	0	0	0
9	0	0	0	0	0	0	0	0	0	0	0	0	0	0	0	1	1	0	0	0	0	0	0	0	0	0	0	0	0	0	0	0	0	0	0	0	0	0	0	0	0	0	0	0	0	0	0
10	0	0	0	0	0	0	0	0	0	0	0	0	0	0	0	2	1	0	0	0	0	0	0	0	0	0	0	0	0	0	0	0	0	0	0	0	0	0	0	0	0	0	0	0	0	0	0
1	0	0	0	0	0	0	0	0	0	0	0	0	0	0	0	2	0	0	1	0	0	0	0	0	0	0	0	0	0	0	0	0	0	0	0	0	0	0	0	0	0	0	0	0	0	0	0
2	0	0	0	0	0	0	0	0	0	0	0	0	0	0	0	0	2	1	0	0	0	0	0	0	0	0	0	0	0	0	0	0	0	0	0	0	0	0	0	0	0	0	0	0	0	0	0
3	0	0	0	0	0	0	0	0	0	0	0	0	0	0	0	0	0	0	2	2	0	0	0	0	0	0	0	0	0	0	0	0	0	0	0	0	0	0	0	0	0	0	0	0	0	0	0
4	0	0	0	0	0	0	0	0	0	0	0	0	0	0	0	0	0	0	1	0	0	0	0	0	0	0	0	0	0	0	0	0	0	0	0	0	0	0	0	0	0	0	0	0	0	0	0
5	0	0	0	0	0	0	0	0	0	0	0	0	0	0	0	0	0	4	2	0	0	0	0	0	0	0	0	0	0	0	0	0	0	0	0	0	0	0	0	0	0	0	0	0	0	0	0
6	0	0	0	0	0	0	0	0	0	0	0	0	0	0	0	0	0	0	0	0	0	0	0	0	0	0	0	0	0	0	0	0	0	0	0	0	0	0	0	0	0	0	0	0	0	0	0
7	0	0	0	0	0	0	0	0	0	0	0	0	0	0	0	0	0	0	2	0	0	0	2	0	1	0	0	0	0	0	0	0	0	0	0	0	0	0	0	0	0	0	0	0	0	0	0
8	0	0	0	0	0	0	0	0	0	0	0	0	0	0	0	0	0	0	0	3	0	1	0	0	0	0	0	0	0	0	0	0	0	0	0	0	0	0	0	0	0	0	0	0	0	0	0
9	0	0	0	0	0	0	0	0	0	0	0	0	0	0	0	0	0	0	0	0	1	1	1	0	0	0	0	0	0	0	0	0	0	0	0	0	0	0	0	0	0	0	0	0	0	0	0
20	0	0	0	0	0	0	0	0	0	0	0	0	0	0	0	0	0	0	0	0	2	1	0	0	1	1	0	0	0	0	0	0	0	0	0	0	0	0	0	0	0	0	0	0	0	0	0
1	0	0	0	0	0	0	0	0	0	0	0	0	0	0	0	0	0	0	0	0	0	2	2	1	3	0	0	0	0	0	0	0	0	0	0	0	0	0	0	0	0	0	0	0	0	0	0
2	0	0	0	0	0	0	0	0	0	0	0	0	0	0	0	0	0	0	0	0	0	0	0	1	0	1	0	0	0	0	0	0	0	0	0	0	0	0	0	0	0	0	0	0	0	0	0
3	0	0	0	0	0	0	0	0	0	0	0	0	0	0	0	0	0	0	0	0	0	0	0	0	3	1	1	2	2	0	0	0	0	0	0	0	0	0	0	0	0	0	0	0	0	0	0
4	0	0	0	0	0	0	0	0	0	0	0	0	0	0	0	0	0	0	0	0	0	0	0	0	0	2	1	2	0	0	0	0	0	0	0	0	0	0	0	0	0	0	0	0	0	0	0
5	0	0	0	0	0	0	0	0	0	0	0	0	0	0	0	0	0	0	0	0	0	0	0	0	0	0	1	0	0	1	1	0	1	0	0	0	0	0	0	0	0	0	0	0	0	0	0
6	0	0	0	0	0	0	0	0	0	0	0	0	0	0	0	0	0	0	0	0	0	0	0	0	0	0	0	0	1	1	0	0	0	0	0	0	0	0	0	0	0	0	0	0	0	0	0
7	0	0	0	0	0	0	0	0	0	0	0	0	0	0	0	0	0	0	0	0	0	0	0	0	0	0	0	0	0	1	1	0	0	0	0	0	0	0	0	0	0	0	0	0	0	0	0
8	0	0	0	0	0	0	0	0	0	0	0	0	0	0	0	0	0	0	0	0	0	0	0	0	0	0	0	0	0	0	1	2	0	0	0	0	0	0	0	0	0	0	0	0	0	0	0
9	0	0	0	0	0	0	0	0	0	0	0	0	0	0	0	0	0	0	0	0	0	0	0	0	0	0	0	0	0	2	2	3	0	0	0	0	0	0	0	0	0	0	0	0	0	0	0
30	0	0	0	0	0	0	0	0	0	0	0	0	0	0	0	0	0	0	0	0	0	0	0	0	0	0	0	0	0	0	3	1	4	4	0	0	0	0	0	0	0	0	0	0	0	0	0
1	0	0	0	0	0	0	0	0	0	0	0	0	0	0	0	0	0	0	0	0	0	0	0	0	0	0	0	0	0	0	3	1	3	4	0	0	0	0	0	0	0	0	0	0	0	0	0
2	0	0	0	0	0	0	0	0	0	0	0	0	0	0	0	0	0	0	0	0	0	0	0	0	0	0	0	0	0	0	1	4	1	1	4	0	0	0	0	0	0	0	0	0	0	0	0
3	0	0	0	0	0	0	0	0	0	0	0	0	0	0	0	0	0	0	0	0	0	0	0	0	0	0	0	0	0	0	2	3	3	3	5	0	0	0	0	0	0	0	0	0	0	0	0
4	0	0	0	0	0	0	0	0	0	0	0	0	0	0	0	0	0	0	0	0	0	0	0	0	0	0	0	0	0	0	1	0	1	3	2	3	3	0	0	0	0	0	0	0	0	0	0
5	0	0	0	0	0	0	0	0	0	0	0	0	0	0	0	0	0	0	0	0	0	0	0	0	0	0	0	0	0	0	0	1	1	3	3	5	5	0	0	0	0	0	0	0	0	0	0
6	0	0	0	0	0	0	0	0	0	0	0	0	0	0	0	0	0	0	0	0	0	0	0	0	0	0	0	0	0	0	0	0	2	4	3	4	4	3	0	0	0	0	0	0	0	0	0
7	0	0	0	0	0	0	0	0	0	0	0	0	0	0	0	0	0	0	0	0	0	0	0	0	0	0	0	0	0	0	0	2	0	0	1	4	3	3	4	0	0	0	0	0	0	0	0
8	0	0	0	0	0	0	0	0	0	0	0	0	0	0	0	0	0	0	0	0	0	0	0	0	0	0	0	0	0	0	0	0	0	0	0	0	0	0	0	0	0	0	0	0	0	0	0
9	0	0	0	0	0	0	0	0	0	0	0	0	0	0	0	0	0	0	0	0	0	0	0	0	0	0	0	0	0	0	0	0	0	0	0	0	0	0	0	0	0	0	0	0	0	0	0
40	0	0	0	0	0	0	0	0	0	0	0	0	0	0	0	0	0	0	0	0	0	0	0	0	0	0	0	0	0	0	0	0	0	0	0	0	0	0	0	0	0	0	0	0	0	0	0
1	0	0	0	0	0	0	0	0	0	0	0	0	0	0	0	0	0	0	0	0	0	0	0	0	0	0	0	0	0	0	0	0	0	0	0	0	0	0	0	0	0	0	0	0	0	0	0
2	0	0	0	0	0	0	0	0	0	0	0	0	0	0	0	0	0	0	0	0	0	0	0	0	0	0	0	0	0	0	0	0	0	0	0	0	0	0	0	0	0	0	0	0	0	0	0
3	0	0	0	0	0	0	0	0	0	0	0	0	0	0	0	0	0	0	0	0	0	0	0	0	0	0	0	0	0	0	0	0	0	0	0	0	0	0	0	0	0	0	0	0	0	0	0
4	0	0	0	0	0	0	0	0	0	0	0	0	0	0	0	0	0	0	0	0	0	0	0	0	0	0	0	0	0	0	0	0	0	0	0	0	0	0	0	0	0	0	0	0	0	0	0
5	0	0	0	0	0	0	0	0	0	0	0	0	0	0	0	0	0	0	0	0	0	0	0	0	0	0	0	0	0	0	0	0	0	0	0	0	0	0	0	0	0	0	0	0	0	0	0
6	0	0	0	0	0	0	0	0	0	0	0	0	0	0	0	0	0	0	0	0	0	0	0	0	0	0	0	0	0	0	0	0	0	0	0	0	0	0	0	0	0	0	0	0	0	0	0
7	0	0	0	0	0	0	0	0	0	0	0	0	0	0	0	0	0	0	0	0	0	0	0	0	0	0	0	0	0	0	0	0	0	0	0	0	0	0	0	0	0	0	0	0	0	0	0

（4）单源多播网络 4

节点个数 $|V|=52$，信道数 $|E|=261$，源点的输出信道数 $H=|Out(s)|=14$，多播容量 $C=11$，宿点个数 $|T|=10$。其邻接矩阵如表 A2-4 所示。

表 A2-4　单源多播网络 4 的邻接矩阵

列标号按 10 进制排列（十位标记 1、2、3、4、5 分别位于第 10、20、30、40、50 列之上），即个位数字序列为 1234567890 1234567890 1234567890 1234567890 1234567890 12。

行＼列	1	2	3	4	5	6	7	8	9	10	11	12	13	14	15	16	17	18	19	20	21	22	23	24	25	26	27	28	29	30	31	32	33	34	35	36	37	38	39	40	41	42	43	44	45	46	47	48	49	50	51	52
1	0	2	3	3	2	2	2	0	0	0	0	0	0	0	0	0	0	0	0	0	0	0	0	0	0	0	0	0	0	0	0	0	0	0	0	0	0	0	0	0	0	0	0	0	0	0	0	0	0	0	0	0
2	0	0	0	0	0	1	0	0	1	1	1	0	0	0	0	0	0	0	0	0	0	0	0	0	0	0	0	0	0	0	0	0	0	0	0	0	0	0	0	0	0	0	0	0	0	0	0	0	0	0	0	0
3	0	0	0	0	0	0	0	0	1	2	2	0	0	0	0	0	0	0	0	0	0	0	0	0	0	0	0	0	0	0	0	0	0	0	0	0	0	0	0	0	0	0	0	0	0	0	0	0	0	0	0	0
4	0	0	0	0	0	0	0	0	0	0	1	0	2	0	0	0	0	0	0	0	0	0	0	0	0	0	0	0	0	0	0	0	0	0	0	0	0	0	0	0	0	0	0	0	0	0	0	0	0	0	0	0
5	0	0	0	0	0	0	0	0	0	0	0	0	0	1	0	0	0	2	0	0	0	0	0	0	0	0	0	0	0	0	0	0	0	0	0	0	0	0	0	0	0	0	0	0	0	0	0	0	0	0	0	0
6	0	0	0	0	0	0	0	0	0	0	0	2	1	0	0	0	0	0	0	0	0	0	0	0	0	0	0	0	0	0	0	0	0	0	0	0	0	0	0	0	0	0	0	0	0	0	0	0	0	0	0	0
7	0	0	0	0	0	0	0	0	0	0	0	2	0	0	0	0	0	0	0	0	0	0	0	0	0	0	0	0	0	0	0	0	0	0	0	0	0	0	0	0	0	0	0	0	0	0	0	0	0	0	0	0
8	0	0	0	0	0	0	0	0	0	0	0	0	0	0	0	0	0	0	0	0	0	0	0	0	0	0	0	0	0	0	0	0	0	0	0	0	0	0	0	0	0	0	0	0	0	0	0	0	0	0	0	0
9	0	0	0	0	0	0	0	0	0	0	0	0	0	0	0	0	2	0	0	1	0	0	0	0	0	0	0	0	0	0	0	0	0	0	0	0	0	0	0	0	0	0	0	0	0	0	0	0	0	0	0	0
10	0	0	0	0	0	0	0	0	0	0	0	0	0	0	0	0	0	1	1	0	0	1	0	0	0	0	0	0	0	0	0	0	0	0	0	0	0	0	0	0	0	0	0	0	0	0	0	0	0	0	0	0
1	0	0	0	0	0	0	0	0	0	0	0	0	0	0	0	0	0	3	0	0	1	0	0	0	0	0	0	0	0	0	0	0	0	0	0	0	0	0	0	0	0	0	0	0	0	0	0	0	0	0	0	0
2	0	0	0	0	0	0	0	0	0	0	0	0	0	0	0	0	0	0	0	2	1	0	0	0	0	0	0	0	0	0	0	0	0	0	0	0	0	0	0	0	0	0	0	0	0	0	0	0	0	0	0	0
3	0	0	0	0	0	0	0	0	0	0	0	0	0	0	0	0	0	0	0	0	4	0	0	0	0	0	0	0	0	0	0	0	0	0	0	0	0	0	0	0	0	0	0	0	0	0	0	0	0	0	0	0
4	0	0	0	0	0	0	0	0	0	0	0	0	0	0	0	0	0	1	1	0	0	0	0	1	0	0	0	0	0	0	0	0	0	0	0	0	0	0	0	0	0	0	0	0	0	0	0	0	0	0	0	0
5	0	0	0	0	0	0	0	0	0	0	0	0	0	0	0	0	0	0	0	0	0	0	0	0	0	0	0	0	0	0	0	0	0	0	0	0	0	0	0	0	0	0	0	0	0	0	0	0	0	0	0	0
6	0	0	0	0	0	0	0	0	0	0	0	0	0	0	0	0	0	0	0	0	0	2	0	0	0	0	0	0	0	0	0	0	0	0	0	0	0	0	0	0	0	0	0	0	0	0	0	0	0	0	0	0
7	0	0	0	0	0	0	0	0	0	0	0	0	0	0	0	0	0	0	0	0	0	0	0	1	1	2	0	0	0	0	0	0	0	0	0	0	0	0	0	0	0	0	0	0	0	0	0	0	0	0	0	0
8	0	0	0	0	0	0	0	0	0	0	0	0	0	0	0	0	0	0	0	0	0	0	0	0	1	1	1	0	0	0	0	0	0	0	0	0	0	0	0	0	0	0	0	0	0	0	0	0	0	0	0	0
9	0	0	0	0	0	0	0	0	0	0	0	0	0	0	0	0	0	0	0	0	0	0	0	0	1	2	0	1	0	0	0	0	0	0	0	0	0	0	0	0	0	0	0	0	0	0	0	0	0	0	0	0
20	0	0	0	0	0	0	0	0	0	0	0	0	0	0	0	0	0	0	0	0	0	0	0	0	0	0	1	1	0	0	0	0	0	0	0	0	0	0	0	0	0	0	0	0	0	0	0	0	0	0	0	0
1	0	0	0	0	0	0	0	0	0	0	0	0	0	0	0	0	0	0	0	0	0	0	0	0	0	0	0	2	0	0	1	0	0	0	0	0	0	0	0	0	0	0	0	0	0	0	0	0	0	0	0	0
2	0	0	0	0	0	0	0	0	0	0	0	0	0	0	0	0	0	0	0	0	0	0	0	0	0	0	0	2	2	0	0	0	4	0	0	0	0	0	0	0	0	0	0	0	0	0	0	0	0	0	0	0
3	0	0	0	0	0	0	0	0	0	0	0	0	0	0	0	0	0	0	0	0	0	0	0	0	0	0	0	0	0	1	0	0	1	1	0	0	0	0	0	0	0	0	0	0	0	0	0	0	0	0	0	0
4	0	0	0	0	0	0	0	0	0	0	0	0	0	0	0	0	0	0	0	0	0	0	0	0	0	0	0	0	0	0	0	0	1	0	0	0	0	0	0	0	0	0	0	0	0	0	0	0	0	0	0	0
5	0	0	0	0	0	0	0	0	0	0	0	0	0	0	0	0	0	0	0	0	0	0	0	0	0	0	0	0	0	0	2	0	1	1	0	0	0	0	0	0	0	0	0	0	0	0	0	0	0	0	0	0
6	0	0	0	0	0	0	0	0	0	0	0	0	0	0	0	0	0	0	0	0	0	0	0	0	0	0	0	0	0	0	0	0	1	0	1	1	1	0	0	0	0	0	0	0	0	0	0	0	0	0	0	0
7	0	0	0	0	0	0	0	0	0	0	0	0	0	0	0	0	0	0	0	0	0	0	0	0	0	0	0	0	0	0	0	0	3	1	2	0	0	0	0	0	0	0	0	0	0	0	0	0	0	0	0	0
8	0	0	0	0	0	0	0	0	0	0	0	0	0	0	0	0	0	0	0	0	0	0	0	0	0	0	0	0	0	0	0	0	0	3	1	1	0	0	2	0	0	0	0	0	0	0	0	0	0	0	0	0
9	0	0	0	0	0	0	0	0	0	0	0	0	0	0	0	0	0	0	0	0	0	0	0	0	0	0	0	0	0	0	0	0	0	0	2	0	0	0	0	0	0	0	0	0	0	0	0	0	0	0	0	0
30	0	0	0	0	0	0	0	0	0	0	0	0	0	0	0	0	0	0	0	0	0	0	0	0	0	0	0	0	0	0	0	0	0	0	2	4	0	0	0	0	0	0	0	0	0	0	0	0	0	0	0	0
1	0	0	0	0	0	0	0	0	0	0	0	0	0	0	0	0	0	0	0	0	0	0	0	0	0	0	0	0	0	0	0	0	0	0	0	3	2	1	1	0	0	0	0	0	0	0	0	0	0	0	0	0
2	0	0	0	0	0	0	0	0	0	0	0	0	0	0	0	0	0	0	0	0	0	0	0	0	0	0	0	0	0	0	0	0	0	0	0	0	1	2	0	0	0	0	0	0	0	0	0	0	0	0	0	0
3	0	0	0	0	0	0	0	0	0	0	0	0	0	0	0	0	0	0	0	0	0	0	0	0	0	0	0	0	0	0	0	0	0	0	0	0	0	1	1	1	0	0	0	0	0	0	0	0	0	0	0	0
4	0	0	0	0	0	0	0	0	0	0	0	0	0	0	0	0	0	0	0	0	0	0	0	0	0	0	0	0	0	0	0	0	0	0	0	2	2	2	0	2	0	0	0	0	0	0	0	0	0	0	0	0
5	0	0	0	0	0	0	0	0	0	0	0	0	0	0	0	0	0	0	0	0	0	0	0	0	0	0	0	0	0	0	0	0	0	0	0	0	0	0	3	0	3	0	0	0	0	0	0	0	0	0	0	0
6	0	0	0	0	0	0	0	0	0	0	0	0	0	0	0	0	0	0	0	0	0	0	0	0	0	0	0	0	0	0	0	0	0	0	0	0	0	0	1	5	3	2	0	3	0	0	0	0	0	0	0	0
7	0	0	0	0	0	0	0	0	0	0	0	0	0	0	0	0	0	0	0	0	0	0	0	0	0	0	0	0	0	0	0	0	0	0	0	0	0	0	0	0	3	3	3	4	0	0	0	0	0	0	0	0
8	0	0	0	0	0	0	0	0	0	0	0	0	0	0	0	0	0	0	0	0	0	0	0	0	0	0	0	0	0	0	0	0	0	0	0	0	0	0	0	0	3	0	1	1	3	0	3	0	0	0	0	0
9	0	0	0	0	0	0	0	0	0	0	0	0	0	0	0	0	0	0	0	0	0	0	0	0	0	0	0	0	0	0	0	0	0	0	0	0	0	0	0	0	3	0	4	0	5	4	1	0	0	2	3	0
40	0	0	0	0	0	0	0	0	0	0	0	0	0	0	0	0	0	0	0	0	0	0	0	0	0	0	0	0	0	0	0	0	0	0	0	0	0	0	0	0	0	0	0	0	0	0	3	2	2	5	3	4
1	0	0	0	0	0	0	0	0	0	0	0	0	0	0	0	0	0	0	0	0	0	0	0	0	0	0	0	0	0	0	0	0	0	0	0	0	0	0	0	0	0	0	0	0	0	0	1	4	2	2	5	4
2	0	0	0	0	0	0	0	0	0	0	0	0	0	0	0	0	0	0	0	0	0	0	0	0	0	0	0	0	0	0	0	0	0	0	0	0	0	0	0	0	0	0	0	0	0	0	4	4	4	3	3	6
3	0	0	0	0	0	0	0	0	0	0	0	0	0	0	0	0	0	0	0	0	0	0	0	0	0	0	0	0	0	0	0	0	0	0	0	0	0	0	0	0	0	0	0	0	0	0	0	0	0	0	0	0
4	0	0	0	0	0	0	0	0	0	0	0	0	0	0	0	0	0	0	0	0	0	0	0	0	0	0	0	0	0	0	0	0	0	0	0	0	0	0	0	0	0	0	0	0	0	0	0	0	0	0	0	0
5	0	0	0	0	0	0	0	0	0	0	0	0	0	0	0	0	0	0	0	0	0	0	0	0	0	0	0	0	0	0	0	0	0	0	0	0	0	0	0	0	0	0	0	0	0	0	0	0	0	0	0	0
6	0	0	0	0	0	0	0	0	0	0	0	0	0	0	0	0	0	0	0	0	0	0	0	0	0	0	0	0	0	0	0	0	0	0	0	0	0	0	0	0	0	0	0	0	0	0	0	0	0	0	0	0
7	0	0	0	0	0	0	0	0	0	0	0	0	0	0	0	0	0	0	0	0	0	0	0	0	0	0	0	0	0	0	0	0	0	0	0	0	0	0	0	0	0	0	0	0	0	0	0	0	0	0	0	0
8	0	0	0	0	0	0	0	0	0	0	0	0	0	0	0	0	0	0	0	0	0	0	0	0	0	0	0	0	0	0	0	0	0	0	0	0	0	0	0	0	0	0	0	0	0	0	0	0	0	0	0	0
9	0	0	0	0	0	0	0	0	0	0	0	0	0	0	0	0	0	0	0	0	0	0	0	0	0	0	0	0	0	0	0	0	0	0	0	0	0	0	0	0	0	0	0	0	0	0	0	0	0	0	0	0
50	0	0	0	0	0	0	0	0	0	0	0	0	0	0	0	0	0	0	0	0	0	0	0	0	0	0	0	0	0	0	0	0	0	0	0	0	0	0	0	0	0	0	0	0	0	0	0	0	0	0	0	0
1	0	0	0	0	0	0	0	0	0	0	0	0	0	0	0	0	0	0	0	0	0	0	0	0	0	0	0	0	0	0	0	0	0	0	0	0	0	0	0	0	0	0	0	0	0	0	0	0	0	0	0	0
2	0	0	0	0	0	0	0	0	0	0	0	0	0	0	0	0	0	0	0	0	0	0	0	0	0	0	0	0	0	0	0	0	0	0	0	0	0	0	0	0	0	0	0	0	0	0	0	0	0	0	0	0

（5）单源多播网络 5

节点个数$|V|$=15，信道数$|E|$=115，源点的输出信道数 H=$|Out(s)|$=19，多播容量 C=6，宿点个数$|T|$=10。其邻接矩阵如表 A2-5 所示。

表 A2-5　单源多播网络 5 的邻接矩阵

行 ＼ 列	1	2	3	4	5	6	7	8	9	10	11	12	13	14	15
1	0	1	6	6	6	0	0	0	0	0	0	0	0	0	0
2	0	0	0	0	0	1	1	1	1	0	1	0	0	0	0
3	0	0	0	0	0	3	6	3	4	4	0	0	0	0	0
4	0	0	0	0	0	2	3	2	6	6	2	3	3	3	3
5	0	0	0	0	0	0	3	6	5	6	6	3	3	3	3
6	0	0	0	0	0	0	0	0	0	0	0	0	0	0	0
7	0	0	0	0	0	0	0	0	0	0	0	0	0	0	0
8	0	0	0	0	0	0	0	0	0	0	0	0	0	0	0
9	0	0	0	0	0	0	0	0	0	0	0	0	0	0	0
10	0	0	0	0	0	0	0	0	0	0	0	0	0	0	0
11	0	0	0	0	0	0	0	0	0	0	0	0	0	0	0
12	0	0	0	0	0	0	0	0	0	0	0	0	0	0	0
13	0	0	0	0	0	0	0	0	0	0	0	0	0	0	0
14	0	0	0	0	0	0	0	0	0	0	0	0	0	0	0
15	0	0	0	0	0	0	0	0	0	0	0	0	0	0	0

（6）单源多播网络 6

节点个数$|V|$=24，信道数$|E|$=136，源点的输出信道数 H=$|Out(s)|$=13，多播容量 C=7，宿点个数$|T|$=10。其邻接矩阵如表 A2-6 所示。

表 A2-6　单源多播网络 6 的邻接矩阵

行 ＼ 列	1	2	3	4	5	6	7	8	9	10	11	12	13	14	15	16	17	18	19	20	21	22	23	24
1	0	6	2	0	5	0	0	0	0	0	0	0	0	0	0	0	0	0	0	0	0	0	0	0
2	0	0	0	0	0	4	0	6	0	0	0	0	0	0	0	0	0	0	0	0	0	0	0	0
3	0	0	0	0	0	0	1	1	1	2	0	0	0	0	0	0	0	0	0	0	0	0	0	0
4	0	0	0	0	0	0	0	0	0	0	0	0	0	0	0	0	0	0	0	0	0	0	0	0
5	0	0	0	0	0	0	3	0	2	2	2	2	0	0	0	0	0	0	0	0	0	0	0	0
6	0	0	0	0	0	0	0	0	0	0	0	0	0	0	4	0	4	0	0	0	0	0	0	0
7	0	0	0	0	0	0	0	0	0	0	0	0	0	4	2	0	3	1	0	0	0	0	0	0
8	0	0	0	0	0	0	0	0	0	0	0	0	0	0	1	4	3	6	0	4	0	0	0	0
9	0	0	0	0	0	0	0	0	0	0	0	0	0	0	3	2	1	3	3	0	2	0	0	0
10	0	0	0	0	0	0	0	0	0	0	0	0	0	0	0	4	1	3	3	3	1	3	3	2
11	0	0	0	0	0	0	0	0	0	0	0	0	0	0	0	1	1	0	1	0	0	2	1	2
12	0	0	0	0	0	0	0	0	0	0	0	0	0	0	0	0	0	0	0	0	0	2	0	0
13	0	0	0	0	0	0	0	0	0	0	0	0	0	0	0	0	0	0	0	0	0	0	0	0
14	0	0	0	0	0	0	0	0	0	0	0	0	0	0	0	0	0	0	0	4	4	0	3	3
15	0	0	0	0	0	0	0	0	0	0	0	0	0	0	0	0	0	0	0	0	0	0	0	0
16	0	0	0	0	0	0	0	0	0	0	0	0	0	0	0	0	0	0	0	0	0	0	0	0
17	0	0	0	0	0	0	0	0	0	0	0	0	0	0	0	0	0	0	0	0	0	0	0	0
18	0	0	0	0	0	0	0	0	0	0	0	0	0	0	0	0	0	0	0	0	0	0	0	0
19	0	0	0	0	0	0	0	0	0	0	0	0	0	0	0	0	0	0	0	0	0	0	0	0
20	0	0	0	0	0	0	0	0	0	0	0	0	0	0	0	0	0	0	0	0	0	0	0	0
21	0	0	0	0	0	0	0	0	0	0	0	0	0	0	0	0	0	0	0	0	0	0	0	0
22	0	0	0	0	0	0	0	0	0	0	0	0	0	0	0	0	0	0	0	0	0	0	0	0
23	0	0	0	0	0	0	0	0	0	0	0	0	0	0	0	0	0	0	0	0	0	0	0	0
24	0	0	0	0	0	0	0	0	0	0	0	0	0	0	0	0	0	0	0	0	0	0	0	0

（7）单源多播网络 7

节点个数$|V|=28$，信道数$|E|=170$，源点的输出信道数 $H=|\mathrm{Out}(s)|=13$，多播容量 $C=9$，宿点个数$|T|=10$。其邻接矩阵如表 A2-7 所示。

表 A2-7　单源多播网络 7 的邻接矩阵

行＼列										1										2								
	1	2	3	4	5	6	7	8	9	0	1	2	3	4	5	6	7	8	9	0	1	2	3	4	5	6	7	8
1	0	4	4	3	2	0	0	0	0	0	0	0	0	0	0	0	0	0	0	0	0	0	0	0	0	0	0	0
2	0	0	0	0	0	1	3	2	0	0	0	0	0	0	0	0	0	0	0	0	0	0	0	0	0	0	0	0
3	0	0	0	0	0	0	0	2	3	0	4	0	0	0	0	0	0	0	0	0	0	0	0	0	0	0	0	0
4	0	0	0	0	0	0	0	0	3	1	1	0	0	0	0	0	0	0	0	0	0	0	0	0	0	0	0	0
5	0	0	0	0	0	0	0	2	0	0	1	1	0	0	0	0	0	0	0	0	0	0	0	0	0	0	0	0
6	0	0	0	0	0	0	0	0	0	0	0	0	1	0	1	1	0	0	0	0	0	0	0	0	0	0	0	0
7	0	0	0	0	0	0	0	0	0	0	0	0	0	0	0	1	3	2	0	0	0	0	0	0	0	0	0	0
8	0	0	0	0	0	0	0	0	0	0	0	0	0	0	0	0	4	0	2	0	0	0	0	0	0	0	0	0
9	0	0	0	0	0	0	0	0	0	0	0	0	0	0	0	0	0	2	2	0	0	0	0	0	0	0	0	0
10	0	0	0	0	0	0	0	0	0	0	0	0	0	0	0	0	0	2	3	1	0	0	0	0	0	0	0	0
1	0	0	0	0	0	0	0	0	0	0	0	0	0	0	0	0	0	0	1	1	0	0	0	0	0	0	0	0
2	0	0	0	0	0	0	0	0	0	0	0	0	0	0	0	0	0	0	0	4	5	4	0	0	0	0	0	0
3	0	0	0	0	0	0	0	0	0	0	0	0	0	0	0	0	0	0	0	0	1	2	1	1	0	0	0	0
4	0	0	0	0	0	0	0	0	0	0	0	0	0	0	0	0	0	0	0	0	4	2	4	0	2	2	0	0
5	0	0	0	0	0	0	0	0	0	0	0	0	0	0	0	0	0	0	0	0	1	0	1	1	0	2	2	0
6	0	0	0	0	0	0	0	0	0	0	0	0	0	0	0	0	0	0	0	0	0	4	4	2	3	5	3	3
7	0	0	0	0	0	0	0	0	0	0	0	0	0	0	0	0	0	0	0	0	0	0	3	4	3	5	6	3
8	0	0	0	0	0	0	0	0	0	0	0	0	0	0	0	0	0	0	0	0	0	5	0	0	3	3	3	5
9	0	0	0	0	0	0	0	0	0	0	0	0	0	0	0	0	0	0	0	0	0	0	0	0	0	0	0	0
20	0	0	0	0	0	0	0	0	0	0	0	0	0	0	0	0	0	0	0	0	0	0	0	0	0	0	0	0
1	0	0	0	0	0	0	0	0	0	0	0	0	0	0	0	0	0	0	0	0	0	0	0	0	0	0	0	0
2	0	0	0	0	0	0	0	0	0	0	0	0	0	0	0	0	0	0	0	0	0	0	0	0	0	0	0	0
3	0	0	0	0	0	0	0	0	0	0	0	0	0	0	0	0	0	0	0	0	0	0	0	0	0	0	0	0
4	0	0	0	0	0	0	0	0	0	0	0	0	0	0	0	0	0	0	0	0	0	0	0	0	0	0	0	0
5	0	0	0	0	0	0	0	0	0	0	0	0	0	0	0	0	0	0	0	0	0	0	0	0	0	0	0	0
6	0	0	0	0	0	0	0	0	0	0	0	0	0	0	0	0	0	0	0	0	0	0	0	0	0	0	0	0
7	0	0	0	0	0	0	0	0	0	0	0	0	0	0	0	0	0	0	0	0	0	0	0	0	0	0	0	0
8	0	0	0	0	0	0	0	0	0	0	0	0	0	0	0	0	0	0	0	0	0	0	0	0	0	0	0	0

A3　随机线性网络编码仿真实现系统

A3.1　源程序（用 Java 语言编写）

```
import java.util.*;
import java.awt.*;
import javax.swing.*;
import java.net.*;
import java.io.*;
```

```java
import java.awt.event.*;
/* pu.java 源程序
 */
class pu implements ActionListener,KeyListener
{
    int maxmumflow=0;
    Font font=new Font("宋体",Font.PLAIN+Font.BOLD,15);
    byte dimension=0;//输入维数，全局编码向量的个数
    byte NodeType=0;//节点类型参数
    byte InputNums=0;//输入信道数
    byte OutputNums=0;//输出信道数
    private JFrame win=new JFrame("随机网络编码仿真实验");
    private Container contentPane=win.getContentPane();
    JLabel jlabel0=new JLabel("随机网络编码仿真实验");
    ButtonGroup group=new ButtonGroup();
    private JRadioButton jopButton1=new JRadioButton("源点");
    private JRadioButton jopButton2=new JRadioButton("中间节点");
    private JRadioButton jopButton3=new JRadioButton("宿点");
    private JButton jbutton1=new JButton("选定节点类型");
    private JLabel jlabel1=new JLabel("请选择节点类型");
    private JButton jbutton2=new JButton("确定所有参数");
    private JButton jbutton3=new JButton("发送数据");
    private JButton jbutton4=new JButton("接收数据");
    private JLabel jlabIpINums,jlabIpONums;
    private JTextField jtextIpINums,jtextIpONums;
    private JLabel jlabIpI[]=new JLabel[10];
    private JLabel jlabPortI[]=new JLabel[10];
    private JTextField jtextIpI[]=new JTextField[10];
    private JTextField jtextPortI[]=new JTextField[10];
    private JLabel jlabIpO[]=new JLabel[10];
    private JLabel jlabPortO[]=new JLabel[10];
    private JTextField jtextIpO[]=new JTextField[10];
    private JTextField jtextPortO[]=new JTextField[10];
    private InetAddress inetaddressI[]=new InetAddress[10];//输入信道地址
    private InetAddress inetaddressO[]=new InetAddress[10];//输出信道地址
    private DatagramSocket SendSocket;//发送套接字
    private DatagramSocket ReceiveSocket[];//接收套接字数组
    private DatagramPacket receivepacket;
    private DatagramPacket OutputPacket[];
    private int portI[]=new int[10];
    private int portO[]=new int[10];
    private JPanel jpTempINums,jpTempONums;
    JPanel jpTempI[]=new JPanel[10];
    JPanel jpTempO[]=new JPanel[10];
```

```
JPanel jpTempS[]=new JPanel[10];
JLabel jlabdata[]=new JLabel[10];
JTextArea jtxtareadata[]=new JTextArea[10];//数据分组的文本域
JPanel jpTempGridI=new JPanel();
JPanel jpTempGridO=new JPanel();
JPanel jpTempGridS=new JPanel();
private JPanel jpNorth=new JPanel();
private JPanel jpCenter=new JPanel();
private JPanel jpSouth=new JPanel();
JLabel labsourcesend=new JLabel("源点已发送一代数据",JLabel.CENTER);
byte senddata[][]=new byte[10][];//各数据分组中的数据
byte [][]globalvector;//全局编码向量
private JTextArea jtxtareadisp=new JTextArea(30,20);
JTextField bh1=new JTextField(2);
JLabel    labpu1=new JLabel("输入源点发送的数据分组内容",JLabel.CENTER);
JLabel    labpu2=new JLabel("中间节点正在接收和发送数据....",JLabel.CENTER);
JLabel    labpu3=new JLabel("宿点正在接收和解码数据....",JLabel.CENTER);
InetAddress addr;
pu()throws IOException{
  maxmumflow=solvemaxflow();
  try{
    addr=InetAddress.getLocalHost();
    }catch (UnknownHostException e){
      // TODO Auto-generated catch block
    e.printStackTrace();
  }
  win.setDefaultCloseOperation(JFrame.EXIT_ON_CLOSE);
  GF.set(8);
  win.setSize(900,600);
  FlowLayout flow=new FlowLayout();
  flow.setAlignment(FlowLayout.CENTER);
  String s1,s2,s3;
  s3="本机 IP 地址:"+addr.getHostAddress();
  JPanel jpTempINums1=new JPanel();
  JPanel jpTempONums1=new JPanel();
  JLabel pbxqbl=new JLabel(s3);
  pbxqbl.setFont(font);
  jpTempINums1.add(pbxqbl);
  jpTempONums1.add(new JLabel("          "));
  jpTempGridI.add(jpTempINums1);
  jpTempGridO.add(jpTempONums1);
  jpNorth.setLayout(flow);
  jopButton1.setFont(font);
  jopButton2.setFont(font);
```

```java
jopButton3.setFont(font);
labpu1.setFont(font);
labpu2.setFont(font);
labpu3.setFont(font);
jbutton1.setFont(font);
jbutton2.setFont(font);
jbutton3.setFont(font);
jbutton4.setFont(font);
group.add(jopButton1);
group.add(jopButton2);
group.add(jopButton3);
jlabel1.setFont(font);
jpNorth.add(jlabel1);
jpNorth.add(jopButton1);
jpNorth.add(jopButton2);
jpNorth.add(jopButton3);
jpNorth.add(jbutton1);
jbutton1.setVisible(false);
contentPane.add(jpNorth,BorderLayout.NORTH);
jpSouth.setLayout(flow);
jpSouth.add(jbutton2);
jpSouth.setVisible(false);
JLabel bh=new JLabel("节点编号");
bh.setFont(font);
bh1.setFont(font);
jpSouth.add(bh);jpSouth.add(bh1);
contentPane.add(jpSouth,BorderLayout.SOUTH);
jlabIpINums=new JLabel("输入信道数(0-9)");
jlabIpONums=new JLabel("输出信道数(0-9)");
jtextIpINums=new JTextField("0",1);
jtextIpONums=new JTextField("0",1);
jlabIpINums.setFont(font);
jlabIpONums.setFont(font);
jtextIpINums.setFont(font);
jtextIpONums.setFont(font);
jpTempINums=new JPanel();
jpTempONums=new JPanel();
jpTempINums.setLayout(flow);
jpTempINums.add(jlabIpINums);
jpTempINums.add(jtextIpINums);
jpTempONums.setLayout(new FlowLayout());
jpTempONums.add(jlabIpONums);
jpTempONums.add(jtextIpONums);
jpTempGridI.setLayout(new GridLayout(12,1));
```

```java
jpTempGridO.setLayout(new GridLayout(12,1));
jpTempGridI.add(jpTempINums);
jpTempGridO.add(jpTempONums);
for(byte i=0;i<10;i++){
    s1="输入信道"+String.valueOf(i)+"端口号:";
    s2="输出信道"+String.valueOf(i)+": IP 或机器号:";
    jlabIpI[i]=new JLabel(s1);
    jlabIpO[i]=new JLabel(s2);
    jtextIpI[i]=new JTextField(15);
    jtextIpI[i].setHorizontalAlignment(JTextField.LEFT);
    jtextIpO[i]=new JTextField(15);
    jtextIpO[i].setHorizontalAlignment(JTextField.LEFT);
    jpTempI[i]=new JPanel();
    jpTempO[i]=new JPanel();
    jlabPortI[i]=new JLabel(s1);
    jtextPortI[i]=new JTextField(5);
    jlabPortO[i]=new JLabel("端口号");
    jtextPortO[i]=new JTextField(5);
    jlabPortI[i].setFont(font);
    jtextPortI[i].setFont(font);
    jlabIpI[i].setFont(font);
    jlabIpO[i].setFont(font);
    jtextIpI[i].setFont(font);
    jtextIpO[i].setFont(font);
    jlabPortO[i].setFont(font);
    jtextPortO[i].setFont(font);
    jbutton1.setFont(font);
    jpTempI[i].setLayout(flow);
    //jpTempI[i].add(jlabIpI[i]);
    //jpTempI[i].add(jtextIpI[i]);
    jpTempI[i].add(jlabPortI[i]);
    jpTempI[i].add(jtextPortI[i]);
    jpTempGridI.add(jpTempI[i]);
    jpTempO[i].setLayout(flow);
    jpTempO[i].add(jlabIpO[i]);
    jpTempO[i].add(jtextIpO[i]);
    jpTempO[i].add(jlabPortO[i]);
    jpTempO[i].add(jtextPortO[i]);
    jpTempGridO.add(jpTempO[i]);
}
jpCenter.setLayout(new GridLayout(1,2));
jpCenter.add(jpTempGridI);
jpCenter.add(jpTempGridO);
contentPane.add(jpCenter,BorderLayout.CENTER);
```

```java
jpTempINums.setVisible(false);
jpTempONums.setVisible(false);
for(byte i=0;i<10;i++){
  jpTempI[i].setVisible(false);
  jpTempO[i].setVisible(false);
}
jopButton1.addActionListener(this);
jopButton2.addActionListener(this);
jopButton3.addActionListener(this);
jbutton1.addActionListener(this);
jtextIpINums.addActionListener(this);
jtextIpONums.addActionListener(this);
jbutton2.addActionListener(this);
jbutton3.addActionListener(this);
jbutton4.addActionListener(this);
win.setVisible(true);
}
public void actionPerformed(ActionEvent e){
    Object temp=e.getSource();
    if(temp instanceof JRadioButton)
        jbutton1.setVisible(true);
    if(temp==jbutton1){
     jpSouth.setVisible(true);
     if(jopButton1.isSelected()){
            NodeType=1;
            jlabIpINums.setText("多播容量为"+String.valueOf(maxmumflow)+",
        请输入多播率:");
    }
     if (jopButton2.isSelected()){
            NodeType=2;
            jlabIpINums.setText("输入信道数(0-9)");
    }
     if (jopButton3.isSelected()){
            jlabIpINums.setText("输入信道数(0-9)");
            NodeType=3;
      }
    jbutton1.setVisible(false);
    jpTempINums.setVisible(true);
    if(NodeType==1||NodeType==2)
      jpTempONums.setVisible(true);
    else
      jpTempONums.setVisible(false);
    }
    if(temp==jtextIpINums){
```

```java
InputNums=(byte)Integer.parseInt(jtextIpINums.getText());
if(NodeType!=1){
   for(byte i=0;i<InputNums;i++)
   jpTempI[i].setVisible(true);
   for(byte i=9;i>=InputNums;i--)
   jpTempI[i].setVisible(false);
   }
}
if((temp==jtextIpONums)&&(NodeType!=3)){
   OutputNums=(byte)Integer.parseInt(jtextIpONums.getText());
   for(byte i=0;i<OutputNums;i++)
      jpTempO[i].setVisible(true);
   for(byte i=9;i>=OutputNums;i--)
      jpTempO[i].setVisible(false);
}
if(temp==jbutton2){
   jlabel1.setVisible(false);
   jbutton1.setVisible(false);
   jopButton1.setVisible(false);
   jopButton2.setVisible(false);
   jopButton3.setVisible(false);
   String s1="";
   switch(NodeType){
      case 1:s1="源点";
         break;
      case 2:s1="中间节点";
         break;
      case 3:s1="宿点";
         default:
   }
   s1=s1+bh1.getText();
   win.setTitle(s1);
   jbutton2.setVisible(false);
   InputNums=(byte)Integer.parseInt(jtextIpINums.getText());
   OutputNums=(byte)Integer.parseInt(jtextIpONums.getText());
   globalvector=new byte[InputNums][];
   receivepacket=null;
   if(NodeType==1){
      dimension=InputNums;
      for(int i=0;i<OutputNums;i++){
         portO[i]=Integer.parseInt(jtextPortO[i].getText());
      try{
         inetaddressO[i]=InetAddress.getByName(jtextIpO[i].getText());
         }catch(IOException pe){
```

```
            pe.printStackTrace();
        }
    }
    for(byte i=0;i<dimension;i++){
        globalvector[i]=new byte[dimension];
        for(int j=0;j<dimension;j++)
            globalvector[i][j]=0;
        globalvector[i][i]=1;
    }
    try{
        SendSocket=new DatagramSocket();
        OutputPacket=new DatagramPacket[OutputNums];
    }catch(IOException ae){}
    inputproc(InputNums);
}
if(NodeType==2){
    contentPane.remove(jpCenter);
    JPanel jptem=new JPanel();
    jptem.setLayout(new FlowLayout());
    jptem.add(labpu2);
    jptem.add(jtxtareadisp);
    contentPane.add(jptem);
    win.validate();
    win.repaint();
    ReceiveSocket=new DatagramSocket[InputNums+1];
    for(byte i=0;i<InputNums;i++){//定义接收套接字
        try{
            ReceiveSocket[i]=new
            DatagramSocket(Integer.parseInt(jtextPortI[i].getText()));
            receivepacket=new DatagramPacket(new byte[512],512);
        }catch(IOException ae){}
    }
    try{
        OutputPacket=new DatagramPacket[OutputNums];
        SendSocket=new DatagramSocket();//定义发送套接字
    }catch(IOException ae){}
    for(int i=0;i<InputNums;i++){
        portI[i]=Integer.parseInt(jtextPortI[i].getText());
        try{
            inetaddressI[i]=InetAddress.getByName(jtextIpI[i].getText());;
        }catch(IOException pe){
            pe.printStackTrace();
        }
    }
```

```java
for(int i=0;i<OutputNums;i++){
    portO[i]=Integer.parseInt(jtextPortO[i].getText());
    try{
        inetaddressO[i]=InetAddress.getByName(jtextIpO[i].getText());
    }catch(IOException pe){
        pe.printStackTrace();
    }
}
pbxqbl();
}
if(NodeType==3){
    contentPane.remove(jpCenter);
    JPanel jptem=new JPanel();
    jptem.setLayout(new FlowLayout());
    jptem.add(labpu3);
    jptem.add(jtxtareadisp);
    contentPane.add(jptem);
    win.validate();
    win.repaint();
    ReceiveSocket=new DatagramSocket[InputNums+1];
    try{
        for(byte i=0;i<InputNums;i++){//定义接收套接字
            portI[i]=Integer.parseInt(jtextPortI[i].getText());
            ReceiveSocket[i]=new DatagramSocket(portI[i]);
        }
        receivepacket=new DatagramPacket(new byte[512],512);
    }catch(IOException ae){};
    pbxqbl();
}
}
if(temp==jbutton3){
    if(NodeType==1){
        labsourcesend.setVisible(true);
        byte i;
        for(i=0;i<InputNums;i++){
            String s=jtxtareadata[i].getText();
            senddata[i]=s.getBytes();
            jtxtareadata[i].setText("");
        }
        while(i<OutputNums){
            senddata[i]=new byte[senddata[0].length];
            i++;
        }
        sendproc();
```

```java
      }
      win.validate();
      win.repaint();
    }
  }
  public void keyPressed(KeyEvent e){}
  public void keyReleased(KeyEvent e){}
  public void keyTyped(KeyEvent e){
    labsourcesend.setVisible(false);
    win.validate();
    win.repaint();
  }
  public void inputproc(byte para){
    String s;
    jpTempGridS=new JPanel();
    jpTempGridS.setLayout(new GridLayout(para+3,1));
    jpTempS=new JPanel[para+3];
    jlabdata=new JLabel[para+1];
    jtxtareadata=new JTextArea[para+1];
    jpTempGridS.add(labpu1);
    byte i;
    for(i=0;i<para;i++){
      jpTempS[i]=new JPanel();
      jpTempS[i].setLayout(new FlowLayout());
      s="请输入数据分组"+String.valueOf(i)+"的内容:";
      jlabdata[i]=new JLabel(s,JLabel.CENTER);
      jtxtareadata[i]=new JTextArea(1,30);
      jtxtareadata[i].addKeyListener(this);
      jlabdata[i].setFont(font);
      jtxtareadata[i].setFont(font);
      jpTempS[i].add(jlabdata[i]);
      jpTempS[i].add(jtxtareadata[i]);
      jpTempGridS.add(jpTempS[i]);
    }
    jpTempS[i]=new JPanel();
    jpTempS[i].add(labsourcesend);
    labsourcesend.setVisible(false);
    jpTempGridS.add(jpTempS[i]);
    i++;
    jpTempS[i]=new JPanel();
    jpTempS[i].add(jbutton3);
    jpTempGridS.add(jpTempS[i]);
    JPanel temp=new JPanel();
    temp.add(jpTempGridS);temp.add(jtxtareadisp);
```

```java
        contentPane.remove(jpCenter);
        contentPane.add(temp,BorderLayout.CENTER);
        jbutton2.setVisible(false);
        win.validate();
        win.repaint();
    }
    public void sendproc(){
        byte []sendbuff=new byte[senddata[0].length+dimension+1];//发送缓冲区
        byte[][]localvector=new byte[InputNums+1][8];//局部编码向量
        byte ptemp2;
        byte []result1=new byte[8];
        byte []result2=new byte[8];
        byte []result3=new byte[8];
        byte []result4=new byte[8];
        byte []tempglobalvector=new byte[dimension+1];
        int i,j,l;
        if(InputNums==0) return;//输入分组的个数为 0，不发送任何分组
        for(i=0;i<OutputNums;i++){//为每一条输出信道构造一个数据分组发送出去
            if(InputNums==1){//输入分组的个数为 1,路由传输
                System.arraycopy(senddata[0],0,sendbuff,0,senddata[0].length);
                for(j=0;j<dimension;j++)
                    sendbuff[j+senddata[0].length]=globalvector[0][j];
                sendbuff[dimension+senddata[0].length]=dimension;
            }else {//网络编码传输方式
                for(j=0;j<InputNums;j++)//产生局部编码向量
                    GF.Random1(localvector[j]);
                for(j=0;j<dimension;j++){//计算全局编码向量
                    GF.clearzero(result1);
                    for(l=0;l<InputNums;l++){
                        ptemp2=globalvector[l][j];
                        GF.translate1(ptemp2,result2);
                        GF.multiplication(result2,localvector[l],result3);
                        GF.add(result3,result1,result4);
                        GF.let(result4,result1);
                    }
                    tempglobalvector[j]=GF.translate2(result1);
                }
                for(j=0;j<senddata[i].length;j++){//计算传输的字符
                    GF.clearzero(result1);
                    for(l=0;l<InputNums;l++){
                        ptemp2=senddata[l][j];
                        GF.translate1(ptemp2,result2);
                        GF.multiplication(result2,localvector[l],result3);
                        GF.add(result3,result1,result4);
```

```
                GF.let(result4,result1);
              }
            sendbuff[j]=GF.translate2(result1);
          }
        for(j=senddata[i].length;j<senddata[i].length+dimension;j++)
          sendbuff[j]=tempglobalvector[j-senddata[i].length];
        sendbuff[senddata[i].length+dimension]=dimension;
      }
      try{
        OutputPacket[i] = new
DatagramPacket(sendbuff, senddata[0]. length+dimension+1, inetaddressO[i],portO[i]);
        SendSocket=new DatagramSocket();
        SendSocket.send(OutputPacket[i]);
      }catch(IOException ae){
        ae.printStackTrace();
      }
      for(j=0;j<senddata[0].length+dimension+1;j++)
        jtxtareadisp.append(GF.translate3(sendbuff[j])+" ");
      jtxtareadisp.append(OutputPacket[i].getAddress().getHostAddress());
      jtxtareadisp.append(':'+String.valueOf(OutputPacket[i].getPort()));
       jtxtareadisp.append("\n");
    }
  }
  public void receiveproc(){
    byte temp;
    byte temp1[];
    for(byte i=0;i<InputNums;i++){
      try{
        System.out.println("port"+portI[i]);
        ReceiveSocket[i].receive(receivepacket);
      }catch(IOException ae){}
      temp=(byte)receivepacket.getLength();
      temp1=receivepacket.getData();
      if(dimension==0){
        dimension=temp1[temp-1];
        for(byte j=0;j<InputNums;j++)
          globalvector[j]=new byte[dimension];
      }
      System.arraycopy(temp1,temp-dimension-1,globalvector[i],0,dimension);
      senddata[i]=new byte[temp-dimension-1];
      System.arraycopy(temp1,0,senddata[i],0,temp-dimension-1);
      if(NodeType!=3)
      for(byte j=0;j<senddata[0].length;j++)
        jtxtareadisp.append(GF.translate3(senddata[i][j])+" ");
```

```java
            jtxtareadisp.append("\n");
        }
    }
    public void outputproc(){
    int l=senddata[0].length;
    byte [][]matrix;
    matrix=GF.getMatrixInverse(globalvector);
    byte[] buff=new byte[l];
    for(byte m=0;m<dimension;m++){
        for(int i=0;i<l;i++){
            buff[i]=0;
            for(int j=0;j<dimension;j++)
                buff[i]=GF.byteadd(buff[i],GF.bytemulti(senddata[j][i],matrix[m][j]));
        }
        String s=new String(buff,0,l);
        jtxtareadisp.append(s+" "+"+"+"\n");
        win.validate();
        win.repaint();
    }
    }
    public void pbxqbl(){
        new Thread(new Runnable(){
            public void run(){
                while(true){
                win.validate();
                win.repaint();
                receiveproc();
                if(NodeType==2)
                    sendproc();
                else
                    outputproc();
                }
            }
        }).start();
    }
     public static int solvemaxflow(){
    int [][]g=new int[100][100];
    int [][]g1=new int[100][100];
    int vexmum=0,d=0;
    int i,j;
    try{
        BufferedReader br;
            br=new BufferedReader(new FileReader("data.txt"));
            String s;
```

```java
            StringTokenizer st;
            s=br.readLine();
            st=new StringTokenizer(s);
        vexmum=Integer.parseInt(st.nextToken());
        d=Integer.parseInt(st.nextToken());
        for(i=1;i<=vexmum;i++){
            s=br.readLine();
            st=new StringTokenizer(s);
            for(j=1;j<=vexmum;j++){
                g[i][j]=Integer.parseInt(st.nextToken());
            }
        }
        br.close();
    }catch(IOException e){
            e.printStackTrace();
    }finally{
            //System.exit(0);
    }
        int k;int temp=9999999;int temp1;
        for(k=vexmum-d+1;k<=vexmum;k++){
            for(i=1;i<=vexmum;i++)
                for(j=1;j<=vexmum;j++)
                    g1[i][j]=g[i][j];
            for(j=1;j<=vexmum-d+1;j++)
                g1[j][vexmum-d+1]=g[j][k];
            temp1=GF.maxflow(vexmum-d+1,g1,k);
            if(temp>temp1)
                temp=temp1;
        }
        return temp;
    }
    public static void main(String args[])throws IOException{
        new pu();
    }
}
}
//GF.java 源程序，这个类包含了有限域的算术运算的实现，也包括了最大流算法
class GF{
    private static int jie=0;//有限域的阶
    private static byte[]primitive=new byte[100];//本原多项式
    public GF(){}
    public static void set(int jie1)throws IOException{//设置方法，从文件中读取有限域的本原
多项式系数
        jie=jie1;
        try{
```

```java
            BufferedReader br;
            br=new BufferedReader(new FileReader("bky.txt"));
            int i,j;
            String s;
            StringTokenizer st;
            for(i=1;i<jie;i++)
                    s=br.readLine();
            s=br.readLine();
            st=new StringTokenizer(s);
            for(j=jie+1;j>=0;j--){
                    primitive[j]=(byte)Integer.parseInt(st.nextToken());
            }
            br.close();
        }catch(IOException e){
            e.printStackTrace();
        }finally{
            //System.exit(0);
        }
}
public static void Print2(PrintWriter fp1,byte []temp)throws IOException//写文件方法
{
    int i;
    for (i=jie-1;i>=0;i--)
        fp1.print(temp[i]);
}
public static    void disp(byte[]data){//显示一个有限域上的元素
    int i;
    for(i=jie-1;i>=0;i--)
        System.out.print(data[i]+" ");
}
public static byte plus(byte a,byte b)    {//按位异或
    if(a==b) return 0;
    else return 1;
}
public static void add(byte[] operation1,byte[] operation2,byte[] result){//有限域加
    int i;
    for (i=0;i<jie;i++)
        result[i]=plus(operation1[i],operation2[i]);
}
public static void multiplication(byte operation1[],byte operation2[],byte result[]){//有限域乘
    int i,j,k;
    byte cj[]=new byte[2*jie+1];
    for (i=0;i<2*jie-1;i++)
        cj[i]=0;
```

```java
        for (i=0;i<jie;i++)
           for (j=0;j<jie;j++)
              cj[i+j]=plus(cj[i+j],(byte)(operation1[i]*operation2[j]));
        for (k=2*jie-2;k>=jie;k--)
           if(cj[k]==1)
              for(j=0;j<=jie;j++)
                 cj[k-jie+j]=plus(cj[k-jie+j],primitive[j]);
        for (i=0;i<jie;i++)
           result[i]=cj[i];
     }
     public static void inverse(byte[] operation,byte[] result){//有限域求逆
        byte x1[],x3[],temp[],temp1[];
        byte y1[],y3[];
        int i,m,n;
        x1=new byte[jie];
        x3=new byte[jie+1];
        y1=new byte[jie];
        y3=new byte[jie];
        temp=new byte[jie];
        temp1=new byte[jie];
        for (i=0;i<jie;i++){
           x1[i]=0;
           x3[i]=primitive[i];
           y1[i]=0;
           y3[i]=operation[i];
        }
        x3[jie]=primitive[jie];
        y1[0]=1;
        m=1;n=0;
        while(m!=0){
           for (i=0;i<jie;i++)
              if (y3[i]!=0) m=i;
           if (m==0) break;
           for (i=0;i<=jie;i++)
           if (x3[i]!=0) n=i;
           for (i=0;i<jie;i++)
              temp[i]=0;
           while(n>=m){
              temp[n-m]=1;
              for (i=0;i<=m;i++)
                 x3[i+n-m]=plus(x3[i+n-m],y3[i]);
              for (i=0;i<=jie;i++)
              if (x3[i]!=0) n=i;
           }
```

```
      multiplication(y1,temp,temp1);
      add(temp1,x1,temp1);
      for (i=0;i<jie;i++)
      {   x1[i]=y1[i];y1[i]=temp1[i];}
      for (i=0;i<jie;i++)
      {temp[i]=x3[i];x3[i]=y3[i];y3[i]=temp[i];}
    }
  for (i=0;i<jie;i++)
    result[i]=y1[i];
}
static void division(byte operation1[],byte operation2[],byte result[])//除
{
  byte temp[];
  temp=new byte[jie];
  inverse(operation2,temp);
  multiplication(temp,operation1,result);
}
public static void pbx()throws IOException{
  int jie1=3;
  int pu1;
  int i,j,k,temp1,temp;
  pu1=1;
  for (i=1;i<=jie1;i++)
    pu1=pu1*2;
  byte   a[],b[],c[];
  a=new byte[pu1];
  b=new byte[pu1];
  c=new byte[pu1];
  set(jie1);
  PrintWriter pw=new PrintWriter(new FileWriter("pbx.txt"));
  pw.print("          ");
  for (j=0;j<pu1;j++){
    temp=j;
    for (k=jie1-1;k>=0;k--){
      a[k]=(byte)(temp%2);
      temp=temp/2;
    }
    Print2(pw,a);pw.print(" ");
  }
  for (i=0;i<pu1;i++){
    pw.println(" ");
    temp1=i;
    for (k=0;k<jie1;k++){
      b[k]=(byte)(temp1%2);
```

```
          temp1=temp1/2;
        }
        Print2(pw,b);pw.print(" ");
        for (j=0;j<pu1;j++){
           temp=j;
           for (k=0;k<jie1;k++){
              a[k]=(byte)(temp%2);
              temp=temp/2;
           }
           multiplication(a,b,c);
           Print2(pw,c);pw.print(" ");
        }
    }
    pw.println("");pw.println();pw.print("          ");
    for (j=1;j<pu1;j++){
       temp=j;
       for (k=0;k<jie1;k++)
       {
          a[k]=(byte)(temp%2);
          temp=temp/2;
       }
       Print2(pw,a);pw.print(" ");
    }
    pw.println();pw.println();pw.print("          ");
    for (j=1;j<pu1;j++){
       temp=j;
       for (k=0;k<jie1;k++){
          a[k]=(byte)(temp%2);
          temp=temp/2;
       }
       inverse(a,c);
       Print2(pw,c);pw.print(" ");
    }
    pw.println(" ");pw.println();pw.print("          ");
    for (j=1;j<pu1;j++){
       temp=j;
       for (k=0;k<jie1;k++){
          a[k]=(byte)(temp%2);
          temp=temp/2;
       }
       Print2(pw,a);pw.print(" ");
    }
    for (i=1;i<pu1;i++){
       temp1=i;
```

```
      pw.println();
      for (k=0;k<jie1;k++){
        b[k]=(byte)(temp1%2);
        temp1=temp1/2;
      }
      Print2(pw,b);pw.print(" ");
      for (j=1;j<pu1;j++){
        temp=j;
        for (k=0;k<jie1;k++){
          a[k]=(byte)(temp%2);
          temp=temp/2;
        }
        division(a,b,c);
        Print2(pw,c);pw.print(" ");
      }
    }
    pw.println();pw.println();pw.print("        ");
    for (j=1;j<pu1;j++){
      temp=j;
      for (k=0;k<jie1;k++){
        a[k]=(byte)(temp%2);
        temp=temp/2;
      }
      Print2(pw,a);pw.print(" ");
    }
    for (i=1;i<pu1;i++){
      temp1=i;
      pw.println();
      for (k=0;k<jie1;k++){
        b[k]=(byte)(temp1%2);
        temp1=temp1/2;
      }
      Print2(pw,b);pw.print(" ");
      for (j=1;j<pu1;j++){
        temp=j;
        for (k=0;k<jie1;k++){
          a[k]=(byte)(temp%2);
          temp=temp/2;
        }
        division(a,b,c);
        Print2(pw,c);pw.print(" ");
      }
    }
    pw.close();
```

```java
    }
    public static void Random1(byte[]data){
        //产生一个随机数
        int i;
        Random rand = new Random();
        for(i=0;i<jie;i++){
            data[i]=(byte)(rand.nextInt(10));
            if (data[i]>=3)
                data[i]=1;
            else
                data[i]=0;
        }
    }
    public static void translate1(byte pp,byte []data){
        //把 1 个字节转换成 8 个字节
        int i=0;
        byte temp=1;
        for(i=0;i<8;i++){
            data[i]=(byte)(pp&temp);
            pp=(byte)(pp>>>1);
        }
    }
    public static byte translate2(byte[] data){
        //把 8 个字节转换成 1 个字节，低位在前，高位在后
        byte temp=0;
        byte i;
        byte[]data3={1,2,4,8,16,32,64,-128};
        for (i=0;i<8;i++){
            if(data[i]==1)
                temp=(byte)(temp|data3[i]);
        }
        return temp;
    }
    public static String translate3(byte data){
        char bchar[]={'0','1','2','3','4','5','6','7','8','9','A','B','C','D','E','F'};
        String s="";
        byte temp=(byte)(data&15);
        data=(byte)(data>>>4);
        data=(byte)(data&15);
        s=s+bchar[data]+bchar[temp];
        //System.out.print(data+"+"+temp+":");
        return s;
    }
    public static void let(byte[] data1,byte[] data2){
```

```java
    //把第 1 个字节数组的各元素赋给第 2 个字节数
    byte i;
    for (i=0;i<8;i++)
        data2[i]=data1[i];
}


    public static void clearzero(byte[] data){
    //把第 1 个字节数组的各元素清 0
    byte i;
    for (i=0;i<8;i++)
        data[i]=0;
}
public static byte byteadd(byte data1,byte data2){
    byte[]temp1=new byte[8];
    byte[]temp2=new byte[8];
    translate1(data1,temp1);
    translate1(data2,temp2);
    byte[]result=new byte[8];
    add(temp1,temp2,result);
    return translate2(result);
}
public static byte bytemulti(byte data1,byte data2){
    byte[]temp1=new byte[8];
    byte[]temp2=new byte[8];
    translate1(data1,temp1);
    translate1(data2,temp2);
    byte[]result=new byte[8];
    multiplication(temp1,temp2,result);
    return translate2(result);
}
public static byte bytedevision(byte data1,byte data2){
    byte[]temp1=new byte[8];
    byte[]temp2=new byte[8];
    translate1(data1,temp1);
    translate1(data2,temp2);
    byte[]result=new byte[8];
    division(temp1,temp2,result);
    return translate2(result);
}
public static int min(int a,int b)//求两者最小值函数
{
    if (a>b)
        return b;
    else
```

```java
        return a;
    }
    public static int maxflow(int vexnum,int g[][],int t){
        //采用标号法求最大流算法的函数
        int pu1,pu2,iv,v3,route=0;//路径数 route
        int i,j,k,mm=10000;//临时变量
        int v1,v2;//当前访问的两个顶点编号
        int mark=1;//是否存在增广链标记
        int cg;//是否找到增广链标记
        int []visited=new int[100];//节点是否被访问过的标记
        int []ve=new int[100];//节点的下一节点编号
        int [][]pat=new int[100][3];//每个节点的标记
        int [][]psize=new int[100][100];
        int [][]g1=new int[100][100];
        for(i=0;i<100;i++)
            for(j=0;j<100;j++)
                g1[i][j]=0;
        int maxflow1=0;//最大流值
        while (mark==1){//还存在增广链
            cg=0;//还没有找到增广链
            for (i=1;i<=vexnum;i++)//每一个节点尚未被访问
                visited[i]=0;
            v1=1;visited[v1]=1;//从节点 1 开始
            pat[v1][1]=0;pat[v1][2]=mm;//标记 v1
            ve[v1]=2;//节点 1 的下一邻接节点的标号为 2
            while (mark==1&&cg==0){//有增广链且尚未找到增广链
                v2=ve[v1];//访问 v1 的下一邻接节点
                if (v2>vexnum){
                    if (v1==1)
                    mark=0;//不存在增广链
                    else {
                        v1=pat[v1][1];ve[v1]=ve[v1]+1;//回溯，准备访问 v1 的下一邻接点
                    }
                }
                else{//对 v2 进行处理
                    if ((g[v1][v2]==0&&g1[v2][v1]==0)||visited[v2]==1){//无链路且反向路径为 0,
或已被访问过
                    ve[v1]=ve[v1]+1;//不用对 v2 进行标号，准备对 v1 下一邻接点进行标号
                    }
                    else{//对 v2 进行标号
                        v3=pat[v1][2];
                        if (g[v1][v2]>0)
                            iv=min(v3,g[v1][v2]-g1[v1][v2]);
                        else
```

```
            iv=min(v3,g1[v2][v1]);
         if (iv==0)
            ve[v1]=ve[v1]+1;
         else{
            pat[v2][1]=v1;pat[v2][2]=iv;//对 v2 进行标号*/
            if(v2==vexnum)
               cg=1;
            else{
               visited[v2]=1;v1=v2;ve[v1]=1;//深度优先搜索
            }
         }
      }
   }
}
if (cg==1)//调整过程
{
   route++;
   //psize[t][route]=pat[vexnum][2];
   pu1=pat[vexnum][1];pu2=vexnum;//pu1，pu2 指向增广链的两相邻节点
   //newnode=(PATH1)malloc(sizeof(PATH));//生成路径节点
   //   p[t][route]=newnode;//指向该节点
   //newnode->next=NULL;//最后一个节点
   //newnode->node=t;//节点编号
   while (pu1!=0)
   {
      if (g[pu1][pu2]>0)//前向弧
      { g1[pu1][pu2]=g1[pu1][pu2]+pat[vexnum][2];
         //newnode=(PATH1)malloc(sizeof(PATH));//生成路径节点
         //newnode->next=p[t][route];//链接后一节点
         //newnode->node=pu1;//填上该节点的标号
         //p[t][route]=newnode;//指向该节点
      }
      else//后向弧
      {
         g1[pu2][pu1]=g1[pu2][pu1]-pat[vexnum][2];
         // int fang1;
         //PATH1 fang2,fang3;//错位，找一条已有的路径
         //其中 pu2->pu1 在该路径上
            /*
         for (fang1=1;fang1<route;fang1++)
         {
            fang2=p[t][fang1];//指向路径的首节点
            fang3=NULL;
            while (fang2!=NULL)
```

```
                  {
                      if ((fang2->node==pu2)&&((fang2->next)->node==pu1))
                      {      fang3=fang2;fang2=NULL;}//找到了该路径
                      else fang2=fang2->next;
                  }
                  if (fang3!=NULL) fang1=route;
              }
              */
              //fang2=fang3->next;
              //fang3->next=p[t][route]->next;
              //free(p[t][route]);
              //p[t][route]=fang2;
              }
              pu2=pu1;pu1=pat[pu2][1];
          }
          maxflow1=maxflow1+pat[vexnum][2];
      }
   //pathnumber[t]=route;
   }
return maxflow1;
}
public static byte[][]getMatrixInverse(byte[][]data){
   int i,j,k,m;
   byte n;k=0;
   m=(byte)data[0].length;
   byte[][]temp=new byte[m][];
   for(i=0;i<m;i++){
      temp[i]=new byte[2*m];
      System.arraycopy(data[i],0,temp[i],0,m);
      for(j=m;j<2*m;j++) temp[i][j]=0;
      temp[i][i+m]=1;
   }//endfor(i)
   for(i=0;i<m;i++){
      for(j=i;j<m;j++)
         if(temp[j][i]!=0){k=j;j=m;}
      n=temp[k][i];
      for(j=i;j<2*m;j++)
         temp[k][j]=bytedevision(temp[k][j],n);
      if(k!=i)
         for(j=0;j<2*m;j++){
            n=temp[i][j];
            temp[i][j]=temp[k][j];
            temp[k][j]=n;
         }
```

```
        for(j=i+1;j<m;j++){
            n=temp[j][i];
            for(k=i;k<2*m;k++)
                temp[j][k]=byteadd(temp[j][k],bytemulti(temp[i][k],n));
        }//endfor(j)
    }//endfor(i)
    for(i=m-1;i>=0;i--){
        for(j=i-1;j>=0;j--)
            if(temp[j][i]!=0){
                n=temp[j][i];
                for(k=m;k<2*m;k++)
                    temp[j][k]=byteadd(temp[j][k],bytemulti(temp[i][k],n));
            }//endif(temp[j][i]!=0)
    }//endfor(i)
    byte [][]temp1=new byte[m][m];
    for(i=0;i<m;i++){
        System.arraycopy(temp[i],m,temp1[i],0,m);
    }//endfor(i)
    return temp1;
  }
}
```

A3.2　系统使用说明

（1）系统功能

该系统的目标是随机线性网络编码的仿真实现。系统实现了下述功能：实现了伽罗华域的算术运算功能；实现了求单源多播网络的最大流功能；实现了源点的网络编码和数据传输功能；实现了中间接点接收数据、网络编码、数据传输功能；实现了宿点的数据接收和信息解码功能。对于源点，要传输的信息通过键盘输入，显示在屏幕上，对于宿点，能过接收数据和信息解码后，恢复出源点的信息，并把信息显示在屏幕上。

（2）运行环境

具有 TCP/IP 协议的局域网，局域网内的终端数不能少于进行实验的单源多播网络的节点数，各终端为普通的微型计算机，但微机上必须配备可读写的外存储器，如硬盘或 U 盘。

操作系统：Windows XP 及以上版本。

支撑软件：WinRAR 或 WinZip 等压缩解压软件。

（3）安装和初始化

软件以数据压缩包的形式存在，其压缩包文件为 pbx.rar。压缩包解压后包括以下 3 种类型的文件：①可执行文件 pzd.exe;②数据文件 data.txt 和 bky.txt;③Java 运行环境 JRE 子目录。把压缩包 pbx.rar 文件解压，会得到上述 3 部分文件，并处在同一个子目录下。

在进行单源多播网络编码数据传输的仿真实现时，需要为每一节点安装该软件，安装方法如下。

在安装了 Windows 操作系统及压缩解压软件（WinRAR）的局域网终端上，右击 pbx.rar，解压到终端上的某一外存设备指定的目录下即可，并记住解压目录的路径。

解压目标的文件列表如图 A3-1 所示。

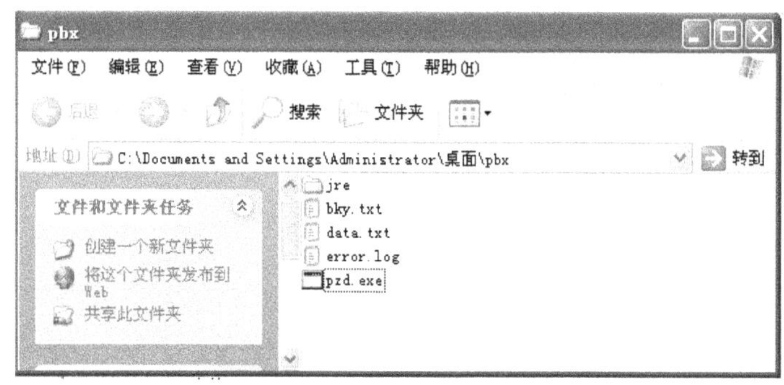

图 A3-1　解压后的文件列表

分别在每一个节点所对应的终端中进入解压文件的目录，运行可执行文件 pzd.exe，则该节点运行了系统。注意，本系统必须在多个节点均启动运行并相互配合才能实现单源多播网络的随机网络编码的数据传输仿真。

（4）系统运行时的输入

数据的输入包括两部分。第一部分是通过文件输入，包括两个文本文件，它们都保存在解压目录下，第一个文本文件为 bky.txt，分别保存阶数为 2 至 34 的伽罗华域 $GF(2n)(n= 2,\cdots,34)$ 的不可约多项式的系数，尽管本软件只用到 GF(28)，但为了以后系统的扩展，仍把其他阶的不可约多项式的系数保存在 bky.txt 中。第二个文本文件为 data.txt，用于存放所针对的单源多播网络的邻接矩阵信息。

第二部分数据是在程序运行时通过键盘和鼠标输入，包括节点类型(源点、中间节点、宿点)、节点的输入信道数和各输入信道对应的端口号、节点的输出信道数和各输出信道数据流向的网络地址（IP 地址、端口号）。

① 有限域的不可约多项式的系数 bky.txt

该数据文件由系统自带，不需修改，但必须保证运行目录要包含该文件，软件在执行过程中需要读入该文件的数据，该文件内容如图 A3-2 所示，对应着次从 2 至 34 的伽罗华域的不可约多项式，其多项式形式如表 A1-1 所示。

```
bky.txt - 记事本
文件(F)  编辑(E)  格式(O)  查看(V)  帮助(H)
2 1 1 1
3 1 0 1 1
4 1 0 0 1 1
5 1 0 0 1 0 1
6 1 0 0 0 0 1 1
7 1 0 0 0 0 0 1 1
8 1 0 0 0 1 1 0 1 1
9 1 0 0 0 0 0 0 0 1 1
10 1 0 0 0 0 0 0 1 0 0 1
11 1 0 0 0 0 0 0 0 0 1 0 1
12 1 0 0 0 0 0 0 0 0 1 0 0 1
13 1 0 0 0 0 0 0 0 0 1 1 0 1 1
14 1 0 0 0 0 0 0 0 0 1 0 0 0 0 1
15 1 0 0 0 0 0 0 0 0 0 0 0 0 0 1 1
16 1 0 0 0 0 0 0 0 0 0 0 1 0 1 0 1 1
17 1 0 0 0 0 0 0 0 0 0 0 0 0 0 1 0 0 1
18 1 0 0 0 0 0 0 0 0 0 0 0 0 0 0 1 0 0 1
19 1 0 0 0 0 0 0 0 0 0 0 0 0 0 1 0 0 1 1 1
20 1 0 0 0 0 0 0 0 0 0 0 0 0 0 0 0 1 0 0 1
21 1 0 0 0 0 0 0 0 0 0 0 0 0 0 0 0 0 0 1 0 1
22 1 0 0 0 0 0 0 0 0 0 0 0 0 0 0 0 0 0 0 0 1 1
23 1 0 0 0 0 0 0 0 0 0 0 0 0 0 0 0 0 1 0 0 0 0 1
24 1 0 0 0 0 0 0 0 0 0 0 0 0 0 0 0 0 0 0 1 1 0 1 1
25 1 0 0 0 0 0 0 0 0 0 0 0 0 0 0 0 0 0 0 0 0 1 0 0 1
26 1 0 0 0 0 0 0 0 0 0 0 0 0 0 0 0 0 0 0 0 0 1 1 0 1 1
27 1 0 0 0 0 0 0 0 0 0 0 0 0 0 0 0 0 0 0 0 0 1 0 0 1 1 1
28 1 0 0 0 0 0 0 0 0 0 0 0 0 0 0 0 0 0 0 0 0 0 0 0 0 0 0 1 1
29 1 0 0 0 0 0 0 0 0 0 0 0 0 0 0 0 0 0 0 0 0 0 0 0 0 0 0 1 0 1
30 1 0 0 0 0 0 0 0 0 0 0 0 0 0 0 0 0 0 0 0 0 0 0 0 0 0 0 0 0 1 1
31 1 0 0 0 0 0 0 0 0 0 0 0 0 0 0 0 0 0 0 0 0 0 0 0 0 0 0 0 1 0 0 1
32 1 0 0 0 0 0 0 0 0 0 0 0 0 0 0 0 0 0 0 0 0 0 0 0 0 0 1 0 0 1 1 0 1
33 1 0 0 0 0 0 0 0 0 0 0 0 0 0 0 0 0 0 0 0 0 0 0 0 0 0 0 1 0 0 1 0 1 1
34 1 0 0 0 0 0 0 0 0 0 0 0 0 0 0 0 0 0 0 0 0 0 0 0 0 0 0 0 0 0 1 1 0 1 1
```

图 A3-2　文件文件 bky.txt 的内容

　　②用于存放实验网络拓扑的邻接矩阵的数据，以文本文件的方式保存。数据保存在运行目录下的 data.txt 文本文件中，只有源点需要读入该文件数据，用于计算单源多播网络的多播容量，因为源点的输入信道数不能超过求出的多播容量。其他的节点不需要读入该文件。如图 A3-2 所示。图 A3-3 为图 1-1(a)所示的单源多播网络对应的 data.txt。而针对不同的单源多播网络拓扑，必须根据其网络拓扑信息更改 data.txt 的内容。

　　data.txt 文件内容的含义如下，第一行的两个整数代表单源多播网络的节点数和宿点数，如在图 1-1(a)中，节点数为 7，而宿点数为 2。节点的编号按拓扑顺序排列，其顺序为$(s,2,3,4,5,T_1,T_2)$，data.txt 文件中从第 2 至第 8 行的数据是图 1-1(a)所示单源多播网络的邻接矩阵，矩阵的元素 a_{ij} 表示节点 i 至节点 j 的信道数。

　　本系统为了操作方便，规定选取的单源多播网络拓扑满足如下条件:每一节点的输入信道数和输出信道数必须大于 0 且小于 9，从而输入信道数为一位整数(1~9)，输出信道数也为一位整数(1~9)。对于输出信道，信道对应的 IP 地址为点分十进制的形式，且不用加双引号，其形式为：xxx.xxx.xxx.xxx，各字符之间不允许加多余的字符或空格，例如 1.1.1.1,172.16.101.11 均是合法的输入，而 01.01.01.01,172.16.101.011 是非法的输入。对于每一信道，对应的端口号，是一个 5 位整数，且小于 65535，如 11001、20111、61000 等均是合法的输入。而 2000、95555 等是非法的输入，前者不足 5 位数，后者大于 65535。

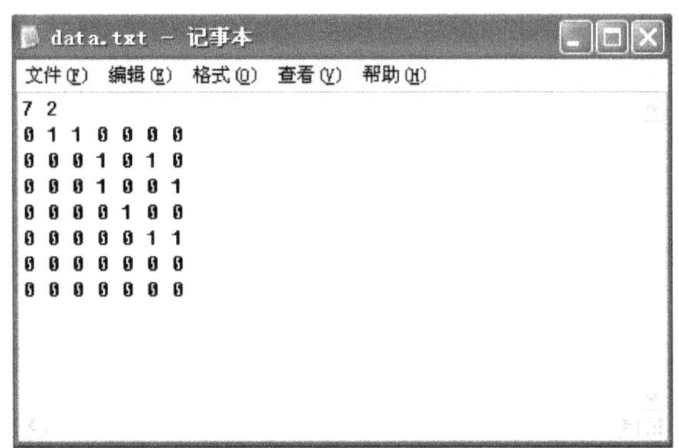

图 A3-3　图 1-1(a)所示的单源多播网络的 data.txt 文件内容

对于源点发送的数据，采用字符串形式，每个分组的数据长度不能大于 100，且各个数据分组的字符长度必须相等。

只有宿点才有输出，输出的结果显示在屏幕上，每一宿点有一个数据显示窗口，如宿点能接收到数据并能解码，则会把解码后的数据以字符串形式显示出来，宿点显示出的输出字符串数据应和源点发送的字符串数据一致。

（5）举例

现对一个实例的运行进行说明。

① 确定单源多播网络拓扑

例如，需要对如图 A3-4 所示的单源多播网络进行随机线性网络数据传输实现仿真。

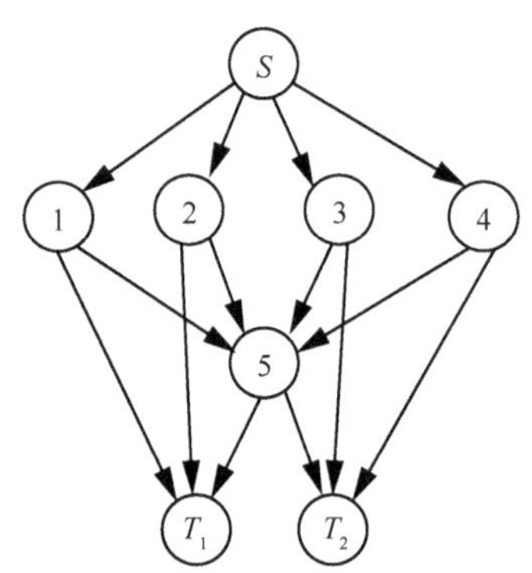

图 A3-4　一个单源多播网络的拓扑

②改写该单源多播网络对应的 data.txt 数据

确定的拓扑顺序为$(S,1,2,3,4,5,T_1,T_2)$，其中 S 是源点，节点 1,2,3,4,5 为中间节点，T_1,T_2 为宿点。从而 data.txt 文件的数据如图 A3-5 所示（只需在源点修改 data.txt 的数据，其他节点不需要修改该文件，除非把其他节点改为源点。）

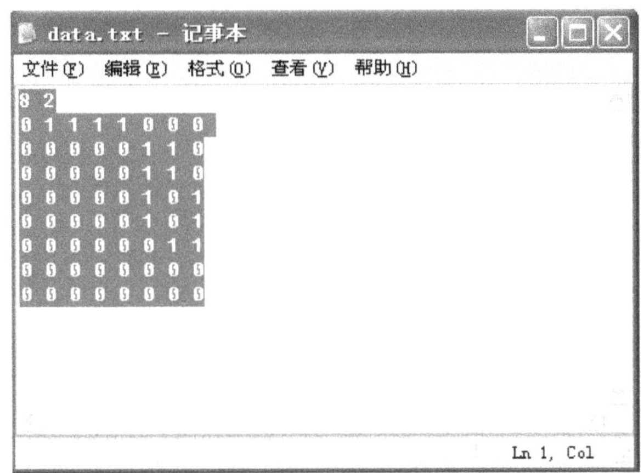

图 A3-5　图 A3-4 所示的单源多播网络对应的 data.txt

③在局域网内选择 8 个终端，标出每一个终端的 IP 地址。例如，选定如下 8 个终端，其 IP 地址如图 A3-6 所示。

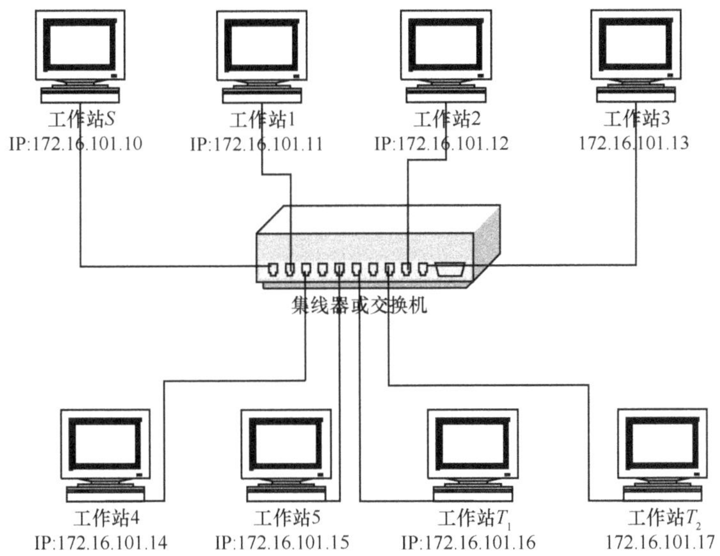

图 A3-6　一个单源多播网络的拓扑

记下每一终端与单源多播网络节点的对应关系，把每一输出信道用一套接字（IP 地址，端口号）对应，如图 A3-7 所示。

④ 把软件拷贝到每一个节点的外存（如硬盘或 U 盘）中，并解压，记下解压目录，对于源点，还需要更改 data.txt 文件中的数据，其更改的内容如图 A3-5 所示。

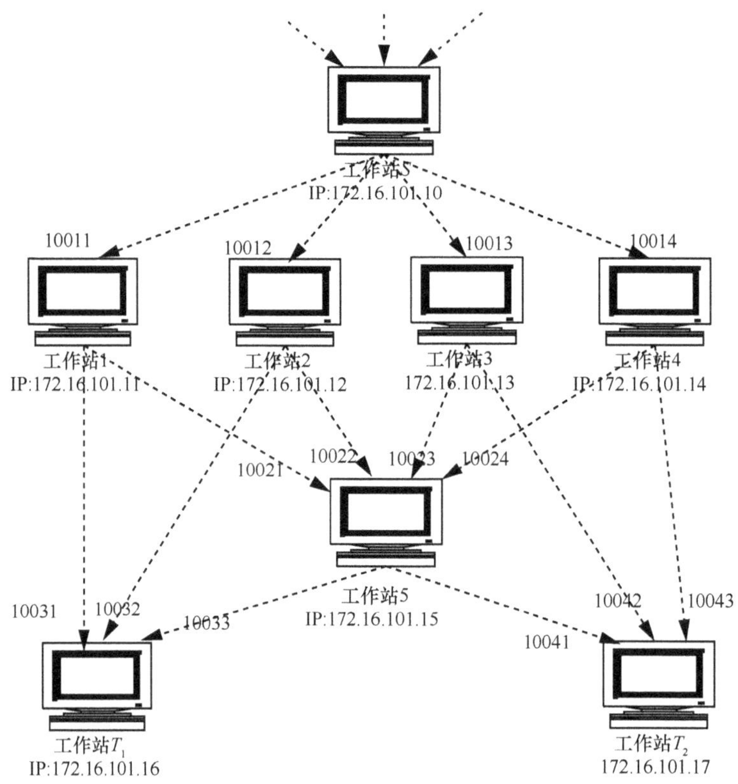

图 A3-7　各节点有向信道与套接字的对应关系

⑤ 按拓扑顺序的逆序分别启动各节点的程序，在这个例子中，按以下顺序 $(T_1,T_2,5,4,3,2,1,S)$ 分别启动各节点的 pzd.exe(双击该文件)，在启动每一个节点后，首先要输入节点类型。图 A3-8 为启动宿点 T_2 所示的界面。

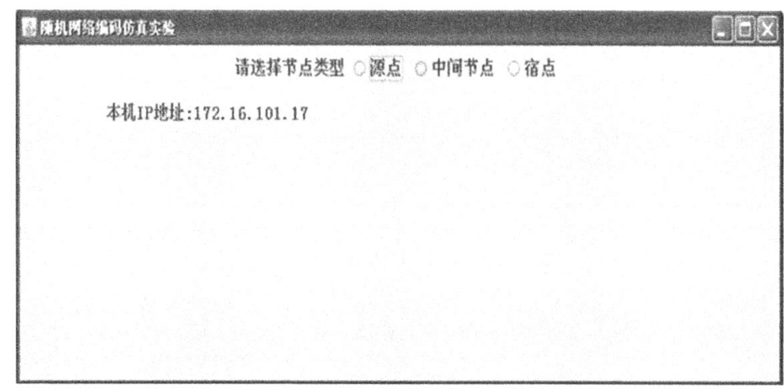

图 A3-8　节点启动后的运行界面

用鼠标点击节点类型（源点、中间节点、宿点）的单选按钮，如选定了"宿点"，然后出现如图 A3-9 所示的界面。

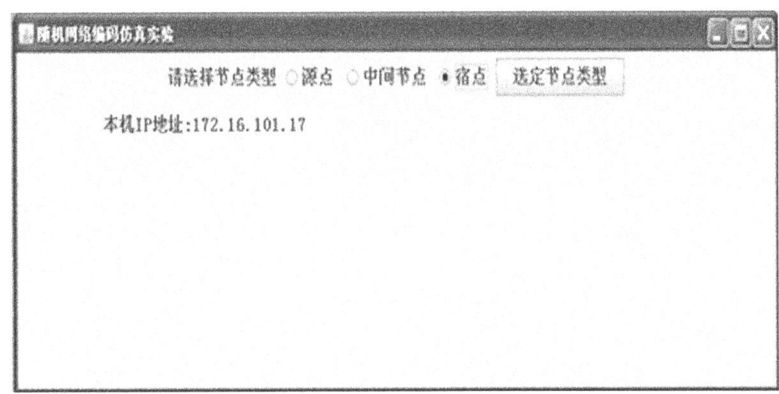

图 A3-9　选定了节点类型后的运行界面

点击"选定节点类型"按钮后，出现如图 A3-10 所示界面。图 A3-10 表示，选定该终端为宿点，系统侦测到本终端的 IP 地址为 172.16.101.17。接下来需要输入该节点的输入信道数，对于宿点 T_2，根据图 A3-4 所示，它无输出信道，但有 3 条输入信道，从而在"输入信道数"的提示的文本框后输入数字 3 后并回车，接下来出现图 A3-11 的运行界面，需要为这 3 条输入信道输入相应的端口号。从图 A3-7 可以看出，它们对应的端口号分别为 10041、10042、10043，在图 A3-11 所示的界面中分别输入相应的信息，并在节点编号后输入 T_2 字样后，界面显示如图 A3-11 所示。

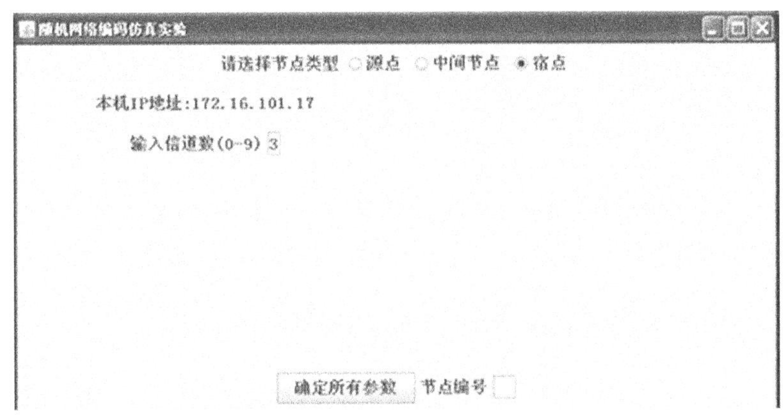

图 A3-10　输入信道数运行界面

针对图 A3-11 所示的显示界面，用鼠标点击"确定所有参数"按钮，则系统进入如图 A3-12 所示的运行界面。

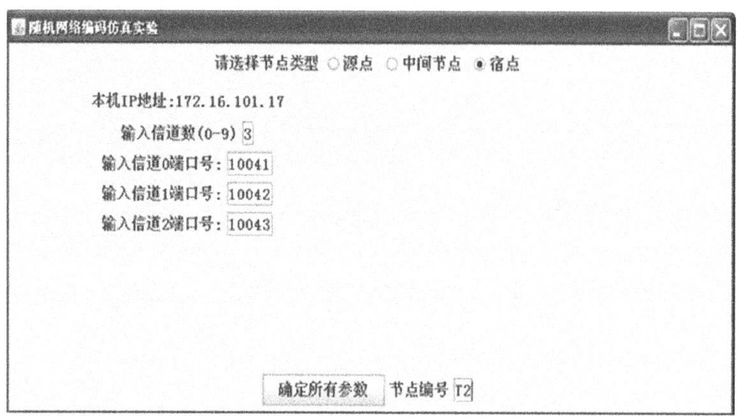

图 A3-11　输入信道对应的端口号

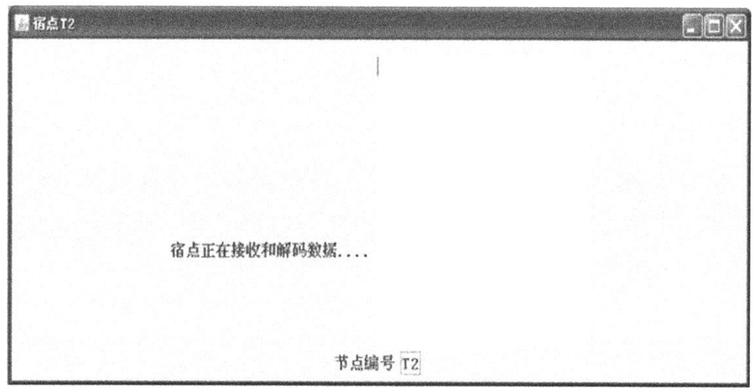

图 A3-12　节点运行界面

这时，宿点 T_2 处于等待状态，一旦 3 个端口有数据分组发送过来，则它会去接收数据分组并解码数据，并把解码后的字符显示在屏幕上。

宿点 T_1 的输入方式与之相同，不再赘述。

⑥ 节点 5 的启动运行过程

在节点 5 中解压软件包后，进入相应的解压目录，双击 pzd.exe，则系统进入图 A3-8 所示的界面，用鼠标点击"中间节点"，并点击"选定节点类型"按钮，则系统进入图 A3-13 所示的显示界面。

根据图 A3-4 和图 A3-7，节点 5 有 4 条有向输入信道，2 条有向输出信道。4 条输入信道分别对应的端口号为 10021、10022、10023、10024，就输入信道而言，该节点是接收节点，只需从相应的端口取出数据，而不需要指定 IP 地址，故只需要输入各输入信道对应的端口号；而对于输出信道，不仅要输入该信道对应的端口号，还需输入该信道对应的 IP 地址，从而才能把数据发送至相应的目的地址。节点 5 的 2 条输出信道对应的网络地址分别为（172.16.101.16，

10033）和（172.16.101.17，10041），进行相应的输入后，系统的显示界面如图 A3-14 所示。

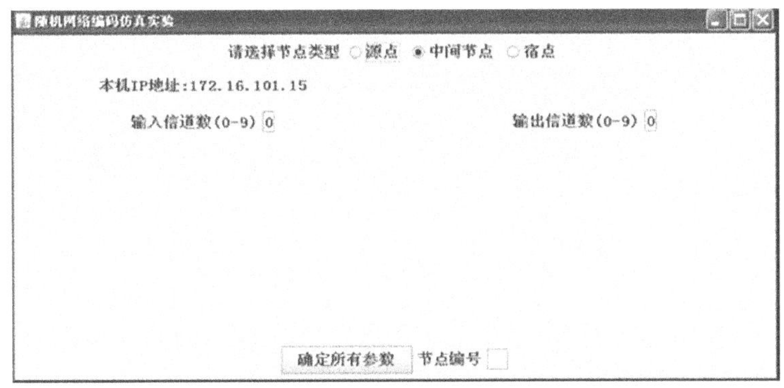

图 A3-13　中间节点的运行界面

图 A3-14　输入信道的 IP 地址入端口号

IP 地址也可以用相应终端的计算机名来代替，但最好输入 IP 地址，以免弄错。

在图 A3-14 所示的界面中，当 IP 地址与端口号输入完毕，再在最后一行的"节点编号"提示后的文本框中输入"5"（代表节点 5），然后点击"确定所有参数"，则该节点输入完成，由于它是中间节点，只负责接收数据，并对接收到的数据进行网络编码，再转发数据，从而不需要显示任何内容。

其他的中间节点，如节点 1、2、3、4 的启动方式与节点 5 的相同，不再赘述。

⑦ 源点 S 的启动方式

对于源点 S，把软件包解压到源点所在终端的外存的某一子目录下，进行该子目录，根据网络拓扑情况，必须修改 data.txt 的内容，该文件内容如图 A3-5 所示。运行可执行文件 pzd.exe，则系统进行如图 A3-8 所示的界面，在节点类型中选定"源点"，点击"选定节点类型"，则系统进入图 A3-15 所示的运行界面。

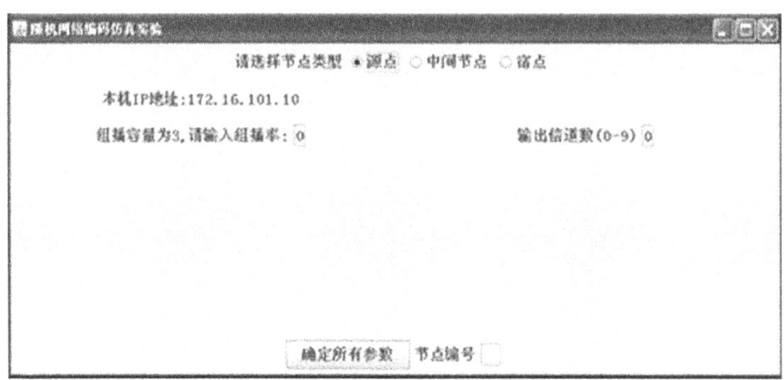

图 A3-15　节点运行界面（节点类型为源点）

因为源点需要确定多播率，从而源点通过读取文件 data.txt 的数据，并调用求最大流算法求出了多播容量。在本例中求出的多播容量为 3。若源点的多播率为 h，则相当于源点有 h 条虚拟输入信道，那么可以通过确定源点的（虚拟）输入信道数来决定多播率，根据网络编码的理论，多播率不能大于多播容量，因此本例中，在源点选定的多播率不能超过 3。现选定多播率为 3，即每一时间单元发送 3 个数据分组至网络。从而源点的输入信道数为 3，这时不需要输入端口号，因为源点的输入信道是虚拟输入信道。根据图 A3-7，源点的输出信道数为 4，其对应套接字分别为(172.16.101.11，10011)，(172.16.101.12，10012)，(172.16.101.13，10013)，(172.16.101.14，10014)，按以上内容进行输入，所得的界面如图 A3-16 所示。

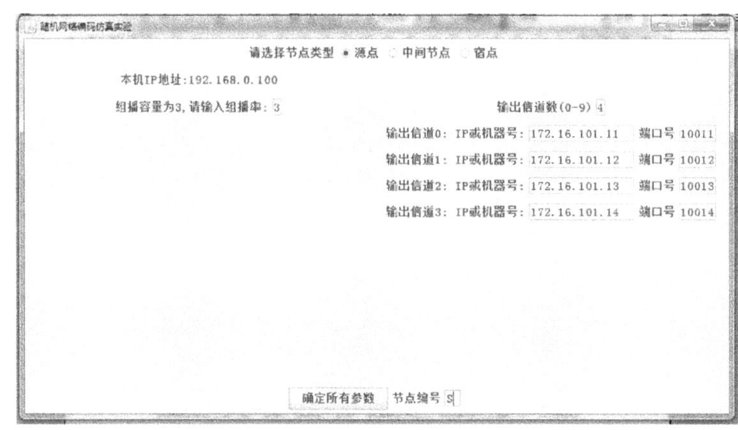

图 A3-16　源点输入界面

点击"确定所有参数"，则系统进入如图 A3-17 所示的界面。在此界面下，输入 3 个字符串，因为前面已经确定源点的输入信道数为 3，从而必须输入 3 个字符串，3 个字符串构成 3 个数据分组。这 3 个字符串的字符个数必须等长，每个字符串组成了一个数据分组。输入的字符串情况如图 A3-18 所示。

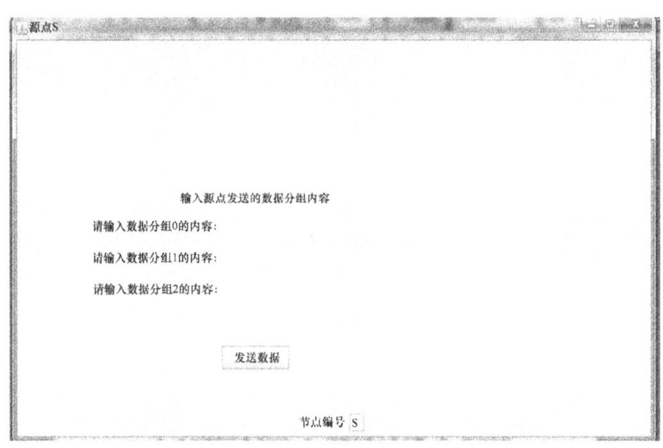

图 A3-17　源点信道信息输入完成后的界面

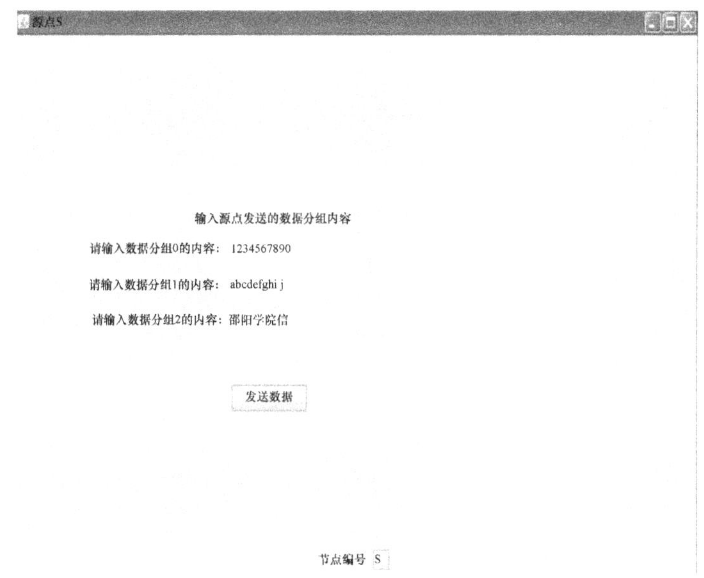

图 A3-18　源点输入发送的数据分组内容

在图 A3-18 的界面下，点击"发送数据"按钮。则数据发送到网络，各中间节点根据其输入信道的端口号接收数据，并采用随机网络编码方式进行数据编码，再根据输入信道对应的套接字信息，把编码后的数据发送至相应的节点的端口上，各节点相互配合，数据分组可以最终到达宿点，宿点接收到数据分组后，则根据随机网络编码法则进行解码，从而恢复出源点播出的字符串。因此，如未出现异常，则可以立即从宿点 T_1 和宿点 T_2 的接收窗口到看到源点发送的数据，宿点是通过接收数据分组并解码后才恢复出源点的数据。这时宿点 T_2 的接收数据的界面如图 A3-19 所示。

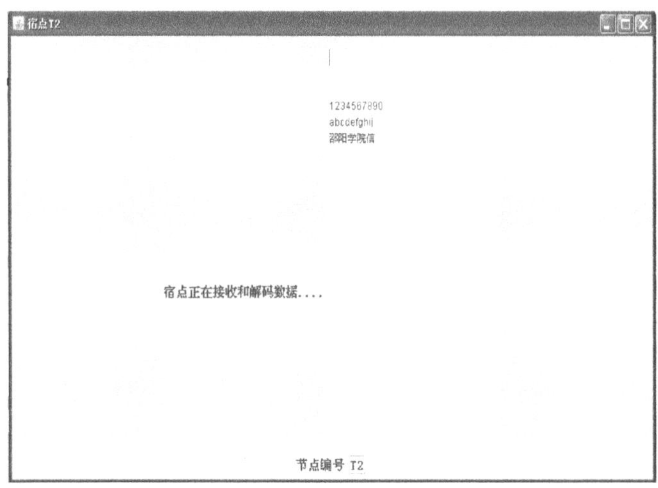

图 A3-19　宿点收到数据分组并解码成功的运行界面

如果在源点继续输入 3 个字符串，则可以从宿点 T_1 和 T_2 中看到接收到的字符串，至此，单源多播网络网络编码的数据仿真实验完成。

（6）出错和恢复

从宿点开始，依次按指定的顺序启动各节点，最后启动源点。在源点输入发送的数据分组，并点击"发送数据"按钮后，应立即观察宿点的数据显示窗口，若宿点没有显示出与源点发送一致的数据，则可能有两种原因，其一，随机网络编码数据传输成功具有一定的概率，即宿点解码不成功的概率大于 0；其二，在输入数据时，对每一信道的 IP 地址或端点号输入错误，不管处于哪种原因，必须重新启动每一个节点，即按照拓扑顺序的逆序启动各节点，分别重新输入各节点的数据。

A4　确定性网络编码构造方法的仿真实现

A4.1　源程序（用 C++编写）

```
#include <stdio.h>
#include <stdlib.h>
#include <time.h>
//定义一个类，通过其成员函数实现伽罗华域的算术运算方法
class galoffield
{
  private:
```

```
int jie;//伽罗华域的次
    int primitive[40];//用于保存有限域的不可约多项式
public:
void set(int jie1)//确定伽罗华域的不可约多项式
{
    FILE *fp;
    int i,j,temp;
    fp=fopen("bky.txt","r");
    jie=jie1;
    for (i=1;i<jie1;i++)
    {
        fscanf(fp,"%d",&temp);
        for (j=i;j>=0;j--)
            fscanf(fp,"%d",&temp);
    }
    fscanf(fp,"%d",&temp);
    for (j=jie1;j>=0;j--)
    {
        fscanf(fp,"%d",&temp);
        primitive[j]=temp;
    }
    fclose(fp);
}
void Print2(FILE *fp1,int *temp)//把数组 temp 的内容保存至文件中, fp1 为文件指针
{
    int i;
    for (i=jie-1;i>=0;i--)
        fprintf(fp1,"%d",temp[i]);
}
void Print(int *temp)//把数组 temp 显示在屏幕上
{
    int i;
    for (i=jie-1;i>=0;i--)
        printf("%d",temp[i]);
}
int plus(int a,int b)//两个二进制数位的异或运算
{
    if(a==b) return 0;
    else return 1;
}
void add(int *operation1,int *operation2,int *result)//伽罗华域上两个元素的加法运算
{
    int i;
    for (i=0;i<jie;i++)
```

```cpp
    {
        result[i]=plus(operation1[i],operation2[i]);
    }
}
void multiplication(int *operation1,int *operation2,int *result)//两个元素的乘法运算
{
    int i,j,k;
    int *cj;
    cj=new int[2*jie];
    for (i=0;i<2*jie-1;i++)
        cj[i]=0;
    for (i=0;i<jie;i++)
        for (j=0;j<jie;j++)
            cj[i+j]=plus(cj[i+j],operation1[i]*operation2[j]);
    for (k=2*jie-2;k>=jie;k--)
        if(cj[k]==1)
            for(j=0;j<=jie;j++)
                cj[k-jie+j]=plus(cj[k-jie+j],primitive[j]);
    for (i=0;i<jie;i++)
        result[i]=cj[i];
    delete []cj;
}
void inverse(int *operation,int *result)//伽罗华域元素的求逆运算
{
    int *x1,*x3,*temp,*temp1;
    int *y1,*y3;
    int i,j,k,m,n;
    x1=new int[jie];
    x3=new int[jie+1];
    y1=new int[jie];
    y3=new int[jie];
    temp=new int[jie];
    temp1=new int[jie];
    for (i=0;i<jie;i++)
    {        x1[i]=0;
        x3[i]=primitive[i];
        y1[i]=0;
        y3[i]=operation[i];
    }
    x3[jie]=primitive[jie];
    y1[0]=1;
    m=1;
    while(m!=0)
    {
```

```cpp
      for (i=0;i<jie;i++)
        if (y3[i]!=0) m=i;
      if (m==0) break;
      for (i=0;i<=jie;i++)
      if (x3[i]!=0) n=i;
      for (i=0;i<jie;i++)
        temp[i]=0;
      while(n>=m)
      {
        temp[n-m]=1;
        for (i=0;i<=m;i++)
          x3[i+n-m]=plus(x3[i+n-m],y3[i]);
        for (i=0;i<=jie;i++)
        if (x3[i]!=0) n=i;
      }
      multiplication(y1,temp,temp1);
      add(temp1,x1,temp1);
      for (i=0;i<jie;i++)
      {   x1[i]=y1[i];y1[i]=temp1[i];}
      for (i=0;i<jie;i++)
      {temp[i]=x3[i];x3[i]=y3[i];y3[i]=temp[i];}
    }
    for (i=0;i<jie;i++)
      result[i]=y1[i];
  delete []x1;
  delete []x3;
  delete []y1;
  delete []y3;
  delete []temp;
  delete []temp1;
}
void division(int *operation1,int *operation2,int *result)//两个元素的除法运算
{
  int *temp;
  temp=new int[jie];
  inverse(operation1,temp);
  multiplication(temp,operation2,result);
}
void division1(int *operation1,int *operation2,int *result)//
{
  int i,j,k,pu,pu1;
  int **cj=new int*[2*jie-1];
  int *temp;
  for(i=0;i<2*jie-1;i++)
```

```cpp
        cj[i]=new int[jie+1];
    for (i=0;i<2*jie-1;i++)
        for (j=0;j<jie;j++)
            cj[i][j]=0;
    for (i=0;i<jie;i++)
    {       cj[i][jie]=operation2[i];
        result[i]=0;
    }
    for (j=0;j<jie;j++)
        for (i=0;i<jie;i++)
            cj[i+j][j]=operation1[i];
    for (j=0;j<jie;j++)
        for (i=j+jie-1;i>=jie;i--)
        {    for (k=jie-1;k>=0;k--)
                cj[i+k-jie][j]=plus(cj[i+k-jie][j],cj[i][j]*primitive[k]);
            cj[i][j]=0;
        }
    for (i=0;i<jie-1;i++)
    {
        if (cj[i][i]==0)
        {
            for (j=i+1;j<jie;j++)
                if(cj[j][i]!=0)
                {
pu=j;j=jie;
}
            for (j=0;j<=jie;j++)
            {   pu1=cj[i][j];cj[i][j]=cj[pu][j];cj[pu][j]=pu1;}
            }
            for (k=i+1;k<jie;k++)
                if (cj[k][i]!=0)
                    for (j=0;j<=jie;j++)
                    cj[k][j]=plus(cj[k][j],cj[i][j]);
        }
    for (i=jie-1;i>=0;i--)
    {
        pu=0;
        for (j=i+1;j<jie;j++)
            pu=plus(pu,result[j]*cj[i][j]);
        result[i]=plus(cj[i][jie],pu);
    }
    for(i=0;i<2*jie-1;i++)
        delete []cj[i];
    delete []cj;
```

```
    }
};//end class
//定义有向路径结构体
typedef struct path
{
    int node;//节点编号
    struct path *next;
} PATH,*PATH1;
//定义宿点集结构
typedef struct terminal
{
    int terminalnode;//对应的宿点编号
    int pathnumber;//对应的路径号
    struct terminal *next;
} TERMINAL,*TERMINAL1;
//定义边的结构体
typedef struct edge
{
    int startnode;//边的起点
    int endnode;//边的终点
    int number;//该边的编号，考虑多重边
    TERMINAL1 gl;//指向关联的路径
    struct edge *next;
} PRIOREDGE,*PRIOREDGE1;
galoffield pu;//定义一个伽罗华域类
PRIOREDGE1 prossor[50][50][16];//指向边的指针数组
PATH1 p[50][20];//p[i][j]表示从源点至宿点 i 的第 j 条边不重叠路径的指针
int topological[50];//保存拓扑排序顺序
int psize[20][20];//psize[i][j]表示源点至宿点 i 的第 j 条路径的容量
int s,jie1,vexnum;//s 为多播率，jie1 为有限域的次，vexnnm 为网络的顶点数
int g[50][50],g2[50][50],g3[50][50],n,d;//图的邻接矩阵
int g1[100][100];//网络流矩阵
int pathnumber[100];//各宿点的路径条数
int vector[30][20][20][10],vector1[30][20][20][10];
int local[50][50][10][10][8],pu14[50][10][10];
void input()//从磁盘读入图的邻接矩阵,存入 g2[i][j]数组中
{
    int i,j,temp;
    FILE *fp1;
    fp1=fopen("data.txt","r");
    fscanf(fp1,"%d",&vexnum);
    fscanf(fp1,"%d",&d);
    for (i=1;i<=vexnum;i++)
        for(j=1;j<=vexnum;j++)
```

```
                    {
                        fscanf(fp1,"%d",&temp);
                        g2[i][j]=temp;
                        g1[i][j]=0;
                    }
                fclose(fp1);
}
int min(int a,int b)//求两者最小值的函数
{
        if (a>b)
            return b;
            else
            return a;
}
//求源点至宿点的最大流算法程序函数，返回最大流值
int maxflow(int t)//t 为宿点在网络中的节点编号
{
        PATH *newnode;//定义一个路径指针
        int pu1,pu2,iv,v3,route=0;//路径数 route
        int i,j,k,mm=10000;//临时变量
        int v1,v2;//当前访问的两个顶点编号
        int mark=1;//是否存在增广链标记
        int cg;//是否找到增广链标记
        int visited[50];//visted[i]表示节点是否被访问过的标记，若被访问过，置其值为 1
        int ve[50];//要访问的下一节点编号
        int pat[50][3];//每个节点的标记
        int maxflow1=0;//最大流值
        while (mark==1)//还存在增广链，如果 mark=0 则循环结束
        {
            cg=0;//还没有找到增广链
            for (i=1;i<=vexnum;i++)//每一个节点尚未被访问,vexnum 为最大节点编号
                visited[i]=0;//置没有被访问过的标记 0
            v1=1;//从节点 1 开始访问
            visited[v1]=1;//置访问标记为 1
            pat[v1][1]=0;pat[v1][2]=mm;//标记 v1
            ve[v1]=2;//节点 1 的下一邻接节点的标号为 2
            while (mark==1&&cg==0)//有增广链且尚未找到增广链
            {
                v2=ve[v1];//访问 v1 的下一邻接节点
                if (v2>vexnum)//访问的节点超过了最大节点编号
                {
if (v1==1)
                        mark=0;//不存在增广链
                    else
```

```
        {
            v1=pat[v1][1];ve[v1]=ve[v1]+1;//回溯，准备访问 v1 的下一邻接点
        }//endif(v1==1)
    }
    else//对 v2 进行处理
    {
        if ((g[v1][v2]==0&&g1[v2][v1]==0)||visited[v2]==1)
        {//无链路且反向路径为 0，或已被访问过
            ve[v1]=ve[v1]+1;//不用对 v2 进行标号，准备对 v1 下一邻接点进行标号
        }
        else//对 v2 进行标号
        {
            v3=pat[v1][2];
            if (g[v1][v2]>0)
                iv=min(v3,g[v1][v2]-g1[v1][v2]);
            else
                iv=min(v3,g1[v2][v1]);
            if (iv==0)
                ve[v1]=ve[v1]+1;
            else
            {
                pat[v2][1]=v1;pat[v2][2]=iv;//对 v2 进行标号*/
                if(v2==vexnum)
                    cg=1;
                else
                {
                    visited[v2]=1;v1=v2;ve[v1]=1;//深度优先搜索
                }//endif(v2==vexnum)
            }//endif(iv==0)
        }//endif(g[v1][v2]==0&&g1[v2][v1]==0)||visited[v2]==1)
    }//endif(v2>vexnum)
}//endwhile(mark==1&&cg==0)
if(cg==1)//cg 为 1，表示找到了一条增广链，以下进行调整
{
    route++;//路径数加 1
    psize[t][route]=pat[vexnum][2];//该条路径的容量
    pu1=pat[vexnum][1];pu2=vexnum;//pu1，pu2 指向增广链的两相邻节点
    newnode=(PATH1)malloc(sizeof(PATH));//生成路径节点
    newnode->next=NULL;//最后一个节点
    newnode->node=t;//节点编号
    p[t][route]=newnode;//指向该节点
    //以后生成的 p[t][route]是一个路径指针，
    //指向从源点至宿点 t 的第 route 条边不重叠路径的路径
    //采用前插法生成的链表
```

223

```c
        while(pu1!=0)
         {
            if (g[pu1][pu2]>0)//前向弧
             {
                g1[pu1][pu2]=g1[pu1][pu2]+pat[vexnum][2];
                newnode=(PATH1)malloc(sizeof(PATH));//生成路径节点
                newnode->next=p[t][route];//链接后一节点
                newnode->node=pu1;//填上该节点的标号
                p[t][route]=newnode;//指向该节点
             }
            else//后向弧
             {
                g1[pu2][pu1]=g1[pu2][pu1]-pat[vexnum][2];
                int fang1;
                PATH1 fang2,fang3;//错位，找一条已有的路径，其中 pu2->pu1 在该路径上
                for (fang1=1;fang1<route;fang1++)
                 {
                    fang2=p[t][fang1];//指向路径的首节点
                    fang3=NULL;
                    while (fang2!=NULL)
                     {
                        if ((fang2->node==pu2)&&((fang2->next)->node==pu1))
                        {    fang3=fang2;fang2=NULL;}//找到了该路径
                        else fang2=fang2->next;
                     }//endwhile(fang2!=NULL)
                    if (fang3!=NULL) fang1=route;
                 }//endfor(fang1)
                fang2=fang3->next;
                fang3->next=p[t][route]->next;
                free(p[t][route]);
                p[t][route]=fang2;
             }//endif(g[pu1][pu2]>0)
            pu2=pu1;pu1=pat[pu2][1];
         }//endwhile(pu1!=0)
        maxflow1=maxflow1+pat[vexnum][2];
       }//endif(cg==1)
      pathnumber[t]=route;
    }//endwhile(mark==1)
   return maxflow1;//返回的函数值为最大流
}//endfunction(maxflow(int t))
//求单源多播网络各节点的拓扑排序的算法
void topolo(int d1)
{
   int i,j,k,mark,visit[50];
```

```
    for (i=1;i<=d1;i++)
      visit[i]=0;
    for (i=1;i<=d1;i++)
    {
      for (j=1;j<=d1;j++)
        g[i][j]=g2[i][j];
}
k=1;
while(k<=d1)
{
  for(i=1;i<=d1;i++)
  {
    mark=1;
    if(visit[i]==0)
    {
      mark=0;
      for (j=1;j<=d1;j++)
        if(g[j][i]!=0){        mark=1;j=d1;}
        if(mark==0)
        {
          topological[k]=i;
          visit[i]=1;
          k++;
          for (j=1;j<=d1;j++)
            g[i][j]=0;
            i=d1;
        }//endif(mark==0)
    }//endif(visit[i]==0)
  }//endfor(i)
}//endwhile(k<=d1)
}//endfuction(topolo)
//显示函数，显示宿点的接收数据，全局编码矩阵，矩阵的逆
//宿点解码后的数据
void display(int a,int b,int c)
{//a 为第一个宿点的编号，b 为最后一个宿点的编号
  //显示各 at(c)
  int i,j,w,m,v;
  printf("\n 以下显示各宿点的解码情况");
  for(i=a;i<=b;i++)//宿点编号从 a 至 b
  {
    printf("\n 宿点%d(节点编号为%d)",i+d-n,i);
    printf("\n 从输入信道接收到的%d 个字符为：",c);
    for(j=1;j<=c;j++)
    {
```

```
            for(m=jie1-1;m>=0;m--)
                printf("%d",pu14[i][j][m]);
            printf(" ");
    }//endfor(j)
    printf("\n 全局编码矩阵为");
    for(j=1;j<=c;j++)//每个宿点对应 c 个向量
    {
            printf("\n");
        for(w=1;w<=c;w++)//每个向量具有 c 维
        {
            for(m=jie1-1;m>=0;m--)
                printf("%d",vector[i][j][w][m]);
            printf("      ");
        }
    }//endfor(j)
    printf("\n 全局编码矩阵的逆为");
    for(j=1;j<=c;j++)//每个宿点对应 c 个向量
    {
        printf("\n");
        for(w=1;w<=c;w++)//每个向量具有 c 维
        {
            for(m=jie1-1;m>=0;m--)
                printf("%d",vector1[i][j][w][m]);
            printf("      ");
        }
    }//endfor(j)
    int sum[20],pu5[20],pu6[20],pu7[20],pu8[20];
    printf("\n 解码后的恢复的字符为");
    for(j=1;j<=c;j++)//有 c 个数据
    {
        for(m=jie1-1;m>=0;m--)
            sum[m]=0;
        for(v=1;v<=c;v++)
        {
            for(m=jie1-1;m>=0;m--)
            {
                pu6[m]=vector1[i][v][j][m];
                pu7[m]=pu14[i][v][m];
            }
            pu.multiplication(pu6,pu7,pu8);
            pu.add(pu8,sum,pu5);
            for(m=0;m<jie1;m++)
                sum[m]=pu5[m];
        }//endfor(v)
```

```
        for(m=jie1-1;m>=0;m--)
           printf("%d",sum[m]);
        printf(" ");
     }//endfor(j)
   }//endfor(i)
}//endfuction display()
//主函数
main()
{
   int ss,sum[20],e1[50][50],e2[50][50],e3[50][50];
   PATH1 p1[20];
   printf("\n 请输入伽罗华域的次");
   scanf("%d",&jie1);//从键盘中输入伽罗华域的次
   s=100;//假定多播容量的最大值为 100
   int v1,v2,v3,mark;//临时变量
   int mflow;//存放每一宿点的最大流
   PATH1 temp1;
   PRIOREDGE1 temp2;
   TERMINAL1 temp3;
   srand((unsigned)time(NULL));//随机为种子
   input();//从文件 data.txt 中读入网络的邻接矩阵
   n=vexnum;//n 为邻接矩阵的顶点数,d 为宿点数
   vexnum=n-d+1;//vexnum 为第一个宿点编号
   pu.set(jie1);//初始化伽罗华域的对象，选定不可约多项式
   printf("\n 顶点数为%d,",n);     printf("宿点数为%d,",d);
   printf("伽罗域的次为%d",jie1);
   int i,j,k,m,w,q;
   for (i=1;i<=n;i++)
   {
      for (j=1;j<=n;j++)
         g3[i][j]=0;
   }//endfor(i)
   //以下寻求源点至每一宿点的最大流 mflow，并找出 mflow 条边不重叠的路径
   for (i=n-d+1;i<=n;i++)//宿点的编号从 n-d+1 开始至 n
   {
      //求源点到宿点 i 的最大流 mflow,并找出 mflow 条边不重叠的路径
      for (j=1;j<=vexnum;j++)
         for (k=1;k<=vexnum;k++)
         {g[j][k]=g2[j][k];g1[j][k]=0;}
      for (k=1;k<=vexnum-1;k++)
      {
          g[vexnum][k]=g2[i][k];
          g[k][vexnum]=g2[k][i];
      }
```

```
mflow=maxflow(i);//调用最大算法求源点(编号为 1)至节点 i 和最大流
//以下与虚拟链路相连
printf("\n 源点至节点%d(第%d 个宿点)的最大流为%d,边不重叠的路径如
下:",i,i-n+d,mflow);
    if (s>mflow) s=mflow;//s 为多播容量
    for (k=1;k<=pathnumber[i];k++)
    {
       printf("\n 路径%d(路径容量为%d):",k,psize[i][k]);
       temp1=p[i][k];
       int flag=0;
       while (temp1!=NULL)
       {
          if(flag==1)
          {
             printf("->");
          }//endif(flag)
          printf("%d",temp1->node);
          temp1=temp1->next;
          flag=1;
       }//endwhile(temp1)
    }//endfor(k)
    //为从源点流出的路径加上一条虚拟信道，其虚拟信道的始点为 0
    w=1;
    for(j=1;j<=pathnumber[i];j++)
    {
       p1[j]=p[i][j];
    }
    for (j=1;j<=pathnumber[i];j++)
    {
       for(k=1;k<=psize[i][j];k++)
       {
          temp1=(PATH1)malloc(sizeof(PATH));//生成路径节点
          temp1->next=p1[j];//链接后一节点
          temp1->node=0;
          p[i][w]=temp1;
          w++;
       }//endfor(k)
    }//endfor(j)
}//endfor(i)
printf("\n 多播容量为%d",s);//显示多播容量
//标记各链路的与各路径之间的关系
for(i=0;i<=n;i++)
{
    for(j=1;j<=n;j++)
```

```
      e1[i][j]=0;//考虑多重边，e1[i][j]用于统计两个节点的多重边条数
}//endfor
for (i=1;i<=n;i++)
{
   for (j=1;j<=n;j++)
      for(k=1;k<=15;k++)//考虑两个节点间最多有 15 条多重边
        prossor[i][j][k]=NULL;
}//endfor(i)
   for (i=n-d+1;i<=n;i++)
{
   for(j=0;j<=n;j++)
   {
    for(k=1;k<=n;k++)
    {
      e3[j][k]=0;//考虑多重边，e3[j][k]用于多重边计数
      e2[j][k]=0;//前趋
    }
   }//endfor(j)
   for (j=1;j<=s;j++)
   {
     temp1=p[i][j];v1=temp1->node;
     temp1=temp1->next;
     while (temp1->next!=NULL)
     {
       v2=temp1->node;v3=temp1->next->node;//取边的两个节点
       e3[v2][v3]++;//多重边编号
       e2[v1][v2]++;
       if(e3[v2][v3]>e1[v2][v3]) e1[v2][v3]=e3[v2][v3];
       mark=0;
       temp2=prossor[v2][v3][e3[v2][v3]];
       while (mark==0&&temp2!=NULL)//找一条前趋边
       {
       if(temp2->startnode==v1&&temp2->endnode==v2&&temp2->number==e2[v1][v2])
          {   mark=1;//找了前趋边，添加与之相关连的宿点
            temp3=(TERMINAL1)malloc(sizeof(TERMINAL));
            temp3->terminalnode=i;
            temp3->pathnumber=j;
            temp3->next=temp2->gl;
            temp2->gl=temp3;
          }
          else
            temp2=temp2->next;
       }//endwhile(mark==0&&temp2!=NULL)
```

```
        if (mark==0)//没有找到前趋边
        {
          temp2=(PRIOREDGE1)malloc(sizeof(PRIOREDGE));
          temp2->next=prossor[v2][v3][e3[v2][v3]];
          temp2->startnode=v1;
          temp2->endnode=v2;
          temp2->number=e2[v1][v2];//前趋边
          temp3=(TERMINAL1)malloc(sizeof(TERMINAL));
          temp3->terminalnode=i;
          temp3->pathnumber=j;
          temp3->next=NULL;
          temp2->gl=temp3;
          prossor[v2][v3][e3[v2][v3]]=temp2;
        }//endif(mark==0)
        v1=v2;//改变前任节点
        temp1=temp1->next;
      }//endwhile(temp1->next!=NULL)
    }//endfor(j)
  }//endfor(i)
//选定的多播率为多播容量 s
int pu11[20][20];
//以下程序是随机产生源点要传输 s 个数据分组，每个数据分组只含有伽罗华域上的一
个元素
//随机产生源点播出的数据
printf("\n 源点播出的%d 个字符为:",s);
for(w=1;w<=s;w++)
{
    for(m=jie1-1;m>=0;m--)
    {     pu11[w][m]=rand()%2;printf("%d",pu11[w][m]);}
    printf(" ");
}//endfor(w)
printf("\n(以下显示说明：源点的编号为 1,虚拟源点的编号为 0，<x,y>:z 表示从节点 x
至节点 y 的第 z 条单位容量的信道)");
topolo(n-d);//调用拓扑排序算法，求中间节点的拓扑排序，存于 topological 数组中
printf("\n 编码节点的拓扑顺序为(源点的编号为 1,虚拟源点的编号为 0)");
for (i=1;i<=n-d;i++)
    printf("%d ",topological[i]);
//以下确定网络构造方法计算各信道的局部编码向量和全局编码向量
//以下确定各条路径经源点后的全局编码向量和携带的字符
//确保各全局编码矩阵的秩为多播容量 s
//vector[i][j][k][m]表示流向第 i 个宿点的第 j 条路径上的全局编码向量的第 k 个元素的
第 m 位
for (i=n-d+1;i<=n;i++)//i 对应宿点编号
{
```

```
        for (j=1;j<=s;j++)//每个宿点有 s 条路径，j 对应路径编号
        {
            for (k=1;k<=s;k++)//每条路径中的全局编码向量是 s 维，即向量有 s 个元素
            {
                for (m=0;m<=jie1;m++)//每个元素是伽罗华域中的字符，有 jie1 位二进制烽
                    vector[i][j][k][m]=0;//vector[i][j][k][m]为路径上的全局编码向量
            }//endfor(k)
            vector[i][j][j][0]=1;//主对角线上的元素为 1
            for(m=0;m<=jie1;m++)
                pu14[i][j][m]=pu11[j][m];
        }//endfor(j)
    }//endfor(i)
    for (i=n-d+1;i<=n;i++)
    {
        for (j=1;j<=s;j++)
        {
            for (k=1;k<=s;k++)
                for (m=0;m<=jie1;m++)
                    vector1[i][j][k][m]=vector[i][j][k][m];
        }//endfor(j)
    }//endfor(i)
    int pbx;
    int jj,pu1,pu3;//前趋链路数,对应的宿点数
    int pu2[20][20],pu22[20][20];//宿点及对应的链路
    int pu4[30][20],pu5[30][20],pu6[30],pu7[20][20],pu8[20][20],pu9[20];
    int pu10[20],pus[20];//临时的局部编码向量和临时的全局编码向量
    int pu12[20][20][20],pu13[20][20][20];//全局编码向量和正交补向量
    for(i=1;i<=n-d;i++)//按拓扑排序访问所有节点
    {
        k=topological[i];//访问节点 k
        printf("\n 节点%d 的输出信道情况",k);
        for(jj=1;jj<=n;jj++)//访问节点 k 的所有输出链路
        {
            for(pbx=1;pbx<=e1[k][jj];pbx++)//每条链路有 e1[k][jj]条多重信道
            {
                pu1=0;pu3=0;//pu1 为前趋链路数，pu3 为与之关联的宿点链路数
                temp2=prossor[k][jj][pbx];
                if(temp2!=NULL) printf("\n 信道<%d,%d>:%d 的前趋信道为",k,jj,pbx);
                while(temp2!=NULL)
                {
                    pu1++;
                    printf("<%d,%d>:%d ",temp2->startnode,temp2->endnode,temp2->number);
                    temp3=temp2->gl;
                    pu22[pu1][1]=temp3->terminalnode;
```

```
          pu22[pu1][2]=temp3->pathnumber;
          while(temp3!=NULL)
          {
             pu3++;
             pu2[pu3][1]=temp3->terminalnode;
             pu2[pu3][2]=temp3->pathnumber;
             temp3=temp3->next;
          }//endwhile(temp3)
          temp2=temp2->next;
       }//endwhile(temp2)
       if(pu1==1)//若只有一条前趋边
       {
          for(w=1;w<=s;w++)
          {
             for(m=0;m<jie1;m++)
                pu7[w][m]=vector[pu22[1][1]][pu22[1][2]][w][m];
          }//endfor(w)
          for(m=0;m<jie1;m++)
             pus[m]=pu14[pu22[1][1]][pu22[1][2]][m];
       }//endif(pu1==1)
       if(pu1>1)
       {
          for(j=1;j<=pu1;j++)
          {
             for (w=1;w<=s;w++)
             {
                for(m=0;m<jie1;m++)
                {
                   pu12[j][w][m]=vector[pu22[j][1]][pu22[j][2]][w][m];
                   pu13[j][w][m]=vector1[pu22[j][1]][pu22[j][2]][w][m];
                }//endfor(m)
             }//endfor(w)
          }//endfor(j)
          mark=0;
          while(mark==0)
          {
             //产生链路 e 的全局编码向量
             for (j=1;j<=pu1;j++)
             {
                for (m=0;m<jie1;m++)
                {
                   pu6[m]=rand()%2;
                   pu5[j][m]=pu6[m];//pu1 个随机数
                }
```

```
}//endfor(j)
for(w=1;w<=s;w++)
{
   for (m=0;m<jie1;m++)//全局变量
     pu7[w][m]=0;
   for(j=1;j<=pu1;j++)
   {
      for(m=0;m<jie1;m++)
      {
        pu6[m]=pu5[j][m];
        pu8[m]=vector[pu22[j][1]][pu22[j][2]][w][m];
      }//endfor(m)
      pu.multiplication(pu6,pu8,pu9);
      for(m=0;m<jie1;m++)
        pu6[m]=pu7[w][m];
      pu.add(pu9,pu6,pu8);
      for(m=0;m<jie1;m++)
        pu7[w][m]=pu8[m];
   }//endfor(j)
}//endfor(w)
//计算链路传输的数据
for(m=0;m<jie1;m++)
{ pus[m]=0;}
for(j=1;j<=pu1;j++)
{
   for(m=0;m<jie1;m++)
   {
     pu6[m]=pu5[j][m];
     pu8[m]=pu14[pu22[j][1]][pu22[j][2]][m];
   }//endfor(m)
   pu.multiplication(pu6,pu8,pu10);
   pu.add(pus,pu10,pu8);
   for(m=0;m<jie1;m++)
     pus[m]=pu8[m];
}//endfor(j)
//以上求出的全局编码向量存储在 pu7[w][m]中,
//链路传输的数据存储在 pus[]数组中
   //以下检验求出的全局变量是否符合要求
   mark=1;
   for (j=1;j<=pu3;j++)//对所有的关联边计算
   {
      for(m=0;m<jie1;m++)//初值为 0
        sum[m]=0;
      for (w=1;w<=s;w++)//有 s 维向量
```

```
                {
                  for(m=0;m<jie1;m++)
                   {
                   pu6[m]=pu7[w][m];
                      pu8[m]=vector1[pu2[j][1]][pu2[j][2]][w][m];
                   }
                   pu.multiplication(pu6,pu8,pu9);//两者相乘，结果保存在 pu9 中
                   pu.add(sum,pu9,pu8);//与 sum 相加保存在 pu8 中
                   for(m=0;m<jie1;m++)
                      sum[m]=pu8[m];
                }//endfor(w)
                ss=0;//判断点积是否为 0
                for(m=0;m<jie1;m++)
                   ss=ss+sum[m];
                if (ss==0)
                {
                   mark=0;
                   j=pu3;
                }
             }//endfor(j)
}//endwhile(mark==0)
//以下修改各正交补各向量和传输的数据
for(j=1;j<=pu3;j++)//pu3 关联的边
{
   for(m=0;m<jie1;m++)
     pu14[pu2[j][1]][pu2[j][2]][m]=pus[m];
   for(w=1;w<=s;w++)
   {
     for(m=0;m<jie1;m++)
        vector[pu2[j][1]][pu2[j][2]][w][m]=pu7[w][m];
   }//endfor(w)
   //修改 BT 中的向量
   //对于每个前趋边，更改其正交补
   //首先更改宿点为 pu2[j][1],链路号为 pu2[j][2]的正交补
   //以下求(b(e).at(e)) −1
   q=pu2[j][2];
   for(m=0;m<jie1;m++)
     sum[m]=0;
   int ww;
   for(ww=1;ww<=s;ww++)
   {
     for(m=0;m<jie1;m++)
     {
       pu6[m]=vector1[pu2[j][1]][q][ww][m];
```

```
        pu8[m]=pu7[ww][m];
    }
    pu.multiplication(pu6,pu8,pu9);
    pu.add(sum,pu9,pu10);
    for(m=0;m<jie1;m++)
        sum[m]=pu10[m];
}//endfor(ww)
//求逆
pu.inverse(sum,pu6);
for(m=0;m<jie1;m++)
    sum[m]=pu6[m];
//求(b(e).at(ft(e)))-1 at(ft(e))
for(w=1;w<=s;w++)
{
    for(m=0;m<jie1;m++)
        pu8[m]=vector1[pu2[j][1]][q][w][m];
    pu.multiplication(pu8,sum,pu9);
    for(m=0;m<jie1;m++)
        vector1[pu2[j][1]][q][w][m]=pu9[m];
}//endfor(w)
for(q=1;q<=s;q++)//每条边对应的路径条数，全局编码向量个数
{
    if(pu2[j][2]!=q)
    {
        //求 b(e).at(c)
        for(m=0;m<jie1;m++)
            sum[m]=0;int ww;
        for(ww=1;ww<=s;ww++)
        {
            for(m=0;m<jie1;m++)
            {
                pu6[m]=vector1[pu2[j][1]][q][ww][m];
                pu8[m]=pu7[ww][m];
            }//endfor(m)
                pu.multiplication(pu6,pu8,pu9);
                pu.add(sum,pu9,sum);
        }//endfor(ww)
        //求 at(c)-(b(e).at(c))a't(e)
        for(w=1;w<=s;w++)
        {
            for(m=0;m<jie1;m++)
            pu8[m]=vector1[pu2[j][1]][pu2[j][2]][w][m];
            pu.multiplication(pu8,sum,pu10);
            for(m=0;m<jie1;m++)
```

```
                    pu9[m]=vector1[pu2[j][1]][q][w][m];
                    pu.add(pu9,pu10,pu6);
                    for(m=0;m<jie1;m++)
                    vector1[pu2[j][1]][q][w][m]=pu6[m];
                }//endfor(w)
            }//endif(pu2[j][2]!=q)
        }//endfor q
    }//endfor(j)
}//endif(pu>1)
if(pu1>=1)
{
    printf(" 全局编码向量为(");
    for(w=1;w<=s;w++)
    {
        for(m=jie1-1;m>=0;m--)
            printf("%d",pu7[w][m]);
        if(w<s)
            printf(",");
        else
            printf(")");
    }
    printf(" 局部编码向量为(");
    if(pu1>1)
    {
        for(j=1;j<=pu1;j++)
        {
            for(m=jie1-1;m>=0;m--)
                printf("%d",pu5[j][m]);
            if(j<pu1)
                printf(",");
            else
                printf(")");
        }
    }
    else
    {
        for(m=jie1-1;m>0;m--)
            printf("0");
        printf("1)");
    }
    printf(" 传输的字符为");
    for(m=jie1-1;m>=0;m--)
        printf("%d",pus[m]);
}//endif(pu>1)
```

```
        }//endfor(pbx)
      }//endfor(jj)
    }//endfor(i)
    display(n-d+1,n,s);
    //第一个参数为起始宿点编号
    //第二个参数为最后宿点的编号
    //第三个参数为多播率
    printf("\n");
}//endfunction main
起始宿点编号
    //第二个参数为最后宿点的编号
        //第三个参数为多播率
        printf("\n");
}//endfunction main
```

A4.2　程序的使用说明

（1）使用说明

该程序一方面实现了确定性网络编码构造算法(LIF 算法)，另一方面也实现了确定性网络编码的数据传输，对于一个给定的单源多播网络，首先确定源点至每一宿点的最大流，然后求出多播容量，取最大多播率,记为 h（选定多播率等于多播容量)，找出源点至每一宿点的 h 条边不重叠的路径。选定有限域的阶，在此基础上，随机产生源点播出的 h 个字符，按照 LIF 算法，从源点开始，根据拓扑排序的顺序，找到每一节点与这些路径关联的输出信道的全局编码向量和局部编码向量。按照线性网络编码的原理，计算出信道传输的字符，最后求出每一宿点的输入信道的全局编码向量和接收的字符。对于每一宿点，其输入信道的全局编码向量构成了全局编码矩阵，通过高斯消元法求出其逆矩阵，解码接收到的字符，恢复出源点播出的信息。程序不仅构造了可行的网络编码方案，还对线性网络编码的数据传输过程进行的仿真。

该程序的另一特点是实现了多重信道的处理，当两个节点间的链路容量大于 1 时，则称这两个节点存在多条单位容量的信道，也叫做多重信道。一条信道用"$<x, y>{:}z$"标记，表示从节点 x 至节点 y 的第 z 条信道，而虚拟节点的编号为 0，源点的编号为 1。

程序实现了伽罗华域的算术运算方法、求最大流的算法、高斯消元法、LIF 算法。可以参看本书 3.3 节对 LIF 算法详细的描述。

该程序是 VC++6.0 下通过创建"Win32 Console Application"工程的源程序文件，但工程中还必须包含文本文件 bky.txt 和 data.txt，这两个文件的格式和功能与本书 A3.2 节所述一致，其中文本文件 bky.txt 保存了各阶伽罗华域的不可约多项式的系数，文本文件 data.txt 保存了单源多播网络的节点数、宿点数和邻节矩阵，可参看图 A3-2 和图 A3-3 的描述。在程序运行过程中要读入这两个文件的数据。

程序要求用户选定伽罗华域，通过从键盘上输入伽罗华域的次来实现，请注意，其伽罗华域的次不能大于 10，也不能太小，要满足不等 $2q>d$(其中，q 为伽罗华域的次，d 为宿点个数)的条件。程序的输出显示在控制台屏幕上，也可以通过输出重定向保存至指定文本文件中。

（2）举例

对图 3-4 所示的单源多播网络进行仿真，改写 data.txt 中的数据，然后运行程序，输入伽罗华域的次为 3，则得到如下输出结果。

请输入伽罗华域的次 3
顶点数为 14，宿点数为 3，伽罗域的次为 3

源点至节点 12(第 1 个宿点)的最大流为 3，边不重叠的路径如下：

路径 1(路径容量为 1):1->2->12
路径 2(路径容量为 1):1->3->6->9->12
路径 3(路径容量为 1):1->4->7->10->12

源点至节点 13(第 2 个宿点)的最大流为 3，边不重叠的路径如下：

路径 1(路径容量为 1):1->2->6->9->13
路径 2(路径容量为 1):1->3->7->10->13
路径 3(路径容量为 1):1->4->8->11->13

源点至节点 14(第 3 个宿点)的最大流为 3，边不重叠的路径如下：

路径 1(路径容量为 1):1->3->7->10->14
路径 2(路径容量为 1):1->4->8->11->14
路径 3(路径容量为 1):1->5->14
多播容量为 3
源点播出的 3 个字符为:000 010 011

（以下显示说明：源点的编号为 1，虚拟源点的编号为 0，$<x, y>:z$ 表示从节点 x 至节点 y 的第 z 条单位容量的信道）

编码节点的拓扑顺序为(源点的编号为 1，虚拟源点的编号为 0)1 2 3 4 5 6 7 8 9 10 11
节点 1 的输出信道情况
信道<1，2>:1 的前趋信道为<0,1>:1　全局编码向量为(001,000,000) 局部编码向量为(001) 传输的字符为 000
　信道<1,3>:1 的前趋信道为<0,1>:1 <0,1>:2　全局编码向量为(110,001,000) 局部编码向量为(110,001) 传输的字符为 010
　信道<1,4>:1 的前趋信道为<0,1>:2 <0,1>:3　全局编码向量为(000,011,100) 局部编码向量为(011,100) 传输的字符为 001
　信道<1,5>:1 的前趋信道为<0,1>:3　全局编码向量为(000,000,001) 局部编码向量为(001) 传输的字符为 011

节点 2 的输出信道情况

  信道<2,6>:1 的前趋信道为<1,2>:1 全局编码向量为(001,000,000) 局部编码向量为(001) 传输的字符为 000

  信道<2,12>:1 的前趋信道为<1,2>:1 全局编码向量为(001,000,000) 局部编码向量为(001) 传输的字符为 000

  节点 3 的输出信道情况

  信道<3,6>:1 的前趋信道为<1,3>:1 全局编码向量为(110,001,000) 局部编码向量为(001) 传输的字符为 010

  信道<3,7>:1 的前趋信道为<1,3>:1 全局编码向量为(110,001,000) 局部编码向量为(001) 传输的字符为 010

  节点 4 的输出信道情况

  信道<4,7>:1 的前趋信道为<1,4>:1 全局编码向量为(000,011,100) 局部编码向量为(001) 传输的字符为 001

  信道<4,8>:1 的前趋信道为<1,4>:1 全局编码向量为(000,011,100) 局部编码向量为(001) 传输的字符为 001

  节点 5 的输出信道情况

  信道<5,14>:1 的前趋信道为<1,5>:1 全局编码向量为(000,000,001) 局部编码向量为(001) 传输的字符为 011

  节点 6 的输出信道情况

  信道<6,9>:1 的前趋信道为<2,6>:1 <3,6>:1 全局编码向量为(111,111,000) 局部编码向量为(011,111) 传输的字符为 101

  节点 7 的输出信道情况

  信道<7,10>:1 的前趋信道为<3,7>:1 <4,7>:1 全局编码向量为(101,110,001) 局部编码向量为(100,111) 传输的字符为 100

  节点 8 的输出信道情况

  信道<8,11>:1 的前趋信道为<4,8>:1 全局编码向量为(000,011,100) 局部编码向量为(001) 传输的字符为 001

  节点 9 的输出信道情况

  信道<9,12>:1 的前趋信道为<6,9>:1 全局编码向量为(111,111,000) 局部编码向量为(001) 传输的字符为 101

  信道<9,13>:1 的前趋信道为<6,9>:1 全局编码向量为(111,111,000) 局部编码向量为(001) 传输的字符为 101

  节点 10 的输出信道情况

  信道<10,12>:1 的前趋信道为<7,10>:1 全局编码向量为(101,110,001) 局部编码向量为(001) 传输的字符为 100

  信道<10,13>:1 的前趋信道为<7,10>:1 全局编码向量为(101,110,001) 局部编码向量为(001) 传输的字符为 100

  信道<10,14>:1 的前趋信道为<7,10>:1 全局编码向量为(101,110,001) 局部编码向量为(001) 传输的字符为 100

  节点 11 的输出信道情况

  信道<11,13>:1 的前趋信道为<8,11>:1 全局编码向量为(000,011,100) 局部编码向量为(001) 传输的字符为 001

  信道<11,14>:1 的前趋信道为<8,11>:1 全局编码向量为(000,011,100) 局部编码向量为

(001) 传输的字符为 001

以下显示各宿点的解码情况

宿点 1(节点编号为 12)

从输入信道接收到的 3 个字符为：000 101 100

全局编码矩阵为

001　　000　　000

111　　111　　000

101　　110　　001

全局编码矩阵的逆为

001　　001　　011

000　　100　　101

000　　000　　001

解码后的恢复的字符为 000 010 011

宿点 2(节点编号为 13)

从输入信道接收到的 3 个字符为：101 100 001

全局编码矩阵为

111　　111　　000

101　　110　　001

000　　011　　100

全局编码矩阵的逆为

110　　010　　100

001　　001　　010

111　　111　　010

解码后的恢复的字符为 000 010 011

宿点 3(节点编号为 14)

从输入信道接收到的 3 个字符为：100 001 011

全局编码矩阵为

101　　110　　001

000　　011　　100

000　　000　　001

全局编码矩阵的逆为

010　　000　　000

100　　110　　000

100　　101　　001

解码后的恢复的字符为 000 010 011